ENTENDIENDO LAS PROBABILIDADES Y CALCULÁNDOLAS

Fundamentos de la Teoría de la Probabilidad y Guía de Cálculo Para Principiantes, con Aplicaciones en los Juegos de Azar y en la Vida Cotidiana

$$\prod$$
$$\sum$$

Cătălin Bărboianu
Rafael Martilotti

INFAROM Publishing
Matemática pura y aplicada
office@infarom.com
http://www.infarom.com
http://books.infarom.ro
http://probability.infarom.ro

ISBN **978-973-1991-06-1**

Editor: **INFAROM**
Autor: **Cătălin Bărboianu**
Co-autor y traductor: **Rafael Martilotti**

Clasificación del tema matemática (2000):
00A05, 00A07, 00A08, 00A30, 03A05, 03C95,
60A05, 60A10, 60A99, 65C50, 65C99.

Contenidos

Introducción 5
¿Qué es la Probabilidad? 13
    Palabras y conceptos 14
    Modelos matemáticos 22
    Probabilidad – la palabra 28
    El concepto de probabilidad 33
    Probabilidad como un límite 34
        Experimentos, eventos 38
        Frecuencia relativa 41
    Probabilidad como una medida 46
    Relatividad de la probabilidad 64
        El azar 64
        El infinito 69
        Relatividades conceptuales y de aplicación 73
    Filosofía de la probabilidad 79
        Predicción 80
        Frecuencia 85
        Posibilidad 89
    Psicología de la probabilidad 95
Fundamentos de la Teoría de la Probabilidad 115
    Nociones fundamentales 116
        Conjuntos 116
        Funciones 118
        Álgebras de Boole 120
        Sucesiones de números reales. Límite 122
        Series de números reales 128
    Fundamentos de la teoría de la medida 129
        Sucesiones de conjuntos 130
        Tribus. Conjuntos de Borel. Espacio Mensurable 131
        Medida 134
    Campo de eventos. Probabilidad 137
        Campo de eventos 139
        Probabilidad en un campo finito de eventos 144
        Propiedades de la probabilidad 148
        Campo-σ de probabilidad 153
        Eventos Independientes. Probabilidad condicional 155
            Fórmula de la probabilidad total. Teorema de Bayes ... 157
        Ley de los Números Grandes 158
        Variables aleatorias discretas 160
        Momentos de una variable aleatoria discreta 165
        Función de distribución 169

Clásicas distribuciones discretas de la probabilidad 170
Distribución de Bernoulli 170
Distribución de Poisson 172
Distribución polinomial 174
Distribución hipergeométrica 175
Convergencia de las sucesiones de variable aleatoria ... 176
Ley de los Números Grandes 178
Combinatoria 181
Permutaciones 181
Variaciones 182
Combinaciones 183
Cálculo combinatorio 185
Aplicación directa de las fórmulas 185
Partición de las combinaciones 189
Aplicaciones 194
Problemas resueltos 194
Problemas sin resolver 209
Guía de Cálculo para el Principiante 213
Introducción 213
El algoritmo general de la solución 217
Planteo del problema 218
Ejercicios y problemas 224
Definición del procedimiento teórico 231
Métodos de resolución 231
Ejercicios y problemas 232
Selección de las fórmulas a usar 238
Lista de las fórmulas a usar 239
Ejercicios y problemas 244
El cálculo 251
La probabilidad a favor y en contra 252
Ejercicios y problemas 253
Problemas de Aplicación del Cálculo de Probabilidades 269
Problemas resueltos 269
Problemas sin resolver 287
Referencias 305

Introducción

Todos nosotros usamos la palabra *probable* unas cuantas veces al día en el lenguaje corriente cuando nos referimos a la probabilidad de que suceda algún evento determinado.

Comúnmente decimos que un evento es *muy probable* o *probable* si creemos que los hechos son favorables para que ese evento ocurra. Esta definición simplista de diccionario de la cualidad *probable* que se asocia con un evento es aceptada unánimemente en el lenguaje corriente. Lejos de abogar por una definición rigurosa, esta enunciación además presenta evidencia del aspecto cuantitativo y de la idea de medición en el concepto de probabilidad porque la *probabilidad* de que un evento ocurra viene representada numéricamente (en porcentajes).

Así pues, estas cifras numéricas son el resultado de un proceso de estimación o cálculo que puede originarse en hipótesis variadas.

Se verá en los siguientes capítulos cómo el cálculo propio de la probabilidad puede llevar a una variedad de resultados numéricos para el mismo evento. Estos resultados son una función de la información inicial que se tuvo en cuenta. Además, establecer un cierto umbral desde el cual se atribuya a la ocurrencia de un evento la cualidad de ser *probable* o *muy probable* es una elección subjetiva.

Todos estos elementos crean una primera impresión sobre la relatividad del término *probable* y de los errores posibles que se pueden introducir en la interpretación cualitativa y cuantitativa de la probabilidad. Estos errores de interpretación, y también la falsa *certeza* psicológica introducida por el resultado numérico al medir un evento, convierten al cálculo de probabilidad en una herramienta peligrosa en las manos de personas que no tengan al menos una formación elemental en matemática. Esta afirmación no es de ninguna manera aventurada, ya que la probabilidad es a menudo la base de las decisiones en la vida cotidiana. Estimamos, aproximamos, comunicamos y comparamos probabilidades diariamente, a veces sin darnos cuenta, especialmente al tomar nuestras decisiones cotidianas. Los métodos empleados para hacer estas operaciones puede que no sean rigurosos o podrían incluso ser incorrectos, pero la necesidad de usar la probabilidad como un criterio para tomar decisiones tiene generalmente un precedente.

Podría explicarse por el hecho que los seres humanos en muchas situaciones específicas automáticamente se refieren a las estadísticas, y las estadísticas y la teoría de la probabilidad están relacionadas.

Comúnmente elegimos una determinada acción como resultado de una decisión porque estadísticamente esa acción condujo previamente a un resultado favorable en un cierto número de casos. Dicho de otro modo, la probabilidad de obtener un resultado favorable como consecuencia de una acción era aceptable.

Esta conducta en las decisiones pertenece a una cierta estructura de la psicología humana, y la acción humana no está generalmente condicionada por una suma de conocimientos. Aún cuando las estadísticas y quizás también las probabilidades no ofrezcan una información precisa del resultado de una acción respectiva, la decisión se toma intuitivamente, sin el apoyo de una prueba científica que sería lo óptimo en una decisión.

Por ejemplo, cuando decimos, *"Muy probablemente hoy va a llover"* la estimación de una probabilidad de lluvia resulta de haber observado las nubes o del pronóstico meteorológico. La mayoría de las veces que hay ese tipo de nubes en el cielo, llueve -de acuerdo a las estadísticas- por lo que también hoy probablemente llueva. De hecho, esto es una estimación de la probabilidad de lluvia, aun cuando no se muestren números. Si tomamos un paraguas, esa acción sería el resultado de una decisión tomada en base a una estimación previa. Escogemos llevar el paraguas, no porque veamos nubes, sino porque la mayoría de las veces llueve cuando el cielo está encapotado.

Cuando decimos, *"Es igualmente probable que salga un 1 o un 3 cuando tiramos un dado"* hemos observado que el dado tiene seis caras, y por lo tanto el número de resultados posibles es seis. Entre los posibles resultados, uno corresponde a la ocurrencia del 1 y uno a la ocurrencia del 3. Por lo que las probabilidades son iguales (1/6). Contrariamente al primer ejemplo, las estimaciones previas de las probabilidades resultaron de una observación mucho más rigurosa, lo que llevó a un resultado numérico.

Otro ejemplo -para nadie deseado- de tomar una decisión basada en la probabilidad es el siguiente:

El médico advierte que las etapas de la evolución de una enfermedad son: si no se quiere hacer una operación, las probabilidades de vivir son el 70 por ciento, y si se hace la operación, se tendrá un 90 por ciento de probabilidades de curarse, pero hay un 20 por ciento de probabilidad de morir en la operación.

Y así, uno se encuentra la situación de tomar una decisión, basada en su propio criterio y también en las cifras comunicadas (esa estimación fue hecha por el doctor, de acuerdo a las estadísticas).

En la mayoría de los casos de decisiones basadas en la probabilidad, la persona en cuestión hace la estimación o cálculo.

He aquí un ejemplo sencillo:

Se tiene que comunicar una información importante a uno de los vecinos (que hemos dejado la puerta de calle abierta) y se está en una cabina de teléfono. Se tiene solamente una moneda, así que solo se puede hacer un llamado. Las casas vecinas son dos. En una viven dos personas y el la otra tres. Ambos tienen contestadores automáticos en sus teléfonos. ¿A cuál de los dos números llamamos?

El riesgo está en que no haya nadie en casa y que se pierda la moneda cuando atienda el contestador automático.

Se podría elegir al azar, pero también se puede tomar la siguiente decisión: *"Puesto que la probabilidad de que haya alguien en casa es mayor en el caso de la casa con tres personas, llamaré allí."*

Y entonces, se ha tomado una decisión basada en la comparación de probabilidades. Es verdad, la única información tomada en cuenta fue el número de personas que viven en las casas.

Si hubiera intervenido otra información -como por ejemplo los horarios de las actividades diarias de los vecinos- el resultado de la probabilidad podría haber sido diferente, y consiguientemente, se hubiera podido tomar una decisión diferente.

En el ejemplo anterior, la estimación se pudo hacer porque era una cuestión de hacer una simple cuenta y una comparación. Pero en muchas situaciones, se requiere un conocimiento mínimo de la combinatoria y del cálculo de probabilidades para hacer una estimación o una comparación correcta.

Millones de personas juegan a la lotería, pero probablemente solamente un 10 por ciento sepa cuáles son las probabilidades reales de ganar.

Tomemos, por ejemplo, un sistema de cartones con 6 números del 1 al 49, *6 de 49* (cada variante del juego tiene seis números, y ganan todas las variantes jugadas que por lo menos tengan 4 números ganadores).

La probabilidad de acertar cinco números es alrededor de 1/53992, y la probabilidad de acertar los seis (el primer premio) es 1/13983816.

Para cualquiera que no tenga una idea de las combinaciones, estos números parecen increíbles porque uno ve al principio solamente números pequeños como 5, 6, y 49, y no ve cómo se obtienen esos números tan grandes.

De hecho, este es el elemento psicológico del cual depende la lotería para que funcione como un negocio. Si el jugador conociera estos números por anticipado; ¿seguiría o no jugando? ¿Jugaría con menos frecuencia o con menos variantes? ¿O jugaría con más variantes para tener una probabilidad mejor?

Cualesquiera sean las respuestas a estas preguntas, esas probabilidades influenciarán en la decisión del jugador.

Hay situaciones en las que hay que tomar una decisión basada en la probabilidad en un tiempo relativamente breve; estas situaciones no permiten que se hagan cálculos completos, aún cuando la persona tenga conocimientos matemáticos.

Supongamos que se juega al poker clásico con una baraja de 52 cartas. Se reparten las cartas y se reciben cuatro del mismo palo, pero además hay una pareja (dos cartas con el mismo número). Por ejemplo, se tiene 3♣ 5♣ 8♣ Q♣ Q♦. Ahora le toca jugar y se pregunta qué combinación de cartas es mejor guardar y cuáles reemplazar.

Para obtener un buen juego, probablemente se elija entre estas dos variantes:

- Se guardan las cuatro cartas del mismo palo y se pide una carta (para tener color); o
- Se guarda la pareja y se piden tres cartas (para tener un "trío", es decir tres cartas con el mismo número, o algo mejor).

En esta situación muchos jugadores intuyen que, quedándose con la pareja (que en este caso es una pareja alta), las probabilidades de recibir una *Q* (reina) o quizás recibir tres cartas del mismo valor son mayores que la probabilidad de recibir una sola carta reemplazada que sea del palo ♣ (trébol).

De ahí que alguien elegirá por lo "seguro" y jugará a "tres del mismo valor o mejor". Habrá quien elija jugarle al color, debido al impacto psicológico de tener cuatro cartas del mismo palo.

De hecho, la probabilidad de armar un juego de color es de alrededor de 19 por ciento y la probabilidad de tres del mismo valor o mejor es de alrededor de un 11 por ciento, casi la mitad. En caso de darse cuenta de estas cifras por anticipado, éstas influirían en la decisión y se elegiría una variante específica del juego con la consideración de tener mayor probabilidad de ganar.

Este es un ejemplo típico de una decisión basada en las probabilidades, tomada en un tiempo corto.

Es obvio que, aún suponiendo que se tiene mucha habilidad para el cálculo de probabilidades, es imposible calcular estas cifras en medio del juego. Pero se pueden usar resultados memorizados previamente, obtenidos en cálculos propios o sacados de tablas de las guías que tienen colecciones de probabilidades aplicadas. En los juegos del azar, muchos jugadores toman decisiones basadas en las probabilidades como parte de su estrategia, especialmente aquellos que juegan habitualmente.

Los ejemplos mostrados no fueron elegidos porque si. Se demuestra con ellos la gran componente psicológica de nuestra interacción con las probabilidades, especialmente al tomar una decisión.

Además del aspecto práctico de la interacción con la probabilidad y los porcentajes, la gente común y los científicos se sienten atraídos por la teoría de la probabilidad porque presenta muchos modelos que se dan en la naturaleza. Es una herramienta de cálculo para las otras ciencias y además, el concepto de probabilidad tiene repercusiones filosóficas.

Volviendo al aspecto práctico, ya sea que tengamos una formación matemática o no, ya sea que sepamos la definición precisa del concepto o no, ya sea que tengamos habilidad para los cálculos o no, muchas veces tomamos decisiones basadas en las probabilidades como criterio, a veces sin darnos cuenta.

Pero este criterio no es obligatorio. Podemos usarlo como una función de la intuición, como un principio personal de vida, o como uno de tantos elementos subjetivos.

Quienes no toman decisiones basadas en cifras son los que corren un riesgo desvinculado de cualquier umbral y, muchas veces, el resultado les es favorable. Pero las estadísticas muestran que las probabilidades son tenidas en cuenta más a menudo, ya sea de una manera primitiva o en forma profesional.

Todas estas razones fundamentan la creación de una guía de probabilidades dirigida a la gente común que no tiene una formación matemática sólida. Si bien el objetivo principal de esta guía es práctico, insistimos también en ofrecer una visión rigurosa de los conceptos probabilísticos, porque si no se los tiene claros se cae en falsas interpretaciones y en errores de aplicación.

El material didáctico ha sido estructurado para gente sin una formación matemática previa y ofrece una visión clara de las nociones que se utilizan, y enseña a resolver las aplicaciones con un enfoque exacto del problema y un buen uso de los algoritmos del cálculo, aún cuando no se lea el capítulo de matemática pura titulado *Fundamentos de la Teoría de la Probabilidad*.

Quienes crean que un nivel alto de matemáticas está por encima de su comprensión pueden pasar por alto ese capítulo sin una mayor repercusión en la práctica, a saber en la aplicación correcta de los métodos y algoritmos del cálculo. Esto es posible gracias al uso de sólidas referencias a las nociones matemáticas en los ejemplos y modelos de la presentación. Más aún, las aplicaciones pertenecen exclusivamente al campo de las probabilidades finitas, en las que los algoritmos de cálculo y el número reducido de fórmulas usadas pueden retenerse y aplicarse sin un estudio profundo de las nociones de la teoría probabilística.

De hecho, el lector sólo necesita un conocimiento elemental de la matemática de la escuela primaria para calcular las probabilidades; operaciones con números enteros y fraccionarios (suma, resta, multiplicación y división), el orden de las operaciones y el cálculo algebraico elemental. Es útil sentirse cómodo con la teoría y las operaciones de los conjuntos, pero todas esas nociones se pueden hallar al principio del capítulo titulado *Fundamentos de la Teoría de la Probabilidad*. También es una gran ventaja si se conocen nociones y fórmulas de la combinatoria.

Muchas de las aplicaciones a los juegos usan las combinaciones y muchas veces el cálculo de probabilidades nos conduce a su uso. Pero si faltara ese tipo de conocimiento se podría compensar con creces ya que la guía contiene un capítulo dedicado al tema de la matemática y la información que se ofrece allí tiene un nivel para poder ser entendida por todos.

El contenido de los capítulos está estructurado de la manera siguiente:

¿Qué es la Probabilidad?

La lectura de este capítulo es esencial para manejar cómodamente el concepto de probabilidad.

Se parte de un cambio en la definición matemática y se muestra la probabilidad estructuralmente como una medida y también como un límite. Todas las nociones matemáticas usadas, y también todos los teoremas principales de la teoría de la probabilidad son explicados a través de ejemplos y modelos naturales.

También hablamos de las interpretaciones filosóficas y de las implicaciones del concepto, y del impacto psicológico de la interacción de la gente con las probabilidades.

Fundamentos de la Teoría de la Probabilidad

Este es un capítulo estrictamente matemático que contiene todas las definiciones rigurosas que ponen la base para el concepto de probabilidad, comenzando por las operaciones de conjuntos, las sucesiones de números reales, la convergencia, el álgebra de Boole, las mediciones, y también el campo de eventos, la probabilidad, la probabilidad condicional y las variables discretas al azar.

El capítulo contiene solamente los principales resultados teóricos, presentados como enunciados sin demostración, aunque se incluyen muchos ejemplos.

Como dijimos antes, no es obligatorio leer este capítulo para entender el objetivo práctico del cálculo, pero es útil seguirlo en paralelo a medida que se avanza por el primer capítulo, especialmente para los que tienen una formación mínima de matemática.

Combinatoria

El análisis combinatorio es una herramienta importante del cálculo en las aplicaciones de la probabilidad y por esa razón se le dedica un capítulo.

Este capítulo contiene las definiciones de permutaciones, combinaciones y variaciones, junto con sus fórmulas de cálculo y sus propiedades principales.

Muchos ejemplos y aplicaciones resueltas y no resueltas completan esta parte teórica.

Guía de Cálculo para el Principiante

Esta parte del trabajo es el material didáctico principal que requiere un principiante que quiera aplicar correctamente el cálculo de probabilidades en situaciones prácticas.

La presentación de los métodos y aplicaciones es principalmente algorítmica para ayudar al lector a seguir fácilmente los pasos de ejecución y evitar los errores de aplicación.

El análisis del problema, estableciendo la información a tener en cuenta, la enunciación correcta de los eventos a medir, el método de cálculo adecuado, las fórmulas a usar y el cálculo, están explicados y ejemplificados en profundidad y de una manara accesible.

Se presentan en todo el capítulo aplicaciones resueltas y ejemplos sugerentes.

Aquí se señalarán los errores más frecuentes en la aplicación del cálculo indicados para ayudar a los principiantes para evitarlos.

Como en otros capítulos, los ejemplos y aplicaciones resueltas pertenecen mayormente a juegos del azar, para los que el conocimiento realmente adquirido tiene una aplicación inmediata.

El cálculo de probabilidad se explica y usa para el caso finito (campo finito de eventos), en el que las situaciones prácticas que se pueden aplicar son más numerosas (en el juego y en la vida diaria) y la probabilidad tiene mayor alcance como criterio de decisión.

Problemas de Aplicación del Cálculo de Probabilidades

Este capítulo verifica el conocimiento teórico adquirido en los capítulos anteriores y su aplicación.

De hecho es una colección de problemas elementales propuestos y resueltos que completan necesaria y útilmente los capítulos teóricos previos. El grado de dificultad de los problemas propuestos crece gradualmente. Las aplicaciones se toman de los juegos de azar y también de la vida cotidiana.

¿QUÉ ES LA PROBABILIDAD?

El objetivo de este capítulo es ofrecer al lector que no tiene formación matemática una imagen suficientemente clara del concepto de probabilidad, y mostrar cómo, cuando este concepto falla, el uso del cálculo se vuelve incierto y predispuesto a los errores, especialmente en lo referente al análisis para plantear los problemas.

Este análisis debe abarcar los aspectos estructurales básicos y captar sus propiedades que se manifiestan cuando se adjudican eventos a las estadísticas y probabilidades de la vida cotidiana.

También hablaremos de las implicaciones psicológicas y filosóficas de este concepto, procurando separar el término matemático de la palabra vulgar *probabilidad*.

Obviamente, en una presentación y explicación del concepto de probabilidad, aún para personas sin formación matemática, no puede pasar por alto la definición matemática. Entonces, vamos a comenzar con esa definición y tratar de reconstruirla paso a paso desde sus partes constitutivas. Esta reconstrucción se hará en base a casos particulares y ejemplos ilustrativos.

Este enfoque es como un deber por causa del enorme impacto psicológico de las estadísticas y las probabilidades en la vida diaria de la gente. Debido a una necesidad natural que está rigurosamente justificada en mayor o menor medida, nos referimos constantemente a las estadísticas; por lo tanto la probabilidad se ha convertido en una herramienta real para la toma de decisiones. En este capítulo discutimos en detalle este importante componente psicológico del concepto de probabilidad.

El hecho de que la gente haga estimaciones, cálculos y comparación de probabilidades con el objeto de tomar decisiones, sin conocer exactamente la definición exacta del concepto o sin un dominio adecuado del mismo cálculo, genera automáticamente el riesgo de una interpretación cualitativa de los errores y también de incurrir en errores que se producen por el uso de cifras como criterio de toma de decisiones.

Hablando en un sentido psicológico, la tendencia de los principiantes de otorgar a la palabra *probabilidad* una cierta importancia es generalmente excesiva de dos maneras: se le otorga a la palabra demasiada importancia -las cifras vienen a representar un grado absoluto subjetivo de confianza en la ocurrencia de un evento- o muy poca importancia; y así muchas veces se coloca un signo igual entre lo *probable* y lo *posible* y la información que los números aportan no es tenida en cuenta.

Usamos aquí deliberadamente el término *palabra* en lugar de *concepto* al hablar sobre la probabilidad.

Para tener una buena comprensión de lo que significa e implica la *probabilidad*, no nos referimos exclusivamente a la definición matemática, sino también a cómo esta noción es percibida en los espacios no académicos por gente que tiene un nivel de conocimientos bajo o promedio.

Este enfoque es necesario porque la probabilidad, tanto la noción como la herramienta, tiene implicaciones enormes al interactuar con los asuntos humanos de todos los días.

Palabras y conceptos

Para una interpretación correcta de toda la información que hemos juntado para el estudio de los varios objetos del conocimiento, es absolutamente necesario poder hacer la distinción, tantas veces difícil de discernir, entre palabra y concepto.

Una *palabra* es una representación gráfica y fonética de una categoría de objetos que están sometidos a los juicios o a la comunicación humana. Así, una palabra identifica un grupo de objetos de nuestra realidad circundante, física, percibida o abstracta.

Por ejemplo, se le puede asignar a la palabra *aparato* el conjunto de objetos (televisor, radio, micrófono, ordenador, el grupo de órganos humanos internos que actúan en la digestión, y así sucesivamente). (En verdad esto es un conjunto de palabras, que por un abuso de notación ha sido presentado como un conjunto de objetos físicos, a saber, el conjunto de esos objetos que existen). La notación *aparato* representa ese conjunto entero.

Como un ejemplo alternativo, podemos asignar a la palabra *bola* el conjunto de objetos {el objeto redondo que se usa en el fútbol, el objeto redondo y móvil que se usa en el juego del pool, un cuerpo celeste, etcétera}, cuyo representante es la palabra misma.

La palabra es prácticamente un símbolo, una notación que es asignada al conjunto de objetos que representa.

El lenguaje crece y se desarrolla durante la historia junto con la necesidad humana de comunicarse, pero el estado de una palabra siempre permanece igual: un símbolo indispensable de la comunicación pero privado de un contenido conceptual.

La palabra no es el objeto mismo, sino una representación simbólica de objetos de la realidad circundante, para el propósito exclusivo de la comunicación.

Las palabras se usan en el lenguaje común no académico como símbolos de comunicación. La transmisión de una palabra dada automáticamente se refiere a todo el conjunto de objetos que esa palabra representa. Ese conjunto de objetos está aceptado generalmente por la comunidad que usa un lenguaje específico, en el sentido de la mayoría. Este acuerdo no está escrito ni declarado oficialmente por alguna organización reconocida en este asunto, ni está sugerido por una sociedad académica. Si bien mucha gente va al diccionario para obtener la definición de una palabra y evitar divagaciones sobre su uso, en este caso, es el resultado práctico de la comunicación humana libre a lo largo de la historia.

Una *definición* es una expresión gramatical que limita o extiende un conjunto de objetos que pueden ser adjudicados a una palabra al enunciar las propiedades específicas de los objetos que ésta describe.

Una definición puede usarse juntamente con una palabra (o grupo de palabras) cuando el conjunto de objetos que representa no está unánimemente aceptado o hay dudas sobre este asunto dentro de una comunidad o también entre dos interlocutores. Por otro lado, una definición puede estar ligada a un grupo de objetos para simplificar la comunicación ulterior que se refiera a ese grupo de objetos.

La expresión de una definición consiste en un enunciado de las propiedades específicas del objeto en cuestión.

En un nivel científico, las definiciones aparecen en la base de las teorías porque una teoría no puede operar con objetos no definidos.

El objeto estudiado debe estar bien definido al inicio, antes de llegar a ser el sujeto de juicios y comunicaciones.

En un nivel común, no académico, la necesidad de una definición aparece muchas veces, especialmente cuando hay un riesgo de confusión sobre los objetos que son el sujeto de la comunicación.

Generalmente, la elaboración de una definición llega después del pedido de un interlocutor.

El predicado gramatical de la frase con la que se expresa una definición puede ser *se llama, se denomina, se define* o *es*.

Se advierte que la definición asigna a una palabra (o grupo de palabras) una expresión que delimita o extiende el conjunto de objetos asociados o asigna una palabra (o grupo de palabras) a un conjunto de objetos que tienen propiedades específicas.

Ejemplos:

1) Definición: Un *anillo* es un objeto de forma circular hecho de cualquier material.

Esta definición asociada a la palabra *anillo* entiende un posible conjunto de objetos previamente asignados, tales como el conjunto de joyas de forma circular que se usan en el dedo.

Más aún, esta definición limita un posible conjunto de objetos previamente asignados, tales como el conjunto de todos los objetos naturales o artificiales con forma circular.

2) Definición: Un *cuadrado* es un rectángulo cuyas diagonales tienen el mismo largo.

Esta definición matemática asigna la palabra *cuadrado* a los objetos *rectángulos cuyas diagonales tienen el mismo largo,* esto es, a cualquier rectángulo que tenga esta propiedad específica.

El propósito para la elaboración de una definición es ilustrar un objeto o categoría de objetos que son los sujetos de la comunicación, sobre los cuales se imparte una teoría que completa una teoría existente, y para simplificar la comunicación reduciendo las palabras requeridas para comunicarse.

Las definiciones no crean objetos nuevos sino toman ciertos objetos de una categoría más extensa. Eventualmente pueden crear palabras nuevas (o grupo de palabras).

En un sentido más abstracto, se podría decir que la palabra también representa a una definición como tal, si se tiene en cuenta el conjunto de objetos que tiene asociados.

Sin embargo, este conjunto en general no puede ser abarcado íntegramente por las enunciaciones que se presentan en una definición compacta.

Como se dijo anteriormente, una definición es una frase con sentido gramatical. Podemos asociar definiciones para las varias palabras que forman una frase, y así sucesivamente.

Cada palabra puede ser definida en muchos modos subjetivos y a su vez sus definiciones también consisten en palabras. Por eso, asociar una definición a una palabra no le confiere una jerarquía mayor que la de un simple símbolo, en tanto esa definición contenga sólo palabras.

Pero en un contexto científico la definición se hace posible, aunque de manera limitada, debido a motivos filosóficos. Puesto que una teoría de una ciencia exacta opera solamente con objetos bien definidos, en el sentido que las palabras contenidas en la definición están a su vez rigurosamente definidas, las palabras que representan esos objetos casi siempre se identifican con los objetos asociados, por lo menos en cuanto a la eliminación de toda confusión.

En esos casos, el trío *palabra – definición asociada – objeto definido* se llama un *concepto* o *noción*.

Un *concepto* es un objeto abstracto cuya definición contiene solamente palabras que están bien definidas en un sentido científico, con referencia directa a la ciencia específica a la que pertenece.

La elaboración de una definición rigurosa del concepto mismo no puede realizarse estructuralmente usando otros objetos. El objeto referido (el concepto) sólo puede ser definido por si mismo:

Un concepto es un objeto cuya definición contiene sólo conceptos (y no palabras que no tengan sus definiciones asociadas). Esta definición confiere al *concepto* una característica abstracta desde el comienzo.

El concepto como definición también tiene características relativas, porque la calidad de lo bien definido tiene sentido sólo cuando está relacionado con la ciencia, campo o teoría con la que operamos.

Como ejemplo básico, todos los conceptos matemáticos son objetos abstractos que están bien definidos con otras nociones matemáticas rigurosas.

Ejemplo:
Definición: Un conjunto A es llamado un *conjunto numerable* si existe una función biyectiva de N (el conjunto de números naturales) en A.

En el análisis matemático hay una definición asociada a las palabras *conjunto numerable* y esa definición sólo contiene palabras que están bien definidas en la matemática, como *función* y *biyectiva*.

Entonces, el grupo de palabras *conjunto numerable* adquiere la categoría de concepto matemático (las palabras *conjunto numerable* + su definición + los objetos que representan).

Podríamos identificar las palabras *conjunto numerable* con el concepto matemático definido arriba, pero solamente dentro de una comunicación en un ámbito científico.

En una comunicación no académica, esas palabras no trascienden su calidad de símbolos porque es posible que se dé una interpretación arbitraria de ellas e incluso que se produzca una confusión.

Retomemos un ejemplo previo, en el que se asignó a la palabra *bola* un conjunto de objetos (el objeto redondo para el fútbol, el objeto redondo para el juego del pool, un cuerpo celeste, etc.).

En matemática (geometría y topología), bola representa un concepto bien definido:

Definición: En el espacio R^3, si $C \in R^3$ y $r > 0$ es un número real, entonces el conjunto $\{x \in R^3, d(x, C) \le r\}$ se llama la bola cerrada de centro C y radio r.

Todo conjunto de esta forma se llama una bola cerrada; ($d(x, y)$ es la distancia entre los puntos x e y; la definición similar de bola abierta se obtiene reemplazando $\le$ con $<$; un conjunto que sea una bola cerrada o una bola abierta se llama *bola*).

Así, la palabra *bola* usada en el lenguaje vulgar ha adquirido la calidad de concepto como resultado de haberle asociado una definición matemática rigurosa. Obviamente, el concepto matemático de bola también pertenece al conjunto de objetos que la palabra bola representa (el objeto redondo usado en el fútbol, el objeto redondo móvil del juego de pool, el cuerpo celeste, el concepto matemático de bola, y así sucesivamente).

Esta pertenencia es válida para toda palabra que pase a ser un concepto: el conjunto representante de objetos asociados a la respectiva palabra automáticamente contiene el objeto abstracto del mismo nombre.

No insistiremos más en una definición filosófica y en asuntos de lenguaje. Esta breve presentación de la terminología y la definición general tiene como principal objetivo captar las diferencias estructurales entre *palabra* y *concepto*, necesarias para aclarar el modo de percepción y la interpretación de las nociones matemáticas para personas sin una formación científica.

Teniendo en cuenta todo lo que se ha ido presentando, debemos recordar lo siguiente:

– Una palabra es un símbolo simple que es necesario para la comunicación, que representa un conjunto de objetos de la realidad circundante, física o abstracta;

– Las definiciones pueden estar asociadas a palabras; estas definiciones pueden ser más o menos rigurosas y más o menos subjetivas;

– Las definiciones son frases que también consisten en palabras que ilustran uno o más objetos con propiedades específicas;

– Un concepto es un objeto abstracto, cuya definición contiene otros conceptos previamente definidos; la definición asociada a un concepto contiene solamente palabras que están bien definidas dentro del campo científico al cual pertenece;

– En un contexto científico, el concepto se identifica con la palabra que lo representa, y es claro en ese nivel de comunicación;

– El concepto como un objeto es parte del conjunto de objetos posibles de la palabra respectiva que lo representa.

Volvamos al ejemplo de la definición matemática de bola. Una bola en el espacio tridimensional R^3 ha sido definida usando la distancia clásica ortogonal (métrica): la distancia entre dos puntos x e y de coordenadas (x_1, x_2, x_3), (y_1, y_2, y_3) respectivamente es

$$d(x, y) = \sqrt{(x_1 - y_1)^2 + (x_2 - y_2)^2 + (x_3 - y_3)^2} .$$

Pero hay generalizaciones de esa noción. Las generalizaciones inmediatas se obtienen extendiendo el espacio R^3 a un espacio métrico arbitrario, estructurado con una métrica arbitraria.

Un espacio métrico es un par (X, d), donde X es un conjunto y d es una métrica en X. La definición de métrica es:

Una función $d : X \times X \to R_+$ se llama métrica en X si cumple los axiomas:

a) $d(x, y) = 0 \Leftrightarrow x = y$

b) $d(x, y) = d(y, x), \forall x, y \in X$

c) $d(x, y) \leq d(x, z) + d(z, y), \forall x, y, z \in X$.

Podemos ahora enunciar la definición generalizada llamando también *bola* al nuevo objeto definido:

Definición: Sea (X, d) un espacio métrico, $x \in X$ y $r \in R_+$. Si se denomina $B(x, r) = \{y \in X, d(x, y) < r\}$ y $B[x, r] = \{y \in X, d(x, y) \leq r\}$, entonces $B(x, r)$ y $B[x, r]$ se llaman *bola abierta de centro x* y radio r, y *bola cerrada* de centro x y radio r respectivamente.

Todo subconjunto de X que tenga una de esas dos formas se llama *bola*.

Así, hemos puesto en evidencia dos objetos abstractos, con la ayuda de dos definiciones: una asociada al concepto de bola en el espacio R^3 y otra asociada al concepto de bola en el espacio métrico.

Aunque una es la generalización de la otra, los dos conceptos son distintos, pero están representados por la misma palabra, *bola*. Si bien escoger la misma palabra para representar el concepto generalizado tiene un motivo teórico sólido en la matemática, esto genera automáticamente el peligro de confusión en la comunicación y de formación de juicios incorrectos sobre los objetos que se implican porque están representados por la misma palabra.

Refiriéndonos al ejemplo concreto, en un ámbito académico este peligro es mínimo, prácticamente nulo, porque un matemático que se comunica o desarrolla una teoría que contiene estos dos conceptos los relacionará profesionalmente a donde se refieren las definiciones del espacio base respectivo. Pero en una comunicación no académica, el riesgo de un malentendido o un error de comunicación es más elevado. Las personas que no tengan una formación matemática usan la palabra *bola* para representar un conjunto de objetos en los que los dos conceptos, *bola en* R^3 *y bola en un espacio métrico*, pueden o no estar comprendidos, dependiendo de la elección subjetiva y el nivel de conocimiento de la persona que usa la palabra *bola*.

Tenemos entonces la misma palabra *bola* con tres significados diferentes: la palabra-símbolo *bola* (que está asociada a un conjunto de objetos), el concepto *bola en* R^3 y el concepto *bola en un espacio métrico*.

A nivel de una comunicación no académica, se avizora naturalmente el peligro de una transmisión incorrecta del contenido y la esencia de las palabras que circulan. Esto puede generar conflictos a nivel de una discusión simple entre interlocutores, y a nivel teórico también, por el desarrollo de juicios o teorías que operan con términos incoherentes o incluso que acarrean vicios lógicos elementales.

Los conflictos generados por palabras que no acarrean un contenido único o no están sólidamente definidas pueden aparecer en la comunicación diaria y a nivel científico. Existen las ciencias que se autodenominan exactas en las que las teorías comienzan definiendo nociones incoherentes a las que les asignan palabras que representan contenidos con mucho mayor extensión. Y así, al otorgar a esas nociones unas propiedades que pertenecen a otros objetos representados por la misma palabra, aparecen conflictos tales como círculos viciosos o paradojas lógicas, que se repiten en sus resultados científicos que aparentemente son aceptables pero que en verdad son erróneos.

La ciencia matemática, considerada la más exacta, contiene paradojas no resueltas generadas por la incoherencia en la definición de algunos conceptos. El ejemplo clásico más a mano es la noción de conjunto. Esta noción es la base de toda construcción de la teoría matemática y está contenida en casi todas las definiciones. Todos los conceptos matemáticos están definidos con otros conceptos, los que a su vez están definidos rigurosamente, hasta llegar al concepto de *conjunto*. Este término es llamado de *grado cero*, el cual no puede ser definido rigurosamente por medio de otros conceptos.

Se describe al conjunto como un grupo o colección de diversos objetos llamados elementos del conjunto. El conjunto y todos sus elementos son objetos diversos de diferentes categorías matemáticas. Si bien esto está unánimemente aceptado, no es todavía una definición conceptual. Las palabras *grupo, colección* y *objetos* no tienen la categoría de conceptos rigurosamente definidos.

Por ejemplo, la palabra *objetos* sin tener la categoría de concepto nos permite elegir un representante del conjunto asociado, en particular ese representante puede ser un *conjunto*.

Podemos considerar ahora *el conjunto de todos los conjuntos* como el conjunto elegido. Y luego de una observación completa; ¡vemos que este mismo conjunto es también uno de sus elementos!

Esta paradoja determina desde un comienzo que la definición de conjunto no es rigurosa, por más que no genere conflictos lógicos en las teorías que se basan en esa definición.

Esos conflictos generados por el lenguaje no pueden ser evitados en tanto la ciencia no encuentre otra forma de comunicación superior a la que solamente usa palabras. Una comunicación así trasmitiría información pura directamente al sistema de procesamiento del cerebro humano (con la condición que existan receptores adecuados para este tipo de información) pasando por alto los pasos intermedios de la representación a través de símbolos (palabras). Aceptar o rechazar la existencia de tal tipo de sistemas de comunicación es un problema pendiente de estudio al que podrán contribuir las disciplinas como la filosofía de la ciencia, la metafísica, la matemática, la física, la parapsicología y quizás también la religión.

Entre tanto, la palabra es el único modo viable y accesible, aún cuando sea una herramienta imperfecta con respecto a la interpretación del contenido intrínseco de ciertos objetos abstractos que interaccionan con nosotros en el nivel del conocimiento.

Modelos matemáticos

Para estudiar los distintos objetos de la realidad física y sus propiedades, las ciencias exactas desarrollan teorías basadas en modelos de esos objetos.

Un modelo es un conjunto de conceptos científicos que reproducen el objeto o los objetos estudiados en un nivel teórico.

La creación de un modelo y el desarrollo de una teoría sobre él generan un principio equivalente al objeto (objetos) reproducido.

La física y la matemática operan especialmente con modelos para estudiar la realidad circundante, descubriendo tantas propiedades de los objetos que lo constituyen como fueran posibles.

La necesidad de la elaboración de modelos es natural, desde un punto de vista científico. Esa necesidad se genera por el hecho de que la experiencia no es suficiente para conocer los objetos estudiados y su evolución (estructura, propiedades, comportamiento y predicciones), aún cuando solamente los relacionáramos con la percepción. Así, la teoría crea modelos que reproducen el objeto o fenómeno estudiado desde la perspectiva de los aspectos esenciales que dicha teoría usa para encontrar nuevas propiedades.

De hecho, el objeto físico es reducido a un concepto teórico sobre cuya base se construye una teoría ulterior. Los resultados obtenidos son aplicables al objeto que fuera físicamente modelado, lo que hace posible la adquisición de información adicional sobre los objetos y posibilita la predicción científica.

Como ejemplo, todo el campo de la mecánica celeste fue descubierta usando modelos físicos y matemáticos que reproducían el movimiento de los cuerpos celestes y sus interacciones mutuas. Puesto que esos cuerpos son intocables y eventualmente perceptibles con la visión, no se podía encontrar sus leyes de movimiento por experiencia o por observaciones prolongadas. Se necesitaba que se creara un modelo, en el cual los cuerpos celestes se reducían a simples puntos de masa interactuando dentro de los principios y leyes de la gravedad. Así, fue creado un modelo físico que es equivalente al conjunto de objetos reales con respecto al movimiento causado por las fuerzas en juego. Los matemáticos establecieron las ecuaciones del movimiento y trayectorias, basados en las leyes físicas aplicadas, creando a su vez un modelo de los objetos en movimiento. Basados en estas ecuaciones, podemos reproducir y predecir las trayectorias de los cuerpos celestes desde un conjunto dado como función de las coordenadas iniciales y otros parámetros como sus masas y las de los otros objetos que interactúan gravitacionalmente con él.

La observación confirma los resultados obtenidos teóricamente por el estudio de todos los modelos respectivos, los que también resultaron válidos para los fenómenos físicos correspondientes.

La equivalencia establecida entre el objeto real y el modelo teórico asociado no es total. La elaboración de un modelo supone aproximaciones y reducciones de los objetos físicos al abarcar sólo algunas de las propiedades que la teoría considera necesarias para su trabajo.

Por ejemplo, para calcular el volumen (aproximado) de la tierra, el científico usa el modelo matemático de la esfera, cuyas propiedades son usadas para conseguir el cálculo propuesto. El objeto tierra se reduce así por la aproximación al objeto matemático (concepto) de esfera. Las propiedades del objeto físico, tales como la superficie y las irregularidades de forma no se tienen en cuenta, porque son consideradas no esenciales para el resultado del cálculo matemático.

Otra aproximación podría usar el modelo geométrico de un esferoide, ignorando las mismas propiedades físicas porque se las considera prescindibles.

Si proponemos no solamente aproximar el volumen de la tierra, sino también marcar su trayectoria alrededor del sol, entonces el objeto tierra se reduciría como modelo a un simple punto de masa material, como así también el sol, para aplicar las leyes gravitacionales y encontrar la ecuación de movimiento. El modelo geométrico de la esfera o esferoide ya no es útil en este intento.

La creación de modelos científicos realiza la transferencia de información desde la experiencia a la teoría en un nivel cognitivo. El proceso de deducción (que produce resultados teóricos para el modelo en uso) pasa a ser inductivo cuando los resultados teóricos se transfieren y asignan al objeto modelado. Así, la información se trasfiere de vuelta, de la teoría a la experiencia, luego de haber sido procesada a nivel teórico.

Este proceso de doble asignación crea una equivalencia entre el objeto o fenómeno estudiado y el modelo creado por la ciencia, pero solamente con respecto a las propiedades estudiadas. El objeto real es diferente del modelo científico asociado y contiene mucho más información que este último. Por lo tanto, el objeto real tiene propiedades adicionales que no se encuentran teóricamente en el modelo usado.

Como ejemplo, al estudiar el movimiento de un par de planetas: esto es, un planeta y su satélite natural, progresivamente aproximándose el uno al otro, y predecir el tiempo que falta hasta que los cuerpos se encuentren, se asocia un modelo físico matemático, a saber, dos masas esféricas en interacción gravitacional.

Usando este modelo, más los datos de la distancia entre las dos esferas, sus radios y masas y sus velocidades en un cierto momento, es posible una predicción del tiempo restante hasta que colapsen usando el cálculo matemático riguroso.

El uso de las propiedades de dos masas esféricas en interacción gravitacional es suficiente para hacer esa predicción. Pero los dos cuerpos celestiales tienen también otras propiedades físicas que no son visibles en el modelo creado, como su composición, densidad, relieve, y otras por el estilo. Que no son tenidas en cuenta porque la teoría aplicada no necesita de ellas.

Veamos otro ejemplo, conocido en matemáticas como la paradoja recreativa, que revela que la equivalencia entre un modelo y el fenómeno reproducido no es total y puede generar resultados erróneos.

Un hombre debe cubrir la distancia entre los puntos A y B. Para llegar al punto B, el hombre debe primero caminar hasta la mitad de la distancia AB, luego debe caminar la mitad de la distancia restante, y así sucesivamente, hasta el infinito. Se podría concluir que el hombre nunca llega al punto final B. Obviamente, la experiencia prueba que la conclusión es errónea. ¿Pero dónde está el error?

No estamos aquí frente a un juicio con un vicio lógico y no hay un error oculto en el contexto. El error real tiene una dimensión conceptual; a saber, es un error en la transferencia de la información desde el modelo teórico a la realidad física.

El modelo matemático del fenómeno descrito, en el que se genera el juicio es el siguiente:

Tenemos un segmento $[AB]$ y L que indica su longitud. Se considera el punto medio de ese segmento, que es un punto geométrico. Designarlo con A_1. La distancia desde A_1 hasta B es $L/2$. Considerar ahora el punto medio del segmento $[A_1 B]$ y designarlo con A_2. La distancia desde A_2 hasta B es $L/4$. Al continuar la división por mitad del segmento que queda y designar similarmente los puntos medios se obtiene una sucesión de puntos $\left(A_n\right)_{n \geq 1}$.

Se puede probar matemáticamente que esa sucesión converge en el punto B. Pero el punto B no ha sido alcanzado (un número natural n tal que $A_n = B$ no existe), porque la distancia desde A_n a B igual a $L/2^n$, es no nula para todo n.

Éste es el juicio sobre el modelo matemático, el cual es completamente correcto.

El error proviene del hecho que el modelo elegido no representa al problema suficientemente bien. El movimiento está representado discretamente, cuando de hecho en la realidad es continuo.

La sucesión $(A_n)_{n \geq 1}$ no representa el movimiento, sino es simplemente una sucesión derivada del conjunto continuo de los puntos cubiertos, el cual incluye al punto final B.

En realidad, esta es una reflexión sobre la diferencia entre lo discreto y lo continuo en la matemática. Todavía más, el fenómeno real y el modelo matemático elegido también tienen una diferencia esencial: mientras que los *cortes* que dividen por mitad la distancia se hacen con puntos geométricos dentro del modelo, en el caso físico se hacen con pasos humanos. El paso tiene una longitud mínima dada que se corresponde con la de la suela, y cubre la distancia que falta hasta el punto B en un cierto momento del recorrido.

Dentro del modelo matemático, el equivalente al paso, a saber el punto, tiene una distancia nula. Exactamente por esa razón el punto B nunca será alcanzado por la sucesión de puntos mencionada, mientras que en la realidad, los pasos físicos llegarán al punto final después de la última sección que deje una distancia menor que la longitud de la suela.

Así, aún cuando el problema fue formulado por el modelo elegido para describir correctamente el movimiento (la distancia a cubrir con puntos aislados y no en forma continua), este modelo no resulta suficientemente ilustrativo porque la distancia del paso sería cero, lo que es imposible.

Éste es un ejemplo elocuente en el que la transferencia de los resultados teóricos obtenidos del modelo al fenómeno físico está invalidada por la realidad. La razón es porque el modelo creado no es totalmente equivalente al fenómeno descrito, el que contiene información adicional.

La predicción es uno de los objetivos principales de la ciencia y la teoría a través de modelos consigue predicciones científicas exitosas en los objetos reales y en su evolución.

Tal como vimos en el ejemplo, cuando un objeto físico se reduce a un modelo teórico, aunque la construcción de las teorías desarrolladas en él no estén alteradas lógicamente de manera alguna, la pérdida de información que conlleva el objeto estudiado, como también las definiciones de los conceptos incorporados en el modelo, confieren al conocimiento a través de modelos una fuerte característica relativa.

En matemática, aunque esa característica relativa se mantiene en el nivel de transferencia de resultados desde el modelo a los objetos o fenómenos físicos, hay una precisión en la transferencia que es mayor que en las otras ciencias. Normalmente, los matemáticos no realizan directamente esta transferencia; es una herramienta usada por otras ciencias, especialmente la física, donde se crean los modelos científicos de la realidad circundante.

La matemática solamente puede ser revisada a un nivel filosófico, donde todo resulta relativo.

La búsqueda de las propiedades matemáticas de los objetos físicos estudiados, así como los problemas de cálculo de toda índole están resueltos completamente con la asignación de modelos, aún cuando se mantenga la relatividad generada por la transferencia de los resultados teóricos desde el modelo a los objetos reales. Pero esta relatividad converge hacia los límites del conocimiento y es un asunto exclusivo de la filosofía del pensamiento.

La matemática mantiene el rango de error conceptual y computacional más bajo, a condición que esos límites sean reconocidos y aceptados.

Hemos hecho esta breve incursión en los problemas básicos de la representación científica con modelos, y también en la filosofía de la definición, para familiarizar al lector con la idea de que el procesamiento de información a un nivel cognitivo no está enfocado exclusivamente en la estructura y contenido de la información, sino que se interna profundamente en las fuentes de cada elemento constitutivo y en el modo de la percepción humana de todo eso.

En todos los problemas del estudio científico, el grupo conceptual *palabra – noción – modelo* debe ser tenido en cuenta en su totalidad y también individualmente, para hacer las distinciones necesarias para evitar los errores conceptuales en los procesos del juicio lógico y en la simple comunicación.

Volviendo a la *probabilidad,* sus problemas de estudio serán contrastados con todas las reglas presentadas anteriormente.

Como ya se dijo, la explicación de la noción de probabilidad no puede dejar de lado la definición matemática rigurosa, la que abordaremos más extensamente. La probabilidad se presentará como una simple palabra y también como una noción, junto con el modo de percepción de personas que no tienen formación científica, porque a diferencia de otros conceptos matemáticos, éste tiene un enorme impacto psicológico en la vida cotidiana de la gente.

Probabilidad – la palabra

En el lenguaje corriente de un ambiente no académico, las palabras *probabilidad* y *probable* son usadas frecuentemente por mucha gente, quienes les asignan significados que coinciden parcial o totalmente con la definición matemática del concepto respectivo.

En la práctica todas las definiciones asociadas subjetivamente captan lo mensurable, los aspectos cuantitativos de la noción, cosas que solamente pueden describirse en un nivel matemático, y que únicamente se refieren a una simple asociación de números.

La definición de probabilidad, aceptada por una gran mayoría en un nivel de comunicación no académica, es la definición matemática trivial de probabilidad en un campo finito con eventos elementales igualmente posibles. Por supuesto, hay dos categorías de personas, las que conocen esta definición (con o sin formación matemática) y las que la interpretan sin rigor y subjetivamente.

Pero generalmente en ambas categorías, los elementos siguientes se conocen y aceptan:

– La probabilidad es un número positivo menor o igual que 1, que puede ser asignado a la posibilidad de la ocurrencia de un evento como resultado de un experimento.

– Este número es el resultado de un cálculo numérico o sólo de una observación simple y se expresa con porcentajes.

Al ser menor o igual a 1, proviene de una fracción propia.

– La probabilidad 1 se asigna a un evento seguro.

Obviamente, estos elementos no constituyen la totalidad de la definición matemática de probabilidad, ni siquiera la elemental.

Más aún, los términos *experimento* y *evento* se usan como palabras simples del diccionario sin una categoría conceptual.

La gente con una formación matemática mínima asignará a la palabra la definición clásica de la probabilidad en un campo finito con eventos elementales igualmente posibles.

Definición: Sea un evento *A*. Llamemos probabilidad del evento *A* a la razón entre el número de casos (pruebas) favorables para *A* que ocurran y el número de todos los casos igualmente posibles ($P = m/n$).

Ahora nos limitaremos a dar ejemplos de esta definición con algunos experimentos simples sin describir los términos usados. Lo haremos en el párrafo dedicado a la reconstrucción del concepto de probabilidad.

1) En el experimento de arrojar los dados, los eventos elementales en conjunto son {1}, {2}, {3}, {4}, {5}, {6}. La probabilidad de un evento (cualquiera de ellos) es 1/6.

Si queremos saber la probabilidad del evento *el dado sale 2 o 3,* representado por el conjunto {2, 3}, observemos que es un evento compuesto y que puede ocurrir en dos pruebas (casos) que generen los eventos {2} y {3}.

La probabilidad del evento {2,3} es la razón entre el número de esos casos favorables (dos) y el número de todos los casos posibles (seis).

2) Una urna contiene tres bolas blancas y cuatro bolas negras. Alguien saca al azar una bola de la urna.

La probabilidad de sacar una bola blanca es 3/7 (tres pruebas son favorables para sacar una bola blanca de un total de $3 + 4 = 7$ pruebas igualmente posibles).

3) Alguien saca al azar una carta de una baraja de 52 cartas.

Cuál es la probabilidad de que esa carta tenga un valor mayor que 10?

El número de casos favorables para el evento *la carta tiene un valor mayor que 10* está dado por el número de cartas que tengan esa propiedad. Que son: J♠, J♣, J♥, J♦, Q♠, Q♣, Q♥, Q♦, K♠, K♣, K♥, K♦, A♠, A♣, A♥, A♦, un total de 16.

Sacar cartas genera eventos elementales igualmente posibles, entonces la probabilidad de ese evento es 16/52, esto es 4/13 o aproximadamente 30,76 por ciento.

Esta definición elemental, o sus variantes gramaticales, está generalmente asociada a la palabra *probabilidad* en personas que tienen una formación matemática mínima.

Dada esta definición, es correcto operar con la palabra *probabilidad* en tanto no se extienda a través del lenguaje a eventos que pertenezcan a campos de probabilidad más complejos, en los que, matemática y conceptualmente no sería válida. Aquí es donde surge el conflicto entre la palabra *probabilidad* y el concepto que tiene el mismo nombre.

El concepto matemático es mucho más complejo, por lo que lo reconstruiremos y explicaremos su definición más adelante en este capítulo.

Además, realizar cálculos basados en la definición clásica en un contexto donde no puede ser aplicada debido a razones matemáticas conduce a resultados numéricos erróneos.

En cuanto a la palabra *probable*, en el lenguaje corriente representa una cualidad a asignar a un cierto evento relacionado a su probabilidad. Los términos como *probable, menos probable,* y *muy probable,* cuando se los usa para describir eventos, resultan categorizaciones subjetivas que tienen como criterio la probabilidad numérica. Siendo numérico, el criterio que controla su asignación, automáticamente pasa a ser un criterio subjetivo. La definición de esas palabras sólo puede construirse por una asignación cuantitativa, por lo tanto ello implica una acción subjetiva.

Llamamos probable a un evento si el valor de su probabilidad (observado, comunicado o calculado) excede un umbral elegido subjetivamente (entre ellos, 50 por ciento es el umbral usado frecuentemente).

Muchas veces, el criterio cuantitativo de asignar la cualidad de probable no es un asunto de estimación de probabilidad, sino de observación de estadísticas prácticas. Se dice que un evento es probable cuando ocurre bajo condiciones similares, de acuerdo a estadísticas, en un cierto número de casos previamente registrado por estadísticas hasta un momento determinado. El criterio de las estadísticas también supone la evaluación de una razón, que ya no es probabilidad, sino frecuencia relativa. Obviamente, también aquí la elección subjetiva de un umbral es parte del criterio.

En matemática, la noción de *probable* no existe, y el uso de esa palabra se reduce a una simple comunicación común de propiedades subjetivamente asociadas a los eventos.

Como podemos observar, la fórmula de cálculo de la definición clásica de probabilidad es muy sencilla de aplicar. Su aplicación algorítmica consiste en:

1) Definir textualmente el evento cuya probabilidad se desea encontrar;

2) Contar todas las pruebas posibles que tienen como resultado la ocurrencia del evento en cuestión (los casos favorables) (m);

3) Contar todas las pruebas igualmente posibles (n).

4) Calcular la razón entre los números obtenidos en el paso 2) y paso 3) ($P = m/n$).

Consideremos otro ejemplo sencillo:

Una persona saca una carta al azar de una baraja de 52 cartas. Calculemos la probabilidad de que la carta que saca sea de trébol (♣).

Aplicamos la definición clásica de probabilidad, porque podemos considerar que las extracciones al azar de cartas de la baraja son eventos igualmente posibles.

Siguiendo el algoritmo de cálculo, tenemos:

1) El evento a estudiar es *sacar una carta de trébol.*

2) Hay trece tréboles en la baraja (una por cada valor A, 2, 3, 4, ..., etc.). La extracción de un trébol puede ocurrir en trece pruebas posibles (la extracción de cada una de las trece cartas de trébol) ($m = 13$).

3) El número total de pruebas igualmente posibles es 52 (la extracción de las 52 cartas) ($n = 52$).

4) La razón es $P = m/n = 13/52 = 1/4 = 25\%$.

De esta manera, podemos asociar un número menor o igual que 1 a un evento, al que le llamamos la probabilidad de ese evento (en un sentido numérico exclusivo, con la única condición que todos los eventos elementales sean igualmente posibles).

En la definición clásica de probabilidad, asociar este número a un evento significa la construcción de una función simple de un conjunto de eventos, sin otros significados adicionales. La interpretación compleja de esta función y el conocimiento de sus propiedades se hará posible cuando expliquemos la definición completa de probabilidad.

Volviendo al ejemplo de la baraja de cartas, cambiemos un poco la hipótesis, y digamos que, después de haber sacado una carta, vemos accidentalmente una carta de la baraja, por ejemplo al 5♦.

El problema sigue siendo el mismo, calcular la probabilidad de que la carta extraída sea de trébol. Obviamente, el evento cuya probabilidad calculamos se expresa con las mismas palabras, a saber, *sacar una carta de trébol*. Además, tenemos la información que viene de haber visto una de las cartas que quedan en la baraja. Veamos cómo esta información cambia los resultados numéricos del algoritmo de cálculo basado en la definición clásica.

En el paso 2), el número de pruebas posibles que son favorables para la ocurrencia del evento estudiado sigue siendo trece (las trece cartas de trébol que pueden ser extraídas) ($m = 13$). En el paso 3), el número de pruebas igualmente posibles es 51 en lugar de 52 porque la prueba de sacar un 5♦ es imposible (la carta fue vista en la baraja después de la extracción, por lo tanto no puede ser la extraída) ($n = 51$). Por lo tanto, la razón calculada en el paso 4) es $P=13/51$, que es mayor que 13/52.

¿Cómo es posible que para el mismo evento se obtengan dos probabilidades diferentes, siendo así que la probabilidad, de acuerdo a la definición clásica es una función? (Ver la definición matemática de función en el capítulo siguiente.)

La respuesta es muy simple: aunque los dos eventos cuya probabilidad se calcula (correspondientes a los dos problemas) se describen textualmente como los mismos, sin embargo no son idénticos. Para comprender esto, tenemos que profundizar la noción de *evento*, que hasta aquí fue usada como una simple palabra.

Evento como noción matemática no puede estar aislado de un cierto contexto de su definición. Cuando extendemos la definición de probabilidad como una función de un conjunto de elementos, vemos que solamente tiene sentido dentro de un campo predefinido de eventos, que forman el campo de probabilidades.

Muchos campos de probabilidad que son diferentes por sus campos de eventos representan diferentes probabilidades (como funciones). Este es un aspecto esencial que pone en evidencia la relatividad matemática del concepto de probabilidad.

En los dos ejemplos anteriores, los campos de eventos eran diferentes, como así también sus campos de probabilidades.

Y así, para llegar a una definición matemática extendida de probabilidad, debemos profundizar la explicación de algunas nociones con las que se ha construido esta definición, como el álgebra de Boole, las sucesiones de conjuntos, las tribus, los conjuntos de Borel, el espacio mensurable, las mediciones, y otras más.

El concepto de probabilidad

Inicialmente, la teoría de la probabilidad se inspiró en los juegos de azar, especialmente en la Francia del siglo XVII, y se inauguró con la correspondencia entre Fermat y Pascal. Sin embargo, su correspondiente axiomatización tuvo que esperar hasta el estudio de Kolmogorov *Fundamentos de la Teoría de la Probabilidad*, en 1933. Transcurrido un tiempo, la teoría de la probabilidad descubrió varios modelos de la naturaleza y pasó a ser una rama de la matemática con un número creciente de aplicaciones.

En la física, la teoría de la probabilidad pasó a ser una herramienta de cálculo importante, juntamente con la termodinámica y más tarde la física cuántica. Se ha comprobado que los fenómenos determinísticos ocupan una parte muy pequeña en la naturaleza que nos circunda. La gran mayoría de los fenómenos de la naturaleza y la sociedad son estocásticos (al azar). Su estudio no puede ser determinístico, y por eso la ciencia del azar nace como una necesidad.

Casi no existen campos científicos en los que no se aplique la teoría de la probabilidad. También la sociología usa el cálculo de probabilidades como una herramienta principal. Más aún, algunos dominios comerciales se basan en las probabilidades (seguros, apuestas y casinos, entre otros).

Probabilidad como un límite

Al comienzo presentamos el concepto de probabilidad como el límite de una sucesión de números reales. Aunque este concepto es un resultado particular (a saber, un teorema *La Ley de los Números Grandes*) y no una definición, confiere a la probabilidad un soporte para la comprensión del concepto, clarificándolo y haciéndolo más accesible a la gente común.

Además, dado el modelo matemático, al percibir la probabilidad como un límite se disminuye el riesgo del error de una interpretación cualitativa con relación al comportamiento real de los fenómenos aleatorios.

Aunque en el capítulo estrictamente matemático la cronología de la presentación de las nociones y resultados es la natural desde un punto de vista científico (definiciones – axiomas – teoremas), aquí deliberadamente lo invertimos explicando el concepto de probabilidad en un caso particular, como un límite de una sucesión de experimentos independientes que apuntan a la ocurrencia de un cierto evento.

Se elige este modo de presentación con un fin didáctico porque la noción de *límite* es más sencilla de explicar, visualizar y asimilar a un nivel no académico que la definición completa de probabilidad basada en los axiomas de Kolmogorov. (Esta última está explicada para un nivel de principiantes en la sección siguiente).

Además, las categorías de *definición* y *teorema* pueden conmutarse en la matemática dentro de la misma teoría, sin afectar la lógica del proceso de deducción. Esto significa que la propiedad que se deduce de un objeto matemático puede servir como su definición, y viceversa.

He aquí un ejemplo sencillo: En geometría, si comenzamos por la definición de un cuadrado, como *un rectángulo cuyos lados tienen el mismo largo,* podemos probar inmediatamente que en un cuadrado las diagonales forman un ángulo de 45 grados con los lados, siendo éste un resultado deducido. Si cambiamos la definición diciendo que un cuadrado es *un rectángulo cuyas diagonales forman ángulos de 45 grados con los lados,* se puede fácilmente probar que los lados de un cuadrado tienen el mismo largo, lo que era la primera definición de cuadrado. Así, la definición de un cuadrado y el teorema que enuncia su propiedad son conmutativos, y ambas definiciones determinan el mismo objeto matemático llamado *cuadrado*.

Volvamos al concepto de probabilidad de un evento.

Para describir la probabilidad como un límite, explicamos y ejemplificamos las nociones elementales de sucesión y límite de una sucesión convergente de números reales.

Una sucesión es una enumeración infinita de objetos, que pueden ser distintos o repetidos. En la matemática, *enumeración* representa una función definida en N (el conjunto de los números naturales), con valores (imágenes) en un conjunto de objetos. Si el dominio de la función es N, entonces en esa función cada elemento del rango está asociado con un elemento del dominio (ver la sección llamada *Funciones* en el capítulo de matemática). El elemento asociado del rango se llama término de la sucesión.

Si A es un conjunto arbitrario, una función de N en A asocia:

al número 0 - un elemento $a_0 \in A$

al número 1 - un elemento $a_1 \in A$

al número 2 - un elemento $a_2 \in A$

....

al número n - un elemento $a_n \in A$

....

y así sucesivamente hasta el infinito (∞).

Los elementos $a_0, a_1, a_2, ..., a_n, ...$ (en el orden de enumeración) de una sucesión, se representan también con $(a_n)_{n \geq 0}$ o $(a_n)_{n \in N}$ o $(a_n)_{n=0}^{\infty}$. El índice n se llama el rango del término a_n y representa el número de orden del término dentro de la sucesión.

Una sucesión no debe confundirse con el conjunto de sus términos, porque son objetos matemáticos diferentes (función, conjunto respectivo).

Una sucesión supone un orden de sus términos constitutivos y, además, los términos de una sucesión pueden repetirse, mientras que los elementos de un conjunto no.

Existen o se pueden construir sucesiones de números, conjuntos de funciones y sucesiones de objetos complejos, sin importar cuántos sean. He aquí algunos ejemplos de sucesiones simples:

1) 0, 2, 4, 6, 8,..., 2n,... es la sucesión natural de los números pares que pueden designarse con $(2n)_{n \geq 0}$ (La expresión $2n$ es la que genera todos los términos de la sucesión y se llama término general).

Observar que los términos de esta sucesión están creciendo continuamente (es una sucesión creciente) y que no pueden incluirse todos en un intervalo acotado (la sucesión es no acotada), y se aproxima a infinito a medida que su rango crece. Decimos que la sucesión tiene el límite ∞ o que tiende a infinito.

No es necesario que la sucesión sea creciente para que tienda a infinito. Como ejemplo, la sucesión 0, 1, 0, 2, 0, 3, 0, 4, 0, 5, no es creciente pero aun así tiende a ∞.

Además, si una sucesión tiende a infinito, por definición es no acotada. Para la definición exacta de sucesiones no acotadas, crecientes o decrecientes, ver la sección llamada *Sucesiones de números reales. Límite,* en el capítulo de matemática.

2) 0, 1, 1, 2, 3, 5, 8, 13, 21,... es una sucesión creciente de números naturales en la que un término se obtiene sumando los dos términos anteriores (llamada sucesión de Fibonacci). Esta sucesión tiene también el límite ∞.

3) $\dfrac{1}{2}, \dfrac{1}{3}, \dfrac{1}{4}, \dfrac{1}{5}, ...$ es una sucesión decreciente de números racionales (fracciones).

4) $\{1\}, \{1, 2\}, \{2\}, \{1, 2\}, \{3\}, \{1, 2\}, \{4\}, \{1, 2\}, \{5\}, ...$ es una sucesión de conjuntos.

Podemos crear cualquier sucesión eligiendo sus términos de elementos de un conjunto de objetos de la misma categoría.

Si el conjunto A (el rango de la función que representa la sucesión) es un subconjunto de los números reales ($A \subseteq R$), entonces la sucesión correspondiente se llama una sucesión de números reales. Las sucesiones de los ejemplos anteriores, 1), 2) y 3), son sucesiones de números reales.

De entre todas las sucesiones de números reales, nos interesamos particularmente en aquellas que tienen la propiedad llamada *convergencia.* Para entender intuitivamente qué significa una sucesión convergente, sin entrar en nociones complejas del análisis matemático, trataremos de formar una imagen de convergencia que pueda ser visualizada mentalmente.

Como vimos, una sucesión contiene un número infinito de
términos, ordenados de una manera única (que se corresponde a su
numeración). Así, no podemos enumerar o visualizar todos los
términos de la sucesión, sino al menos un número suficientemente
grande de términos.

La propiedad de convergencia de una sucesión se manifiesta *en el*
infinito y se visualiza en el comportamiento de los términos desde
un cierto rango en adelante. Por lo tanto, esta propiedad no puede
ser observada directamente, sino solamente imaginada. Una
sucesión convergente es una sucesión cuyos términos se acumulan
en el entorno de un número real finito y se aproxima a él a medida
que crece su rango. Ese número se llama límite de la sucesión.

Así pues, una sucesión es convergente si todos sus términos
desde un cierto rango en adelante se aproximan paso a paso a un
número real finito constante. Ese número (el límite de la sucesión)
puede alcanzarse (y es un término de la sucesión) o no.

Una expresión más allegada a una definición matemática sería:
una sucesión (a_n) es convergente hacia un punto c ($c \in R$) si,
cualquiera sea la vecindad de c que se elija (por ejemplo un
intervalo centrado en c), contiene todos los términos de la sucesión
que comienza con un determinado rango N ($a_N, a_{N+1}, a_{N+2}, \ldots$). Por
supuesto, N depende de la vecindad elegida. Dicho de otro modo,
toda vecindad del límite contiene un número infinito de términos de
la sucesión. Se escribe $a_n \to c$ o $\lim_{n \to \infty} a_n = c$. Para la definición
exacta de la noción de vecindad, acumulación y convergencia, ver la
sección llamada *Sucesiones de números reales. Limite.*

Imaginándose los términos de una sucesión como puntos en el eje
de los números reales, en una sucesión convergente esos puntos
tienen una distribución no expandida, formando una densidad
progresiva al acercarse al límite, o, en otras palabras, acumulándose
en el entorno de ese punto.

$a_0 \ a_1 \ a_2 \ \ldots\ldots\ldots \ a_n \ \ldots\ldots\ldots\ldots \ c$

He aquí unos ejemplos:

La sucesión de números reales $\frac{1}{2}, \frac{1}{3}, \frac{1}{4}, \frac{1}{5}, \dots$ es convergente en 0 (cero). Incluso sin una demostración rigurosa, podemos observar esta sucesión decreciente, cuyos términos, al llegar al entorno de cero se acumulan ahí (sin alcanzar el límite) a medida que crece su rango. El límite de esta sucesión es cero.

Similarmente, la sucesión $\frac{1}{2}, \frac{1}{4}, \frac{1}{6}, \frac{1}{8}, \dots, \frac{1}{2n}, \dots$ es convergente en cero, y así mismo la sucesión $1, \frac{1}{4}, \frac{1}{9}, \frac{1}{16}, \dots, \frac{1}{n^2}, \dots$

La sucesión $\frac{1}{2}, \frac{2}{3}, \frac{3}{4}, \frac{4}{5}, \dots, \frac{n-1}{n}, \dots$ es convergente en 1.

La sucesión alternada 1, –1, 1, –1, 1, –1, 1, no es convergente (decimos que es divergente). Para comprobar esto podemos suponer el absurdo, a saber, que existe un límite finito c y mostrar que para todo $c \in R$, existe una vecindad de c que no contenga ni 1 ni –1 (que son todos los términos de la sucesión).

Ahora, habiendo adquirido la idea intuitiva de la que significa una sucesión convergente, volvamos a la presentación de la probabilidad como un límite. Primero definimos los objetos básicos con los que opera la teoría de la probabilidad.

Experimentos, eventos

Los objetos a los que se les aplica la teoría de la probabilidad con el propósito de la predicción se llaman eventos. En la sección siguiente, *La probabilidad como una medida,* definimos los eventos como conjuntos o elementos que pertenecen a un conjunto estructurado como un campo, con propiedades específicas. Mientras tanto, usamos la palabra *evento* como asociada a su definición de diccionario: un evento es una acción posible, ocurrencia, proceso o acto con determinación causal, que puede o no ocurrir, siendo éstas las únicas dos opciones.

Un *experimento* es un tipo de acción que genera eventos. Un ejemplo de un experimento es tirar los dados. Este experimento puede ser realizado por varias personas, en diferentes lugares y momentos.

La realización de un experimento se llama *prueba*. Tirar los dados, como un procedimiento, es un experimento, pero si cierta persona tira un dado, en un determinado momento, es una prueba. Por lo tanto, una prueba es la acción que pone en práctica un experimento en condiciones específicas establecidas.

El experimento genera *resultados*. Un experimento puede tener más de un resultado, mientras que una prueba puede tener un resultado. El experimento de tirar un dado puede tener seis resultados (a saber, los números de 1 a 6 marcados en las caras). Estos resultados pueden ocurrir donde y cuando se realice este experimento. Pero si realizamos este experimento en un momento dado, hacemos una prueba y el resultado de la prueba respectiva sólo puede ser uno de los seis números del dado.

La teoría de la probabilidad estudia los eventos generados por experimentos aleatorios; esto es, experimentos en los que las condiciones físicas que lo realizan no influencian en los resultados desde un punto de vista probabilístico.

Un *evento* es un conjunto arbitrario de resultados preestablecidos de un experimento. Un evento puede o no suceder (ocurrir), como resultado de un experimento. Podemos enunciar cualquier tipo de eventos relacionados a un experimento dado, con el objeto de referirnos a la probabilidad de su ocurrencia. Entonces, los eventos pueden estar definidos textualmente.

Correspondiendo al experimento de tirar un dado, estos son los eventos posibles o imposibles, designados con letras mayúsculas.

A – la ocurrencia del número 2

B – la ocurrencia del número 5

C – la ocurrencia de un número par

D – la ocurrencia de un número impar

E – la ocurrencia de un número menor que 3

F – la ocurrencia del número 7

Para el experimento de girar la rueda de la ruleta, éstos son algunos eventos:

A – la ocurrencia de un número rojo

B – la ocurrencia del número 15

C – la ocurrencia de un número menor que 12

D – la ocurrencia de un número negro

E – la ocurrencia de un número impar

F – la ocurrencia del número 41

Del experimento de sacar una carta de una baraja de 52 cartas:

A – la ocurrencia de una carta de trébol

B – la ocurrencia de una carta de diamantes o de picas

C – la ocurrencia de una carta mayor que 10

D – la ocurrencia de un as.

Si consideramos el experimento de elegir un grupo de diez personas al azar de una multitud, esos son algunos eventos:

A – 2 personas del grupo elegido tienen el mismo día de cumpleaños

B – 3 personas del grupo elegido tienen el mismo día de cumpleaños

C – 2 personas cualesquiera del grupo elegido no tienen el mismo día de cumpleaños

Si e es el resultado de una prueba y A un evento referido al experimento respectivo, decimos que A *ocurre* si $e \in A$ y que A *no ocurre* si $e \notin A$.

Ejemplo:
Sea $e = 3$ el resultado de una prueba en el experimento de tirar un dado (el primer ejemplo de los cuatro dados más arriba).

En este caso los eventos A, B, C y E no suceden, pero el evento D sí (3 es un número impar).

Dijimos que los eventos pueden representarse como conjuntos, entonces podemos usarlos de acuerdo con la teoría de conjuntos. En la sección siguiente veremos que los eventos de un conjunto tienen propiedades adicionales (mensurabilidad) cuando son representados como elementos de un campo definido por ciertos axiomas.

Se dice que dos experimentos son *independientes* cuando las condiciones de la realización del primer experimento no influencian en los resultados del segundo, y viceversa. Por ejemplo, *dos personas diferentes tiran un dado* son dos experimentos independientes.

Los experimentos de sacar consecutivamente dos cartas de una baraja, sin reponer la primera carta extraída, no son independientes.

Frecuencia relativa

En la sección titulada *Probabilidad - la palabra*, definimos la probabilidad de ocurrencia del evento A como la razón entre el número de pruebas favorables para la ocurrencia de A y el número de todas las pruebas igualmente posibles.

Volvamos al ejemplo clásico del experimento de tirar los dados. Sea A el evento *ocurrencia del número 5*.

De acuerdo a la definición clásica, la probabilidad de A es

$P(A) = \dfrac{1}{6}$ (un caso favorable, a saber que el dado salga 5 de seis

casos igualmente posibles). Al establecer la probabilidad $P(A)$, hemos asociado un número único al evento A (1/6 en este caso).

La razón de la definición de probabilidad es un número positivo menor que 1, por lo que decimos que la probabilidad es una función P definida en el conjunto de eventos generado por un experimento, con valores en el intervalo [0, 1]. Esta función asocia un número positivo menor que 1 a cada evento y ese número se llama la probabilidad del evento. Las propiedades de esta función, así como su extensión a eventos más complejos, se explican en la sección llamada *Probabilidad como una medida*.

La adjudicación simple de un número a un evento singular a través de una función P no ofrece una información adicional sobre la ocurrencia del evento respectivo. El hecho de que conozcamos la probabilidad de ocurrencia del número 5 igual a 1/6 no da ninguna clave para predecir si ese evento ocurrirá o no en un momento dado como resultado de una única prueba.

Pero existe un resultado matemático, llamado la Ley de los Números Grandes, que nos da información adicional sobre la ocurrencia de un evento dentro de una sucesión de experimentos.

Esta información se refiere a la frecuencia de la ocurrencia del evento dentro de la sucesión de pruebas y es una propiedad del límite, estableciendo una conexión entre la frecuencia relativa y la probabilidad.

Veamos qué significa la frecuencia relativa.

Quedándonos con el experimento del ejemplo de tirar un dado y tomando el mismo evento A (ocurrencia del número 5), supongamos que tenemos una sucesión de experimentos (pruebas) independientes $E_1, E_2, E_3, ..., E_n, ...$, cada una generando un cierto resultado.

Podemos elegir que la sucesión sea la secuencia cronológica de las pruebas de tirar el dado, realizadas por la misma persona en el tiempo, o la secuencia cronológica de esas pruebas realizadas por cualquier número de personas dadas.

Podemos también elegir que la sucesión sea la secuencia cronológica de esas pruebas realizadas por todas las personas de la tierra que hacen este experimento.

No importa el conjunto elegido de las pruebas, siempre y cuando esté bien definido y forme una sucesión (a la que se le puede asociar una numeración infinita). Por supuesto, todas estas opciones son hipotéticas.

Dentro de esta sucesión de pruebas independientes $(E_n)_{n \geq 1}$, definimos la frecuencia relativa de la ocurrencia del evento A.

Supongamos que en la primera prueba el dado caiga en 2 (E_1). En este momento (después de una prueba), el número de ocurrencias de 5 es 0.

Anotar: $E_1 - 1 - 0$

En la segunda prueba (E_2), el dado sale 1. En este momento (después de dos pruebas), el número de ocurrencias de 5 sigue siendo 0.

Anotar: $E_2 - 2 - 0$

En la tercera prueba (E_3), el dado sale en 4. En este momento (después de tres pruebas), el número de ocurrencias de 5 sigue siendo 0.

Anotar: $E_3 - 3 - 0$

En la cuarta prueba (E_4), el dado sale en 5. En este momento (después de cuatro pruebas), el número de ocurrencias de 5 es 1.

Anotar: $E_4 - 4 - 1$

En la quinta prueba (E_5), el dado sale en 2. En este momento (después de cinco pruebas), el número de ocurrencias de 5 sigue siendo 1.

Anotar: $E_5 - 5 - 1$

Y continuando así, supongamos que se obtienen los resultados siguientes:

$$E_1 - 1 - 0$$
$$E_2 - 2 - 0$$
$$E_3 - 3 - 0$$
$$E_4 - 4 - 1$$
$$E_5 - 5 - 1$$
$$E_6 - 6 - 1$$
$$E_7 - 7 - 1$$
$$E_8 - 8 - 1$$
$$E_9 - 9 - 2$$
$$E_{10} - 10 - 2$$
$$\ldots\ldots\ldots$$
$$E_n - n - a_n$$
$$\ldots\ldots\ldots$$

En el listado anterior, la primera columna contiene las pruebas sucesivas, la segunda columna contiene el número de orden dentro de la sucesión, y la tercera columna contiene el número acumulado de las ocurrencias de 5. Los resultados sucesivos de la tercer columna (el número total de ocurrencias de 5 después de cada prueba) forma una sucesión $(a_n)_{n\geq 1}$ (observar en la lista que son los valores de una función definida en N, a saber, una numeración infinita).

Así hemos obtenido la sucesión 0, 0, 0, 1, 1, 1, 1, 1, 2, 2,..., a_n,... con los valores acumulados de las ocurrencias del evento A como el resultado de las pruebas realizadas.

La teoría de la probabilidad no nos informa sobre las propiedades de esta sucesión $(a_n)_{n\geq 1}$, así que no conocemos ciertos términos ni su comportamiento hasta el infinito. Lo único que podemos observar es que la sucesión es monotónica creciente (ver la sección llamada *Sucesiones de números reales. Límite* en el capítulo de matemática). En cambio, la teoría nos da información sobre otra sucesión, a saber, la sucesión $\left(\dfrac{a_n}{n}\right)_{n\geq 1}$.

Al calcular la razón a_n / n para toda prueba, podemos completar la tabla anterior con una columna nueva que contenga los valores numéricos de esas razones:

$$E_1 - 1 - 0 - 0$$
$$E_2 - 2 - 0 - 0$$
$$E_3 - 3 - 0 - 0$$
$$E_4 - 4 - 1 - 1/4$$
$$E_5 - 5 - 1 - 1/5$$
$$E_6 - 6 - 1 - 1/6$$
$$E_7 - 7 - 1 - 1/7$$
$$E_8 - 8 - 1 - 1/8$$
$$E_9 - 9 - 2 - 2/9$$
$$E_{10} - 10 - 2 - 2/10 \ (= 1/5)$$

....

$$E_n - n - a_n - a_n / n$$

....

Obviamente, los resultados de la última columna forman una sucesión, y son los valores de una función definida en N (0, 0, 0, 1/4, 1/5, 1/6, 1/7, 1/8, 2/9, 2/10,..., a_n / n,...).

El término general de esta sucesión es $\dfrac{a_n}{n}$ y se llama la *frecuencia relativa* de la ocurrencia del evento A.

Por lo tanto, la frecuencia relativa es la razón entre el número de pruebas que tienen como resultado la ocurrencia del evento A y el número total de pruebas realizadas.

El resultado ofrecido por la teoría de la probabilidad con respecto a la sucesión de frecuencias relativas es un teorema conocido como la Ley de los Números Grandes.

Este teorema afirma que *para toda sucesión de experimentos independientes y cualquier evento A, la frecuencia relativa de la ocurrencia de un evento A converge hacia la probabilidad del evento A.*

Podemos escribir esto así $\lim\limits_{n \to \infty}\left(\dfrac{a_n}{n}\right) = P(A)$.

Para nuestro ejemplo, el teorema afirma que la sucesión de números reales positivos 0, 0, 0, 1/4, 1/5, 1/6, 1/7, 1/8, 2/9, 2/10,..., a_n / n,... es convergente y su límite es $P(A)$, a saber 1/6.

Significa que a medida que n va creciendo, los términos a_n / n van aproximándose poco a poco a 1/6 y se acumulan en el entorno de ese número, aproximándose en varias cifras decimales desde un cierto rango n en adelante.

Obviamente, la conclusión del teorema es válida para cualquier sucesión de pruebas independientes y cualquier evento elegido.

La información que brinda la Ley de los Números Grandes en relación a la sucesión $\left(\dfrac{a_n}{n} \right)$ es un límite. No hay información sobre

ciertos términos $\dfrac{a_n}{n}$, ni sobre la ocurrencia de un evento A después de un cierto número finito de pruebas, pero sabemos cómo esos términos se comportan en el infinito (a saber, que se van aproximando a la probabilidad del evento A).

En toda sucesión de pruebas $\left(E_n \right)_{n \geq 1}$ que elijamos, la sucesión de las frecuencias relativas $\left(\dfrac{a_n}{n} \right)_{n \geq 1}$ irá convergiendo al límite $P(A)$.

De acuerdo a la propiedad de las sucesiones convergentes, toda subsucesión de la sucesión de pruebas $\left(E_n \right)_{n \geq 1}$ irá también convergiendo a $P(A)$) (una subsucesión se obtiene de una sucesión al elegir sucesivamente términos cuyos índices forman una sucesión creciente de los números naturales; por ejemplo, $E_2, E_4, E_6, E_8, ..., E_{2n}, ...$ es una subsucesión de la sucesión $\left(E_n \right)_{n \geq 1}$).

La Ley de los Números Grandes garantiza la probabilidad numérica con la propiedad del límite.

La probabilidad de un evento (calculado según la definición clásica) es el límite de una sucesión de frecuencias relativas generado por una sucesión de experimentos independientes.

Pero éste es un límite especial porque es el límite de toda sucesión de frecuencias relativas: sin importar qué sucesión de experimentos independientes elijamos, las frecuencias relativas asociadas (de la ocurrencia del evento A) son convergentes al mismo límite, que es la probabilidad de A.

Probabilidad como una medida

En la sección anterior hemos presentado la probabilidad como un número asociado a un evento generado por un experimento con un número finito de resultados. La probabilidad se definió particularmente en un conjunto finito de eventos, en el que los eventos elementales son igualmente posibles.

Las nociones de evento elemental, campo de eventos y eventos igualmente posibles no fueron definidas rigurosamente, sino sólo con ejemplos. En este contexto, la probabilidad de un evento se define como la razón entre el número de casos que son favorables para que ocurra el evento y el número total de casos igualmente posibles.

Siguiendo esta definición podemos calcular las probabilidades de los eventos generados por experimentos, tales como tirar los dados, girar la rueda de la ruleta, sacar una carta de una baraja, extraer un objeto de una urna cuyo contenido es conocido, etc. Se puede aplicar la definición clásica a estos casos porque cada uno de los experimentos mencionados genera un número finito de eventos y los eventos elementales son igualmente posibles.

La definición clásica de probabilidad no se refiere al conjunto de eventos asociados con un experimento, que puede ser más o menos complejo, sino sólo al número de sus elementos. Una vez que el conjunto está organizado (estructurado) como un campo con ciertos axiomas (propiedades), la probabilidad puede definirse como una función cuyas propiedades se generan por la estructura del campo respectivo y puede estudiarse con mayor profundidad.

En la matemática, se supone que una estructura organiza un conjunto de objetos (que pueden ser números, puntos, conjuntos, funciones, etc.) introduciendo un grupo de axiomas que enuncian las propiedades de los elementos con respecto a ciertas relaciones de operación (leyes de composición) que están bien definidas para ese conjunto.

Dotando al conjunto de una estructura bien definida, el conjunto adquiere el nombre de campo, espacio, cuerpo, algebra, etc.

En teoría, se organizan conjuntos como estructuras para estudiar las propiedades de ciertas funciones que están definidas en esos conjuntos. He aquí unos ejemplos de estructuras:

1) La estructura de grupo (en el álgebra)

Un conjunto G junto con una ley de composición interna (eso es una función " $*$ " definida en el producto Cartesiano $G \times G$ con valores en G, como por ejemplo, la suma o la multiplicación en el sistema real R) se llama *grupo* si se cumplen los axiomas siguientes:

a) $\forall a, b, c \in G$, entonces $a*(b*c)=(a*b)*c$ (asociatividad)

b) $\forall a \in G, \exists e \in G$ tal que $a*e = e*a = a$ (existencia del elemento neutro)

c) $\forall a \in G, \exists a' \in G$ tal que $a*a' = a'*a = e$ (todo elemento tiene un recíproco).

El conjunto G estructurado con la ley de composición " $*$ " se representa con $(G, *)$.

Algunos ejemplos de grupos son el grupo de números reales (con respecto a la operación de adición), $(R, +)$; el grupo de los números racionales positivos (con respecto a la operación de multiplicación), $(Q_+, \cdot)$; y el grupo de matrices de dimensión $n \times n$, (con respecto a la operación suma de matrices), $(\mathcal{M}_n, +)$.

Al otorgar al conjunto R la operación suma "+" se le confiere una estructura de grupo.

El *conjunto R* y el *grupo algebraico R* son dos objetos diferentes.

2) La estructura del espacio topológico (en análisis matemático, topología)

Si X es un conjunto no vacío, llámase *topología* en X a una familia de subconjuntos de X, representado por τ, que cumple con los tres axiomas siguientes:

a) $\phi, X \in \tau$;

b) $D_1, D_2 \in \tau$ implica que $D_1 \cap D_2 \in \tau$ (cerrado a la intersección finita);

c) Si $D_i \in \tau$ para todo $i \in I$, entonces $\bigcup_{i \in I} D_i \in \tau$ (cerrado a la unión arbitraria).

El par (X, τ) se llama *espacio topológico*.

Al definir una topología en un conjunto arbitrario, ese conjunto adquiere una estructura de espacio topológico.

Un ejemplo de espacio topológico es el conjunto R junto con la familia de intervalos abiertos de los números reales.

3) La estructura de orden total (en álgebra, análisis matemático)

Una relación $\mathcal{R}$ entre los elementos de un conjunto A (una relación es una correspondencia establecida entre elementos de un conjunto) es una *relación de orden total* si se cumplen los axiomas siguientes:

a) $\forall a,b \in A$, entonces $a \mathcal{R} b$ o $b \mathcal{R} a$ (cualquiera de los dos elementos son comparables).

b) $\forall a,b,c \in A$ tal que $a \mathcal{R} b$ y $b \mathcal{R} c$, entonces $a \mathcal{R} c$ (transitividad).

Un conjunto en el que se ha definido una relación de orden total se llama totalmente ordenado (adquiere una estructura de orden total).

Por ejemplo, el conjunto R junto con la conocida relación $\leq$ es un conjunto totalmente ordenado.

El conjunto de elementos de un conjunto A, a saber $\mathcal{P}(A)$, junto con la relación de inclusión entre conjuntos $\subset$, no está totalmente ordenado (la relación $\subset$ cumple la transitividad, pero no cumple el primer axioma).

Estos son ejemplos de estructuras matemáticas definidas a través de grupos de axiomas.

Las estructuras se definen y asocian a conjuntos para generar nuevos conceptos. Un conjunto dotado de una estructura es un objeto matemático que es distinto del conjunto inicial, aún cuando el lenguaje comunicacional muchas veces use las mismas palabras para expresarlos.

Por ejemplo, el conjunto R^2 (el plano de coordenadas) puede estar estructurado como un grupo algebraico (asociándole una ley de composición que cumpla con los axiomas de grupo), como un espacio topológico (asociándole una topología), como un espacio métrico (asociándole una distancia ortogonal clásica), como un especio vectorial, un anillo algebraico, etc.

Volviendo al conjunto de eventos generado por un experimento, le daremos una estructura específica para definir una función en ese conjunto que extienda la definición clásica de probabilidad.

En la sección anterior vimos que los eventos pueden ser representados como conjuntos (de resultados) y que las operaciones clásicas de unión e intersección pueden usarse entre ellos.

Permaneciendo en el caso finito, a saber en los conjuntos finitos generados por un experimento:

Si Ω representa el conjunto de todos los resultados posibles de un experimento, y $\mathcal{P}(\Omega)$ es el conjunto de todos las partes de Ω, entonces los eventos son elementos de $\mathcal{P}(\Omega)$.

Por ejemplo, los resultados posibles del experimento de tirar un dado forma el conjunto $\Omega = \{1, 2, 3, 4, 5, 6\}$. Eventos como $\{1\}$, $\{2, 3\}$, $\{3, 4, 5\}$ son elementos de $\mathcal{P}(\Omega)$.

Representando con Σ el conjunto de los eventos asociados con un experimento que tiene a Ω como el conjunto de todos los resultados posibles, generalmente tenemos $\Sigma \subset \mathcal{P}(\Omega)$. En el conjunto Σ de eventos asociados con un experimento podemos introducir (definir) tres operaciones correspondientes a los operadores lógicos OR, AND y NOT. Entonces, dados dos eventos arbitrarios $A, B \in \Sigma$, podemos definir:

– El evento A OR B como el evento que ocurre si y solo si por lo menos uno de los eventos A, B ocurre; Se lo designa con $A \cup B$;

– El evento A AND B como el evento que ocurre si y solo si ambos eventos A, B ocurren; Se lo designa con $A \cap B$;

– El evento NOT A, como el evento que ocurre si y solo si A no ocurre; se llama el opuesto de A y se designa como A^C.

Las operaciones lógicas entre eventos definidas arriba se corresponden respectivamente con las operaciones unión, intersección y complemento entre conjuntos. Los eventos pueden ser representados como conjuntos, así que las designaciones quedan justificadas.

En el conjunto Σ existen dos eventos con significado especial; a saber, el evento $\Omega = A \cup A^C$ y el evento $\phi = A \cap A^C$. El primero consiste en la ocurrencia de un evento A o la ocurrencia de su opuesto, que siempre sucede. Es pues natural que se lo llame *evento seguro*. El segundo consiste en la ocurrencia del evento A y la ocurrencia de su opuesto, lo que es imposible. Es pues natural que se lo llame *evento imposible*. Observe que los eventos Ω y ϕ no dependen de A.

Hasta ahora venimos usando las palabras *evento elemental* sin asociarles una definición rigurosa. Definamos primero el evento compuesto:

Se dice que un evento A es *compuesto* si puede escribirse como la unión de dos eventos, ambos diferentes de A ($\exists\, B, C \in \Sigma$, $B \neq A$, $C \neq A$, tal que $A = B \cup C$).

Si el evento A no es compuesto, se le llama *elemental*.

Como ejemplos, en el experimento de tirar un dado:

– El evento $\{3, 5\}$ es compuesto, porque $\{3, 5\} = \{3\} \cup \{5\}$;

– El evento $\{1, 2, 4\}$ es compuesto, porque $\{1, 2, 4\} = \{1, 2\} \cup \{4\}$;

– Los eventos $\{1\}$, $\{2\}$, $\{3\}$, $\{4\}$, $\{5\}$, $\{6\}$ son elementales.

Dos eventos A y B se llaman *incompatibles* o *excluyentes* si $A \cap B = \phi$, esto es, A y B no pueden ocurrir simultáneamente.

En el experimento de nuestro ejemplo, los eventos $\{3, 5\}$ y $\{1, 2, 4\}$ son incompatibles.

Como dijimos, vamos a asociar una estructura al conjunto de los eventos Σ que nos permite definir una función dada y estudiar sus propiedades. Se trata del álgebra de Boole, la cual otorga a un conjunto la facilidad de usar algunas operaciones entre sus elementos, operaciones que cumplen un cierto grupo de axiomas.

El álgebra de Boole tiene aplicación inmediata en lógica e informática, y también en análisis matemático y en la teoría de la medición.

El álgebra de Boole es un conjunto no vacío $\mathcal{A}$, en el que se definen tres operaciones lógicas (OR, AND, NOT) y esas operaciones cumplen con un grupo de cinco axiomas: conmutatividad y asociatividad (para todas las operaciones OR y AND), absorción (para todas las operaciones OR y AND), distributividad (de la operación AND dado OR y viceversa), complementariedad (absorción de un elemento operado con su opuesto). Ver las formas explícitas de estos axiomas en la sección titulada *Álgebras de Boole* en el capítulo de matemática.

Hay álgebras de Boole de conjuntos, sentencias, clases de equivalencia, y demás. El ejemplo más sencillo de álgebra de Boole es el conjunto de elementos $\mathcal{P}(\Omega)$ de un conjunto no vacío Ω, junto con las operaciones de unión, intersección y complemento (con respecto a Ω) entre conjuntos. Se puede ver que estas operaciones del conjunto dado cumplen con los cinco axiomas de la definición.

Esta es también la razón para designar las tres operaciones booleanas con $\cup$ (OR), $\cap$ (AND) y ^{C} (NOT), aún cuando los elementos del álgebra no sean siempre conjuntos (también se usan los símbolos $\vee$, $\wedge$ y $^{-}$ de los operadores lógicos).

De la definición de álgebra de Boole se siguen varias consecuencias que enuncian las propiedades de esta estructura. Se puede también recorrer estos resultados en la misma sección *Álgebras de Boole* en el capítulo de matemática. Destacamos aquí dos de esas consecuencias:

<u>Consecuencia 4</u>: Para todo conjunto $(A_i)_{1 \leq i \leq n} \subset \mathcal{A}$, los elementos $A_1 \cup ... \cup A_n$ y $A_1 \cap ... \cap A_n$ están singularmente determinados, y no dependen del orden de los elementos operados.

Puesto que el conjunto de partes $\mathcal{P}(\Omega)$ es un álgebra de Boole, la unión e intersección de conjuntos tienen las propiedades declaradas en esta consecuencia, por tanto, las designaciones $A_1 \cup ... \cup A_n$ y $A_1 \cap ... \cap A_n$ (sin paréntesis) están justificadas, y también las nociones de unión finita e intersección finita de conjuntos.

<u>Consecuencia 5</u>: En un álgebra de Boole existen dos elementos, llamados el elemento nulo, designado con Λ, y el elemento total, designado con V, tales que para todo $A \in \mathcal{A}$, las igualdades siguientes son verdaderas:
$$A \cap A^C = \Lambda \text{ y } A \cup A^C = V.$$

En el álgebra $\mathcal{P}(\Omega)$, tenemos $V = \Omega$ y $\Lambda = \phi$.

También tenemos una definición de elementos minimales con respecto a la relación de orden $\subset$ (el equivalente a la relación de implicación $\Rightarrow$ de la lógica), llamados *átomos:*

Un elemento A de un álgebra de Boole $\mathcal{A}$, $A \neq V$ se llama un átomo de esa álgebra, si la inclusión $B \subset A$ implica $B = \Lambda$ o $B = A$, para todo $B \in \mathcal{A}$.

En el álgebra $\mathcal{P}(\Omega)$, cada parte de Ω que tenga un elemento único es un átomo de esta álgebra.

El conjunto Σ de los eventos asociados con un experimento, junto con las operaciones previamente definidas entre eventos, forma un álgebra de Boole. Este resultado puede deducirse inmediatamente si se tiene en cuenta que los eventos pueden ser representados como conjuntos y Σ está incluido en $\mathcal{P}(\Omega)$, pero también puede ser declarado como un axioma si, por un exceso de rigor, no se identifica el evento con el conjunto de pruebas que lo genera.

Entre las nociones específicas de un álgebra de Boole y las de un conjunto de eventos asociados con un experimento, podemos observar las correspondencias siguientes:

Álgebra de Boole	El conjunto de eventos (Σ)
operación $\cup$	Operación *OR*
operación $\cap$	Operación *AND*
operación ^{C}	Operación *NOT*
elemento nulo Λ	evento imposible(ϕ)
elemento total V	evento seguro (Ω)
átomo	evento elemental

El álgebra de los eventos asociada con un experimento se llama *campo de eventos* del experimento respectivo.

Un campo de eventos es pues un conjunto de resultados Ω, estructurado con el álgebra de los eventos Σ y se designa con $\{\Omega, \Sigma\}$.

Así hemos asociado una estructura algebraica a cada experimento, a saber, el álgebra de Boole del conjunto de eventos Σ. Esta acción crea las bases del modelo matemático en la que el fenómeno real puede estudiarse, haciendo posible avanzar desde el experimento práctico a la teoría de la probabilidad.

Dotar al conjunto Σ con una estructura algebraica tiene como objetivo otorgar coherencia a la definición ulterior de probabilidad como una función de Σ y también disponer de las herramientas necesarias para deducir las propiedades de esta función. Con estas propiedades se constituyen las fórmulas básicas del cálculo de probabilidades aplicado.

El primer paso para extender la definición clásica de probabilidad es definirla como una función de un campo finito de eventos.

Un campo de eventos $\{\Omega, \Sigma\}$ es finito si el conjunto total Ω es finito.

La definición siguiente llama probabilidad a una función en un campo finito de eventos, que tiene tres propiedades ciertas.

Sea $\{\Omega, \Sigma\}$ un campo finito de eventos.

<u>Definición</u>: Se llama probabilidad de Σ, a una función $P: \Sigma \to R$ que cumple con las siguientes condiciones:

(1) $P(A) \geq 0$, para todo $A \in \Sigma$;

(2) $P(\Omega) = 1$;

(3) $P(A_1 \cup A_2) = P(A_1) + P(A_2)$, para todo $A_1, A_2 \in \Sigma$ con $A_1 \cap A_2 = \phi$.

De esta definición se sigue que:

1) La probabilidad solo tiene valores positivos;

2) La probabilidad de un evento seguro es 1;

3) La probabilidad de un evento compuesto que está formado por dos eventos incompatibles es la suma de las probabilidades de esos eventos.

La probabilidad está ahora definida como una función P en el campo de eventos asociados con un experimento, que cumple con las tres condiciones descritas más arriba.

El hecho que $\{\Omega, \Sigma\}$ sea un campo de eventos (lo que nos trae nuevamente al hecho de que Σ está estructurado como un álgebra de Boole) asegura:

– La pertenencia $\Omega \in \Sigma$ (por lo que la expresión $P(\Omega)$ de la condición (2) tiene sentido);

– La conmutatividad de la operación de unión (OR) entre eventos y la pertenencia $A_1 \cap A_2 \in \Sigma$ (por lo que la expresión $P(A_1 \cup A_2)$ de la condición (3) tiene sentido).

Esta información asegura la total coherencia de la definición.

La propiedad (3) puede generalizarse por recurrencia para cualquier número finito de eventos mutuamente excluyentes. Por lo tanto, si $A_i \cap A_j = \phi$, $i \neq j$, $i, j = 1, \ldots, n$, entonces:

$P(A_1 \cup A_2 \cup \ldots \cup A_n) = P(A_1) + P(A_2) + \ldots + P(A_n)$, lo que

puede escribirse como $P\left(\bigcup_{i=1}^{n} A_i \right) = \sum_{i=1}^{n} P(A_i)$.

Los axiomas del álgebra de Boole (conmutatividad y asociatividad) están también considerados aquí, validando las notaciones presentadas, al definir de una manera sólida la operación de una *unión finita* dentro del álgebra de eventos.

Esta es la definición de probabilidad en un campo finito de eventos. Llamémosle *Definición 1*. Ésta no identifica una función única, llamada probabilidad, sino que asocia este nombre a una función definida en el campo de eventos, que tiene las tres propiedades específicas.

Es ahora posible que existan varias probabilidades (como funciones) en el mismo campo de eventos, y que todas tengan las mismas propiedades presentadas en el capítulo de matemática.

La *Definición 1* tiene sentido siempre y cuando el conjunto de eventos Σ tenga una estructura (que sea un campo de eventos). Por lo tanto, no podemos hablar de la probabilidad de un evento predefinido, singular, aislado. Sólo lo podemos hacer en el contexto de su pertenencia al campo de eventos.

Entonces, la probabilidad tiene sentido solamente como una función de un conjunto bien definido que está estructurado como un campo de eventos.

Un campo finito de eventos $\{\Omega, \Sigma\}$, junto con una probabilidad P, se llama un *campo finito de probabilidad* y se designa con $\{\Omega, \Sigma, P\}$.

Dos propiedades de los eventos elementales de un álgebra finita de eventos dicen que todo evento puede escribirse en una forma única como la unión de eventos elementales y el evento seguro es la unión de todos los eventos elementales (propiedades (E6) y (E7) de la sección llamada *Campo de eventos* en el capítulo de matemática).

Al usar esas propiedades y el axioma (3) de la *Definición 1*, deducimos que, para conocer las probabilidades de los eventos elementales que forman el conjunto total Σ, es suficiente conocer las probabilidades de los eventos elementales que forman el conjunto total $\Omega = \{\omega_1, \omega_2, ..., \omega_r\}$ (sean estas por ejemplo $P(\{\omega_i\}) = p_i, 1 \le i \le r$). La demostración es muy simple y puede verse en la sección llamada *Probabilidad en un campo finito de eventos* en el capítulo de matemática.

Estos resultados nos dicen que un campo finito de probabilidades está caracterizado completamente por números no negativos

$p_1, p_2, ..., p_r$, con $\sum_{i=1}^{r} p_i = 1$. Si las probabilidades de los eventos

elementales son iguales, descubrimos la definición clásica de probabilidad que automáticamente pasa a ser un caso particular de la *Definición 1*.

De la Definición 1 y las propiedades del álgebra de Boole provienen las propiedades más importantes de la probabilidad, a saber las propiedades (P1) a (P10) de la sección llamada *Probabilidad en un campo finito de eventos* en el capítulo de matemática.

Hasta aquí hemos definido la probabilidad como una función con ciertas propiedades en un campo finito de eventos.

Ya en la *Definición 1* podemos observar la propiedad de mensurabilidad proveniente del axioma 3, que es una propiedad aditiva parcial. Dentro de ciertas condiciones (eventos incompatibles), el valor de la función P en un evento compuesto es la suma de los valores de P en dos eventos que lo constituyen. Esta propiedad se expresa en lenguaje común con el hecho que la probabilidad mide al evento, y los conceptos matemáticos de *medida* y *mensurabilidad* vienen definidos rigurosamente en el capítulo de matemática (en la sección llamada *Fundamentos de la Teoría de la Medida)*. Este es el primer paso para los objetivos de este capítulo, presentar la probabilidad como una medida. Para hacerlo, vamos a reconstituir la definición matemática de medición con las nociones que la componen, e identificar la probabilidad con esta nueva definición.

Volvamos a la *Definición 1* de probabilidad. Para generalizar esta definición, debemos debilitar las condiciones de la hipótesis, a saber, debemos definir la función P en un conjunto que tenga una estructura más compleja que la de un campo finito de eventos.

La generalización inmediata se obtiene al considerar el conjunto total Ω como un conjunto arbitrario y Σ un álgebra de eventos que está cerrada no solamente para la unión finita sino también para la *unión numerable*.

Un conjunto A se llama numerable si existe una función biyectiva de A en N (el conjunto de los números naturales). Entonces un número natural único se asocia con cada elemento de A, y a la inversa, justificando así el término *numerable,* con una total validez en el lenguaje común (numerable = que puede ser contado).

Obviamente, un conjunto numerable es infinito (porque N es infinito y esa función es biyectiva).

El ejemplo más simple de un conjunto numerable es también $N = \{0, 1, 2, 3, ...\}$

Otros conjuntos numerables son: $\{0, 2, 4, 6, 8, ...\}$, el conjunto de los números naturales pares; $\left\{\dfrac{1}{n}, n \in N^*\right\}$, el conjunto de fracciones de la forma $\dfrac{1}{n}$; el conjunto Q de los números racionales; $\{[n, n+1], n \in N\}$, el conjunto de los intervalos cerrados de la forma $[n, n+1]$, etc.

Volviendo a la unión numerable, este término extiende la unión finita ($A_1 \cup A_2 \cup ... \cup A_n$), coherentemente definida en los axiomas del álgebra de Boole, a la unión de una familia numerable de conjuntos ($\bigcup_{i \in I} A_i$, donde I es un conjunto numerable).

La definición matemática completa de una unión de una familia (infinita) arbitraria de elementos del álgebra de Boole aparece en la sección titulada *Tribus. Conjuntos de Borel. Espacio mensurable* en el capítulo de matemática. Esta definición en particular vale también para la unión numerable (correspondiente a la familia numerable). Para que esta definición de unión numerable sea coherente, es necesario modificar los axiomas del álgebra de Boole añadiendo la propiedad de ser cerrados para esta operación: para toda familia numerable de elementos del álgebra, su unión es también un elemento del álgebra.

Entonces hemos construido la definición de un nuevo concepto, llamado álgebra-σ o tribu: un álgebra-σ es un álgebra de Boole que está cerrada a la unión numerable, o dicho de otra manera, tiene la propiedad aditiva numerable (álgebra de Boole T es una tribu si

$$A_n \in T, \; n = 1, 2, 3,... \Rightarrow \bigcup_{n=1}^{\infty} A_n \in T).$$

De las propiedades del álgebra de Boole resulta inmediatamente que una tribu está también cerrada a la intersección numerable

$$(A_n \in T, \; n = 1, 2, 3, ... \Rightarrow \bigcap_{n=1}^{\infty} A_n \in T).$$

Un campo de eventos que tenga la propiedad aditiva numerable (esto es, una tribu) se llama campo-σ de eventos.

La nueva definición de probabilidad usa un conjunto de eventos estructurados como un álgebra-σ para el dominio de la función P y reemplaza el axioma aditivo finito con uno de aditividad numerable:

Definición: Sea $\{\Omega, \Sigma\}$ un campo-σ de eventos. Se llama probabilidad de un campo $\{\Omega, \Sigma\}$ a la función $P: \Sigma \rightarrow R$ que cumpla con las siguientes condiciones:
(1) $P(A) \geq 0$, para todo $A \in \Sigma$ (no-negatividad);
(2) $P(\Omega) = 1$ (normalización);

(3') $P\left(\bigcup_{i=1}^{\infty} A_i\right) = \sum_{i=1}^{\infty} P(A_i)$, para toda familia numerable de

eventos mutuamente excluyentes $(A_i)_{i=1}^{\infty} \subset \Sigma$ (aditividad numerable).
Llamémosle *Definición 2*.

Un campo-σ de eventos $\{\Omega, \Sigma\}$ junto con la probabilidad P se llama campo de probabilidad σ y se escribe como $\{\Omega, \Sigma, P\}$.

El miembro de la izquierda del axioma (3') contiene el símbolo de una unión numerable, definido previamente, y el miembro de la

derecha contiene el símbolo $\sum_{1}^{\infty}$ de una suma infinita.

Vamos a hacer un paréntesis para definir este símbolo.
Consideremos una sucesión arbitraria de números reales $(a_n)_{n \geq 1}$ y las sumas parciales de sus términos:

$s_1 = a_1$
$s_2 = a_1 + a_2$
$s_3 = a_1 + a_2 + a_3$
....
$s_n = a_1 + a_2 + a_3 + ... + a_n$.

Los números s_n están bien definidos (son sumas finitas) y forman a su vez una sucesión $(s_n)_{n \geq 1}$, llamada la sucesión de sumas parciales.
El par de sucesiones $((a_n)_{n \geq 1}, (s_n)_{n \geq 1})$ se llama *serie* de números.

Si la sucesión de sumas parciales $\left(s_n\right)_{n\geq 1}$ es divergente, entonces la serie respectiva se dice divergente.

Si la sucesión de sumas parciales tiene un límite, entonces ese límite es representado por $\sum_{n=1}^{\infty} a_n$ y se llama la *suma de la serie*.

Si ese límite es un número finito, la serie respectiva se dice convergente.

Entonces, el miembro de la izquierda del axioma (3') de la *Definición 2* (la suma infinita) es la suma de una serie, a saber, el límite de la sucesión de sumas parciales $\left(s_n\right)_{n\geq 1}$, donde

$$s_n = P(A_1) + P(A_2) + ... + P(A_n).$$

El axioma (3') supone no solamente la igualdad numérica de los dos miembros, sino también el hecho que la serie respectiva es convergente (porque el miembro de la izquierda es un número finito) para que el símbolo de sumatoria tenga sentido.

Volvamos a la *Definición 2* en general.

Esta axiomatización de la probabilidad pertenece a Kolmogorov, quien afirma que los campos de probabilidad infinita son modelos idealizados de procesos reales al azar, y que él se limita arbitrariamente a esos únicos modelos que satisfacen la aditividad numerable.

Este axioma (3') es el fundamento para la asimilación de la teoría de la probabilidad en la teoría de la medición. Hay otras axiomatizaciones que abandonan la normalización, y que abandonan la aditividad numerable e incluso la aditividad.

En este trabajo, cuando hablamos de probabilidad y de cálculo de probabilidades, nos referimos al enfoque de Kolmogorov, reconocido como un estándar, y usamos la *Definición 2* como la definición completa de probabilidad.

Más aún, vemos qué significa una medida en matemática y cómo por las propiedades de la probabilidad es una medida particular.

La palabra *medida* se usa en el lenguaje común al referirse a un valor numérico que se asocia a un objeto como resultado de una medición. Medimos la longitud de una distancia, la masa de un cuerpo o el volumen de un líquido, para asociar a esos objetos valores numéricos como el resultado de mediciones.

Aun si al medir usamos herramientas específicas, esta acción es de hecho una multiplicación de una medida estándar (medida de un objeto preestablecido de la misma categoría).

Por ejemplo, si el resultado de medir un segmento es siete metros, esto significa que el 1, la medida del metro (el largo de un segmento estándar preestablecido), multiplicado por siete verifica la longitud del segmento medido, o, en otras palabras el segmento se compone de siete segmentos iguales, cada uno igual al segmento estándar. O sea, el resultado de una medición no es un valor numérico absoluto, sino un múltiplo (un número real) de una medida estándar elegida.

Este ejemplo muestra que el acto de medición tiene una característica cualitativa relativa que preserva el orden (cuanto más grande el objeto, tanto mayor es su medida).

Para crear un modelo matemático de la medida que capte estas propiedades, se necesita primero asumir la medida como una función con valores no negativos, y los objetos mensurables como un conjunto organizado por una cierta estructura. Esta función tiene que ser monotónica creciente (para preservar el orden), con respecto a la relación de orden establecida entre los objetos que se van a medir (a saber, la relación de inclusión en el caso de conjuntos).

Entonces, el acto de medir se convierte en una función del conjunto de objetos a ser medidos, y la medida de un objeto es el valor de tal función para el objeto respectivo.

El conjunto de los objetos a medir (el dominio de la función medida) debe tener una estructura matemática que permita la operación de dos o más objetos y debe definir una relación de orden.

En caso de asumir los objetos a medir como conjuntos, la estructura del dominio puede ser la booleana (álgebra de conjuntos).

Volviendo al ejemplo de la medida de una longitud, imaginemos el dominio como un conjunto de segmentos simples o compuestos (llamamos segmento compuesto a un segmento que es la unión de segmentos lineales, por ejemplo una trayectoria poligonal).

La longitud es entonces una función L definida en ese dominio, que toma valores en el intervalo $[0, \infty]$, y asocia a cada segmento con el número real que resulta de la multiplicación en ese segmento de la longitud estándar fijada. Para dos segmentos a y b que no tengan puntos comunes tenemos $L(a \cup b) = L(a) + L(b)$. Esta es la propiedad de aditividad finita de la función L. Para que sea válido, el modelo matemático de la medida debe tener esta propiedad u otra más general.

Definir en el eje real R la longitud de un intervalo como la diferencia de sus abscisas es un ejemplo sencillo de la construcción de una medida en un conjunto de intervalos de números reales.

El esfuerzo matemático de definir coherentemente una medida que extiende la noción de longitud de un intervalo para conjuntos más complejos fue desarrollado por G. Cantor, quien continuó el desarrollo de la teoría de la medida iniciada por E. Borel.

No vamos a presentar en este capítulo todas las nociones en las que se basa la teoría de la medición, que pueden verse en la sección titulada *Fundamentos de la Teoría de la Medida*, en el capítulo de matemática. Limitamos nuestra discusión a la definición general de la medida y a unas cuantas propiedades suyas para establecer la conexión con la teoría de la probabilidad.

Como lo afirmamos antes, construir un modelo para la medición supone una función (la medida) que tiene ciertas propiedades que deben definirse en un conjunto de conjuntos con una estructura específica. Este espacio de definición de los objetos mensurables (el dominio de la función junto con su estructura matemática) es esencial para la coherencia del modelo matemático.

La estructura elegida por Cantor para definir el dominio de la función medida es el álgebra-σ de conjuntos (tribu), que ya hemos presentado en este capítulo. Es un álgebra de Boole que tiene conjuntos como elementos, y además, la propiedad de aditividad numerable (la unión de una familia numerable de conjuntos también es un elemento de esa álgebra).

Si X es un conjunto y T es una tribu en X, entonces el par (X, T) se llama *espacio mensurable,* y los elementos de T se llaman *conjuntos mensurables.*

Una función de medida sólo puede medir conjuntos mensurables; o sea, conjuntos que pertenecen a un espacio que está estructurado como una tribu de partes.

La definición general de medida es la siguiente:

Definición: Sea (X, T) un espacio mensurable. Llamemos *medida* en X, a una función $\mu : T \to [0, \infty]$ que tenga las propiedades siguientes:

1) μ es aditiva numerable (o σ-aditiva) lo que significa: para toda sucesión $(E_i)_{i \in N}$ de elementos de $\mathcal{T}$, mutuamente excluyentes,

tenemos $\mu\left(\bigcup_{i=1}^{\infty} E_i\right) = \sum_{i=1}^{\infty} \mu(E_i)$;

2) Hay por lo menos un conjunto $E_0 \in \mathcal{T}$ tal que $\mu(E_0) < \infty$. El trío (X, $\mathcal{T}$, μ) se llama *espacio de medida.*

El hecho que μ esté definido dentro de una estructura de tribu asegura la coherencia de las notaciones del axioma 1).

Esta definición vale para el modelo matemático de medidas bien conocidas en la vida diaria como longitudes, masa, volumen y áreas.
Se pueden leer otros ejemplos de medidas en la sección correspondiente al capítulo de matemática.
De la definición de medida y los axiomas del álgebra-σ resultan todas las propiedades de esta función especial (propiedades de aditividad finita, monotonía, subaditividad numerable, convergencia), que se pueden ver en el capítulo de matemática.
Ahora, si prestamos atención en forma paralela a la definición de medida y a la *Definición 2* de probabilidad, observamos que son casi idénticas:
– Los dominios de la definición de las funciones P y μ están estructurados como tribus;
– Las funciones P y μ solamente toman valores no negativos;
– Todas las funciones P y μ tienen la propiedad de la aditividad numerable.
Las únicas condiciones que son diferentes son $P(\Omega) = 1$ (para la función P) y *Por lo menos hay un conjunto $E_0 \in \mathcal{T}$ tal que* $\mu(E_0) < \infty$ (para la función μ).
Pero si $P(\Omega) = 1$, al usar las propiedades de la probabilidad resulta que $P(\phi) = P(\Omega^C) = 1 - P(\Omega) = 1 - 1 = 0 < \infty$. De ahí que encontramos un conjunto $E_0 \in \Sigma$ (a saber el conjunto vacío), con $P(E_0) < \infty$.
Esto significa que la función P también cumple con el axioma 2) de la definición de medida, y la conclusión inmediata es que P es

una medida. Por lo tanto, *la probabilidad es una medida* en un campo-σ de eventos. Por otro lado, no toda medida es una probabilidad. Ahora podemos revisar la definición de probabilidad de la manera siguiente:

Definición 3: Se llama probabilidad a una medida P definida en un campo-σ de eventos $\{\Omega, \Sigma\}$, con $P(\Omega) = 1$.

Al ser una medida, la probabilidad tomará todas las propiedades específicas, como están presentadas en el capítulo de matemática. Entre ellas, la monotonía: si $A \subseteq B$, entonces $P(A) \leq P(B)$. Porque para todo $A \in \Sigma$ tenemos $A \subseteq \Omega$, de acuerdo a la monotonía será $P(A) \leq P(\Omega) = 1$, para todo evento A, y esto significa que los valores de P son menores o iguales a 1. Entonces la probabilidad es una función que mide eventos, al asignarles valores del intervalo [0, 1].

En este capítulo hemos tratado de explicar en detalle el significado de probabilidad, especialmente al referirnos al aspecto cualitativo de esta noción.

Como dijimos antes, cualquier explicación general del término *probabilidad* no puede excluir su definición matemática estricta.

Por esta razón la exposición apunta a definiciones y resultados del capítulo de matemática.

Obviamente, los lectores que tengan formación matemática podrán seguir el texto con mayor facilidad ya que la comprensión de las nociones matemáticas y sus conexiones son más accesibles para ellos.

El objetivo de este capítulo es crear una imagen general, clara y completa del concepto de probabilidad y ofrecer a los lectores un análisis matemático para que entiendan el aspecto cualitativo básico de las nociones presentadas.

Aún cuando el objetivo anunciado de esta guía es ayudar a los lectores a calcular las probabilidades, hemos considerado que un enfoque inicial axiomático y también filosófico es absolutamente necesario, porque las interpretaciones cualitativas erróneas pueden llevar a errores en la aplicación y en el cálculo.

Además, al asumir la probabilidad como un criterio para tomar decisiones en la vida diaria uno debe estar basado en un conocimiento teórico profundo, mucho más que depender de referencias incondicionales a las estadísticas.

Los lectores con una formación matemática mínima, aun precaria, pueden también formarse una imagen general del concepto, aunque no comprendan todas las nociones y deducciones matemáticas, simplemente advirtiendo que este concepto no puede estar aislado de un contexto axiomático, que es inevitablemente relativo e ideal.

Por esta razón recomendamos a esas personas que lean y relean este capítulo antes de continuar con la guía de cálculo de la probabilidad, aún cuando los cálculos puedan usarse algorítmicamente, sin adentrarse profundamente en las nociones que suponen las fórmulas del cálculo.

De una manera global deben recordarse las ideas siguientes:

- La probabilidad no es otra cosa que una medida; como la longitud mide la distancia y el área mide la superficie, la probabilidad mide los eventos aleatorios. Como medida, la probabilidad es de hecho una función con ciertas propiedades, definida en el campo de eventos generado por un experimento.

- La probabilidad se caracteriza no sólo por la función específica *P*, sino también por el agregado completo *el conjunto de resultados posibles del experimento – campo generado de eventos – función P,* llamado campo de probabilidades; la probabilidad no tiene sentido y no puede calcularse a no ser que desde el comienzo se defina rigurosamente el campo de probabilidad en el que se opera.

- La probabilidad no es un valor numérico puntual; propuesto un evento, no podemos calcular su probabilidad sin incluir en él un campo de eventos más complejo. La probabilidad como número es de hecho un límite, a saber, el límite de la sucesión de frecuencias relativas de las ocurrencias del evento a medir, dentro de una sucesión de experimentos independientes.

Se completa la comprensión de la probabilidad cuando nos hace percibir no solamente la definición del concepto, sino también la relación entre el modelo matemático y el mundo real de los procesos aleatorios.

En este sentido, las secciones que siguen a este capítulo son útiles para completar la imagen general creada al definir la probabilidad.

Relatividad de la probabilidad

Cuando hablamos sobre la relatividad de la probabilidad, nos referimos al modo concreto que usa la teoría de la probabilidad para modelar el azar, en el que un grado de creencia humana en la ocurrencia de varios eventos se considera suficientemente justificado a nivel teórico para tomar decisiones. Por eso, cualquier crítica a la aplicación de los resultados de la probabilidad en la vida diaria no es atingente a la teoría matemática, sino a la transferencia de información teórica desde el modelo a la realidad que nos circunda.

La teoría de la probabilidad ha surgido de la tendencia humana natural de predecir ocurrencias y hacer afirmaciones sobre lo desconocido. El punto de partida fue la observación experimental básica del comportamiento de las frecuencias relativas de la ocurrencia de eventos dentro del mismo tipo de experimentos: de acuerdo a una larga experiencia, la frecuencia relativa de la ocurrencia de un evento oscila alrededor de un cierto valor, aproximándose a él con mucha exactitud después de un gran número de pruebas. En el intento de demostrar este resultado, la teoría de la probabilidad fue formándose poco a poco e integrándose con la teoría de la medida, y fue teóricamente demostrada la propiedad de la frecuencia relativa observada experimentalmente, llamándose la Ley de los Números Grandes.

El azar

Paradójicamente, a medida que la teoría de la probabilidad se desarrollaba, los términos *azar* y *lo aleatorio* desaparecían de su lenguaje, aunque representan el objeto de la realidad que estimuló inicialmente su creación.

El modelo matemático creado para la probabilidad, cuyo punto de partida fue el azar, está exclusivamente dedicado a definir la medida, función que reproduce el comportamiento de la probabilidad de eventos dentro de una estructura, y también a la deducción de las propiedades de esta función y sus aplicaciones estadísticas.

El azar, como el objeto de la realidad, no está definido ni introducido en el contexto matemático de la teoría. A lo máximo, hay algunas introducciones en los estudios de este dominio que hacen referencia a él. Aunque la filosofía del azar ha sido siempre considerada un campo atractivo, se nota que ninguno de los grandes filósofos ha estudiado el azar como objeto filosófico.

En el lenguaje kantiano, el azar no es reconocido por el pensador como una categoría lógica, ni como una forma *a priori*, ni como una categoría experimental precisa, quedando simplemente con la categoría de palabra que cubre situaciones circunstanciales no clasificadas de varias teorías.

Fuera de la filosofía, la matemática no consigue ofrecer una definición rigurosa; más aún, no crea un modelo sólido para el azar.

Emil Borel afirmó que esta abstracción no es posible en el caso del azar, contrariamente a lo que ocurre con otros objetos de la realidad circundante para los que la creación de modelos supone una abstracción que preserva sus propiedades. En particular, cualquiera sea la definición de una sucesión formada por los símbolos 0 y 1, esta sucesión nunca tendrá todas las propiedades de una sucesión creada *al azar*, a no ser que sea obtenida experimentalmente (por ejemplo, arrojando la moneda en forma sucesiva y anotando 0 si sale cara y 1 si sale cruz). Borel propone también un esquema de demostración inductiva sobre la generación de una *sucesión al azar*.

Supongamos que alguien esté generando ese tipo de sucesión indefinida 0010111001..., que tenga todas las propiedades de las sucesiones generadas por un experimento al azar. Supongamos que los primeros n términos de la sucesión se formaron y que es el turno de escribir el término $n + 1$. Hay dos opciones: se tienen en cuenta de alguna manera los primeros n resultados o no. La primera anula el carácter aleatorio de la construcción, porque existiría una regla precisa para elegir ese término. La segunda opción nos pone en la misma situación que teníamos al construir el comienzo de la sucesión: ¿Cómo elegimos uno de los símbolos 0 o 1 sin tener en cuenta las diferencias entre ellos? Esta elección sería equivalente a tirar la moneda, lo que implica la instrumentación de una prueba. Usando el método de reducción al absurdo, llegamos a la conclusión que esa sucesión al azar no puede ser construida.

Sin llegar a convencernos completamente, esta prueba recalca la dificultad teórica de una concepción con respecto a este asunto.

Borel afirma que no podemos establecer una definición constructiva de una sucesión al azar, pero podemos asociar a esas palabras una definición axiomática–descriptiva. Más aún, también admite que tal definición no tendría efectividad matemática con respecto a su integración en la teoría de la probabilidad.

En el intento de matematizar al azar, Richard von Mises ha tratado de enunciar una definición axiomática introduciendo la noción de *colectivo*. Define la sucesión de elementos $a_1, a_2, ..., a_n, ...$ como una sucesión al azar (y le llama *colectiva*) si, dada una propiedad f de sus elementos y designando con $n(f)$ al número de elementos desde el primer n que tenga la propiedad f, se satisfacen los dos axiomas siguientes:

1) Cuando el número de términos aumenta ($n \to \infty$), la razón $n(f)/n$ tiende hacia un límite.

2) Sin embargo, si quitamos, mediante una selección de lugares, una parte de sus términos, dejando la sucesión $a'_1, a'_2, ..., a'_n, ...$, el límite de la sucesión $n(f)/n$ es la misma, cualquiera sea el lugar de selección.

El axioma 2) apunta a expresar el carácter aleatorio de la sucesión. Se llama también el axioma de la irregularidad o el principio de la imposibilidad de encontrar un sistema de juego.

Aunque esta definición es matemáticamente coherente y puede pasar a la teoría de la probabilidad al introducir la frecuencia relativa dentro de una estructura, también ha sido sometida a críticas conceptuales. La mayor crítica es que la noción de *lugar de selección* no puede definirse sin volver a la definición de *azar*, y esto debilita la coherencia y la posibilidad de integración en una teoría ulterior. Otra crítica se relaciona con el atributo de *azar* que propone la definición, afirmando que éste no es un absoluto porque la convergencia propuesta por el axioma 2) no es suficiente; tendría que incluir propiedades de la velocidad de convergencia (una sucesión que parte con un millón de términos de ceros no es *tan al azar como* una sucesión que parte con diez términos en 0, o en 1).

Obviamente, toda definición puede mejorarse, y dentro de la comunidad de matemáticos ha sido numeroso el intento de representar el azar mediante leyes matemáticas. Pero siempre aparecieron fallas conceptuales o no resultaron suficientemente coherentes para representar el azar puro, sin cuestionamientos.

Vamos a restringir nuestra discusión a una muestra de definición, la de von Mises, haciendo notar que mientras no pueda definirse matemáticamente una sucesión al azar en forma satisfactoria la dificultad seguirá existiendo, ya que el término *azar* es general y complejo.

El hecho que la "razón no puede reproducir el azar", como lo dijo Borel, sigue siendo un principio y ni siquiera los filósofos lo han encontrado contradictorio.

Hemos hablado aquí sobre el azar y lo aleatorio desde un punto de vista matemático para resaltar la dualidad conceptual de estos términos. El azar matemático, que como vimos, no puede estar aislado del azar filosófico y no puede ser definido coherentemente, sino a través de si mismo, no puede integrarse en la teoría de la probabilidad con su contenido completo (incluyendo el componente filosófico). Más aún, un evento como objeto matemático está muy lejos de ser un modelo satisfactorio para las ocurrencias de la realidad circundante, en tanto que no tiene una definición individual para expresar el contenido de esta noción. Se define puntualmente, axiomáticamente, a través de la estructura colectiva a la que él pertenece. Un evento es para la probabilidad algo análogo a lo que un punto es para la geometría -un objeto simple, abstracto que es parte de un conjunto de axiomas, una unidad sin definición estructural, que es necesario para las construcciones axiomáticas que crean objetos geométricos complejos.

El modelo de un conjunto de eventos estructurados como un campo, aún cuando no reproduzca ni siquiera parcialmente el carácter aleatorio absoluto de los eventos del mundo real, es la base para el desarrollo riguroso de la teoría de la probabilidad. Como ya lo establecimos en la sección dedicada a la reconstrucción de la definición de probabilidad, esto solamente tiene sentido si se lo define dentro de un campo de eventos. Más aún, la probabilidad para un evento real aislado no tiene sentido matemático, aunque siga siendo una conjetura filosófica.

Para aplicar el cálculo de probabilidades a una estimación, debemos en primer lugar establecer con precisión el campo al cual pertenece el evento que se va a medir, y si no es fácilmente observable, debe ser definido o creado, si fuera necesario.

El azar podría ser filosófico o matemático; es así que manejamos dos términos en la probabilidad, *probabilidad filosófica* y *probabilidad matemática*. Esto es lo que significa la relatividad del término de probabilidad: lo que llamamos probabilidad de un evento arbitrario en la vida diaria, aun cuando exprese un carácter cuantitativo (a saber, el grado de creencia), no es lo mismo que la probabilidad matemática de ese evento (que solamente tiene sentido después de haber planteado el evento dentro de un campo bien definido).

Si en un juego de poker clásico queremos calcular la probabilidad de que uno de los oponentes tenga servido un as, este cálculo es practicable con un modelo matemático del concepto (podemos definir el campo de eventos como el conjunto de partes del conjunto de todas las combinaciones de cinco cartas tomadas de las 52, y entonces usamos las fórmulas del cálculo de probabilidades). Mostramos cómo estas aplicaciones funcionan en la práctica en el capítulo llamado *Guía de Cálculo para el Principiante*.

Pero si nos proponemos estimar la probabilidad del evento "mañana lloverá a cántaros", el término *evento* no puede ser identificado ahora con el término matemático (un elemento de una estructura definida), sino que se refiere a la ocurrencia de un objeto de la realidad determinística, como un fenómeno aleatorio. En consecuencia, el término de probabilidad asociado no puede ahora ser identificado con el concepto matemático del mismo nombre. Además, la estimación no será ahora el resultado de un cálculo, sino cuando mucho, una asignación subjetiva de un número. En este caso, probabilidad es un término con un contenido exclusivamente filosófico.

Podemos encontrar también relatividad en el concepto matemático de probabilidad, tomado en forma individual. Obviamente, la teoría de la probabilidad está construida rigurosamente y sus nociones están definidas coherentemente. La relatividad de la noción de probabilidad proviene de su misma definición. Como todo concepto definido axiomáticamente, es originalmente un producto del pensamiento de un matemático, cuya creación científica, si bien perfectamente justificada en su totalidad por sus objetivos, es últimamente una elección. Por lo que al elegir uno o varios axiomas para formar la definición de un concepto se le confiere un carácter relativo.

En el caso de la probabilidad, por ejemplo, cambiando el axioma de aditividad numerable por el de aditividad finita se crea un nuevo tipo de función. Dependiendo de la organización y estructura del dominio de esta función (la que se vuelve nuevamente para establecer un conjunto de axiomas), pueden definirse probabilidades geométricas, continuas, discretas; todos estos objetos matemáticos se expresan con la misma palabra: probabilidad.

También hay relatividad en el concepto con respecto a la representación y aplicabilidad del modelo matemático en el mundo real. Se trata del infinito.

El infinito

En la definición completa de probabilidad (como la medida de una tribu de eventos), encontramos la unión numerable y la suma de una serie ($P\left(\bigcup_{i=1}^{\infty} A_i\right) = \sum_{i=1}^{\infty} P(A_i)$). Aparecen conjuntos infinitos en ambas expresiones.

El infinito aparece también en la definición de probabilidad como un límite. Todo límite finito esta asociado a una sucesión convergente, que es una lista infinita de elementos. Sin el atributo de *infinito*, la noción de límite no tiene ningún sentido. En nuestro caso en particular, la probabilidad es el límite de una sucesión (infinita) de frecuencias relativas.

Puesto que el infinito está presente en la definición de la noción de probabilidad, surge naturalmente la pregunta si está justificada la aplicabilidad del modelo matemático en el mundo real, el cual está construido con experiencias finitas. Esta pregunta es también válida para todos los conceptos matemáticos cuya definición está basada en un colectivo infinito.

En matemática, el infinito toma parte en la construcción de muchas nociones básicas, partiendo de la noción de número.

A causa de su componente metafísico, los matemáticos han evitado el infinito durante mucho tiempo en sus construcciones teóricas. Cuando mucho, su parte se limita al proceso de construir nociones.

Ahora, la noción de infinito ha sido regularizada de manera satisfactoria en el dominio clásico de la matemática, pero sigue siendo un asunto de controversia dentro de la teoría de conjuntos.

No se ha podido quitar la noción de infinito de la matemática, porque finalmente, se ha aceptado que el infinito tiene una función lógica que es indispensable para la misma creación científica, y que también se presenta en el nivel del conocimiento intrínseco de los objetos reales, en su estado natural, sin el modelado matemático.

Nuestra experiencia dentro de la realidad circundante tiene una naturaleza finita. Todo objeto observable está ligado al tiempo y al espacio. Ningún investigador de laboratorio encuentra al infinito en sus experimentos. Todo experimento se realiza en un espacio finito, con intervalos finitos de tiempo y con cantidades finitas de materia.

Con respecto a la micro-infinitud, hace mucho tiempo las ciencias naturales fijaron los márgenes de investigación en los átomos, electrones y quantums. Pero el ser humano puede extender el resultado de sus experiencias a cualquier percepción usando su propia imaginación. La imaginación, en un sentido científico, tiene un poder casi ilimitado. Aunque la imaginación sólo puede combinar los resultados de las experiencias previas almacenadas en la memoria (por lo que el poder creativo de la imaginación no es ilimitado en un sentido absoluto), puede materializar el infinito en el nivel teórico de la experiencia.

Consideremos la experiencia siguiente:

Estamos observando árboles a cada paso. Podemos observar grupos más pequeños o más grandes de árboles y sabemos que su número es finito. También todos los árboles observados durante nuestra vida tienen un número finito. Sabemos que, si observamos un grupo de árboles, es posible observar otro grupo más numeroso, pero de todos modos, también finito.

En base a las observaciones experimentales, estudiamos el objeto *árbol* e incluso podemos asociarle una definición. Tal noción creada de *árbol* incluye solamente nuestra experiencia finita.

Pero si además imaginamos árboles que crecen sobre la tierra después que hayamos dejado de existir (los que serán observados por la gente venidera), esta experiencia teórica representa un número infinito.

Lo que generalmente llamamos experiencia no representa ahora un número limitado de experiencias determinadas, sino que representa también todas las experiencias pasadas y futuras.

Entonces, la noción de *árbol* puede incluir una experiencia infinita, la que lejos de negar el infinito, necesariamente se apoya en él. Por lo tanto, el infinito completa la noción de *árbol* confiriéndole mayor información conceptual.

Lo mismo ocurre en la matemática. El infinito, además de la función lógica que tiene en la construcción de nociones, tiene también una función de compleción.

Consideremos un cuadrado de 1 metro de lado. Su diagonal no es mensurable con el metro (no hay una fracción del metro que de exactamente el largo de la diagonal). Luego, tenemos que satisfacernos con aproximaciones que resultan de la aplicación del teorema de Pitágoras: 1,4 m; 1,41 m; 1,412 m; .... ¿Cuánto mide en verdad la diagonal? La sucesión infinita de aproximaciones 1,4; 1,41; 1,412; podría ser la respuesta. Otra respuesta podría ser el número $\sqrt{2}$, que, de hecho, es un símbolo que representa precisamente la sucesión anterior. En este ejemplo tenemos al infinito materializado en una longitud.

Otras veces, una sucesión infinita representa un entero.

Por ejemplo, la sucesión de fracciones 0,9; 0,99; 0,999; ... representa al número entero 1.

La afirmación sobre funciones del infinito se confirma con estos ejemplos sencillos: el infinito no es simplemente el hallazgo negativo de una falta de límites, sino que representa una operación de compleción, la cobertura de una sucesión ilimitada de valores. Al relacionar esta función de infinito con la experiencia inevitablemente se generan conjeturas metafísicas.

La presentación y el análisis de infinito no siempre han llevado a resultados positivos, sino que ha traído dificultades que generan nuevas preguntas sobre la legitimidad del uso de esta noción en la ciencia.

Las paradojas de la teoría de conjuntos suscitan problemas hoy en día. En la paradoja del *conjunto de todos los conjuntos*, una noción contradictoria en si misma, que no cumple la operación de compleción.

El campo de validez de la noción de infinito todavía no está bien estudiado. Pero los científicos han determinado una parte suficientemente grande como para responder los problemas actuales de la ciencia, incluyendo los de las ciencias naturales.

Generalmente, el infinito tiene la función metafísica de facilitar a la mente la transformación de objetos de la experiencia en nociones, esto es, pasar de un nivel del pensamiento a otro.

La experiencia nos coloca frente a un cierto número de árboles y nos da la posibilidad de crear la noción de árbol, la que no es solamente la expresión de esos árboles.

Esta noción incluye la capacidad de la mente de imaginar todos los árboles que vendrán en el futuro. Este atributo del infinito ofrece nociones válidas y unificadas.

La función del infinito, como la muestra Kant en su delimitación de los juicios finitos, llega a la exclusión de todo límite, para otorgar a las nociones la plenitud absoluta de su contenido lógico indicando no solamente lo que la noción contiene sino también lo que no contiene.

Volviendo a la noción de probabilidad matemática, vemos que este concepto también está definido con los aportes del concepto del infinito. Esta noción no genera interrogantes matemáticos porque el infinito tiene además una función lógica bien definida.

La única pregunta que surge es acerca de la aplicabilidad del infinito en las situaciones prácticas de la vida diaria, cuando la probabilidad matemática se identifica con el nivel de creencia humana en la ocurrencia de ciertos eventos.

Tal como dijimos, todas las experiencias prácticas de la realidad circundante tienen una característica de finitud.

Cuando queremos aplicar los resultados de la teoría de la probabilidad en la vida diaria en las probabilidades de varios eventos, sea a través de cálculos, estimaciones o juicios cualitativos, debemos considerar la compatibilidad del modelo matemático con la situación práctica en la que se aplica.

Las dos cosas, el modelo matemático y sus aplicaciones suponen idealizaciones y aproximaciones que a su vez confieren cierto nivel de relatividad a los resultados prácticos.

Relatividades conceptuales y de aplicación

Más allá de la construcción matemática, la relatividad también afecta al establecimiento del sistema colectivo real en el que se aplica la teoría.

El hecho matemático establecido por la Ley de los Números Grandes, a saber, que la sucesión de frecuencias relativas converge hacia la probabilidad (lo que vale para la definición de la probabilidad como límite), se suele llevar a la práctica sin analizar en detalle si se cumplen las condiciones del teorema sobre el colectivo infinito (la sucesión de experimentos independientes es infinita).

Conociendo la Ley de los Números Grandes y que la probabilidad de tirar un dado y sacar, digamos un 3, es igual a 1/6, el jugador espera que el dado salga 3 una vez cada seis tiradas, al menos en forma acumulativa, en una gran cantidad de tiradas. Pero la sucesión de experimentos de tirar el dado en la que participa el jugador no es infinita, condición para que se cumpla la Ley de los Números Grandes y se pueda aplicar su conclusión. Por más que el jugador acumule todos los experimentos de este tipo en los que ha participado hasta ese momento, aun así su número es finito.

Sin embargo, la experiencia ha demostrado estadísticamente que la frecuencia relativa de la ocurrencia del número 3 oscila alrededor de 1/6 en una sucesión de experimentos bien grande. Si un jugador apuesta 5 contra 1 al número 3 (es decir, pierde la apuesta si no sale 3 y gana 5 veces la apuesta si sale 3), lo hace porque está convencido en 1/6 de la ocurrencia del número 3 y en 5/6 de lo contrario.

Estos grados de creencia son, de hecho, la expresión de la frecuencia relativa: en una sucesión de tiradas, el número 3 ocurrirá un sexto de las veces. Esta conducta de juego es aceptable, con la reserva de la relatividad de la aplicación del modelo matemático a un juego regular que genera una sucesión larga de experimentos, pero no tiene nada que ver con la motivación teórica en el caso de una apuesta aislada. Con todo, muchos jugadores tienen esta expectativa y esta conducta de decisiones, que no es otra cosa que la tranfrencia subjetiva de las conclusiones de la Ley de Números Grandes.

Este ejemplo se puede generalizar para todo tipo de apuesta en las que una decisión se basa en las frecuencias relativas, y también para toda situación en la que un grado subjetivo de creencia prevalece ante la probabilidad matemática: el resultado teórico se traslada a un contexto finito (aunque el infinito no pueda obtenerse en el nivel de las experiencias prácticas), confiriendo a la aplicación un carácter relativo.

La transferencia del concepto de probabilidad-límite a una situación práctica y la transformación de éste en un grado de creencia, representa al menos un acto de juicio relativo.

De un modo semejante, la misma relatividad ocurre en un caso en que consideramos la probabilidad como una medida y aplicamos sus propiedades en casos prácticos de experiencias finitas. El concepto matemático de probabilidad-medida ha sido definido como un colectivo infinito, y a un nivel práctico, el infinito no puede representarse experimentalmente. Aunque se excluya la aplicabilidad de la probabilidad, la misma noción de medida tiene un carácter cuantitativo que resulta de la medición comparativa (existencia de un estándar); el resultado de una medición no representa un valor numérico absoluto, sino un múltiplo o una división de la medida estándar usada. Del mismo modo que la longitud de un segmento medido en metros representa el número (entero o fracción) de inclusiones del metro en el segmento, la probabilidad de un evento representa la fracción que corresponde a ese evento, como parte de un evento seguro (que se mide con 1). El hecho de que la probabilidad de la ocurrencia del número 3 al tirar un dado sea 1/6 se traduce en términos comparativos de la medición como el evento *ocurrencia del 3* que "pesa" 1/6 del evento seguro.

También en la definición clásica de probabilidad (la razón entre el número de casos favorables para que ocurra el evento y el número de todos los casos igualmente posibles) hay una relatividad incorporada, desde la construcción de la definición. Esta definición se aplica solamente a campos de eventos en los que el evento elemental es igualmente posible. Este atributo de *igualmente posible* puede definirse textualmente como *probable en la misma medida*, que es un término que nos lleva nuevamente al contenido del término *probabilidad,* lo que nos muestra que esta noción esta definida a través de si misma. Además, al aplicar esta definición a situaciones prácticas se supone la situación ideal de *los eventos elementales son igualmente posibles,* lo que confiere a la probabilidad otra relatividad, que resulta de la equivalencia parcial del modelo matemático con el fenómeno real. La aproximación *todos los números del dado tienen la misma probabilidad de ocurrencia,* indispensable en el cálculo de probabilidad aplicado a eventos más complejos relacionados a este experimento, es cuestionable a un nivel práctico y genera el interrogante de si está justificado ignorar igualmente todos los factores físicos.

Suponiendo que el dado es un cubo perfecto, el modo de tirarlo puede alterar el atributo aleatorio del experimento. Por ejemplo, tirar repitiendo cierto ángulo pudiera favorecer la ocurrencia de una de las caras del dado, como así también la altura, el impulso inicial o la manera de tomar el dado. La tendencia a ignorar incondicionalmente todos esos factores físicos proviene de supuesta simetría de los objetos y acciones físicas y produce una simplificación que confiere al cálculo de probabilidad práctico otra relatividad.

Obviamente, observando los resultados experimentales desde la perspectiva de la frecuencia relativa, en sucesiones largas de experimentos (en el caso de tirar un dado, la operación debería realizarse en un período largo de tiempo, por distintas personas, cambiando ángulos y desde diferentes alturas), la relatividad mencionada arriba se disipa y finalmente se cumple la Ley de los Números Grandes. Pero la característica *igualmente posible* es una aproximación que permanece como una idealización necesaria y la teoría de la probabilidad no puede construirse sin ella.

También relacionada a la aplicabilidad, existe una relatividad de la probabilidad más grande que puede cambiar significativamente los resultados prácticos del cálculo. Se trata de la elección del campo de probabilidad en el que se ejecuta la aplicación.

Como objeto matemático, el campo de probabilidad es un trío $\{\Omega, \Sigma, P\}$, en el que Ω es un conjunto de resultados posibles asociados a un experimento, Σ es un campo de eventos en Ω, y P es una probabilidad en Σ. Si se cambia alguno de esos componentes, el resultado es un objeto matemático nuevo, a saber, un campo nuevo de probabilidad. Esto significa que podemos obtener diferentes probabilidades para el mismo evento si se lo incluye en campos diferentes de eventos.

Tomamos de nuevo un ejemplo simple presentado antes en este capítulo, como aplicación de la definición clásica de probabilidad.

Una baraja de 52 cartas se mezcla y se da vuelta la carta que queda arriba. Calculemos la probabilidad de que la carta mostrada sea un trébol (♣). El experimento tiene 52 resultados posibles, de los cuales trece son favorables para que ocurra el evento *la carta de arriba es trébol*. La probabilidad de este evento es pues 13/52.

Cambiemos ahora las condiciones del experimento suponiendo que accidentalmente vemos que la última carta de la baraja mezclada es un 5♦. El evento *la carta de arriba es trébol* tiene ahora la probabilidad 13/51 porque el número de casos favorables sigue siendo trece, pero el número de resultados posibles es 51 porque la última carta (5♦) no puede ser la de arriba.

Por lo tanto encontramos dos probabilidades diferentes para el mismo evento E que fuera textualmente descrito como *la carta de arriba es trébol*. Este doble cálculo dista mucho de ser una paradoja, ya que tiene una explicación matemática muy simple.

Representemos simbólicamente las cartas con números 1, 2, 3, ..., 52. En el primer caso (ninguna carta fue vista), el conjunto de todos los resultados posibles del experimento es $\Omega_1 = \{1, 2, 3, ..., 52\}$, y el campo de eventos es $\Sigma_1 = \mathcal{P}(\Omega_1) = \{\{1\}, \{2\}, \{3\}, ..., \{52\}, ..., \{1, 2\}, \{1, 3\}, ...\}$. En el segundo caso (vimos la última carta), el conjunto de los resultados posibles del experimento es $\Omega_2 = \{1, 2, 3, ..., 51\}$, y el campo de los eventos es $\Sigma_2 = \mathcal{P}(\Omega_2) = \{\{1\}, \{2\}, \{3\}, ..., \{51\}, ..., \{1, 2\}, \{1, 3\}, ...\}$.

Σ_1 y Σ_2 no tienen los mismos elementos, entonces son diferentes (por ejemplo, el elemento $\{52\} \in \Sigma_1$, no así en el segundo caso: $\{52\} \notin \Sigma_2$). Puesto que los campos de eventos son diferentes, el resultado de la probabilidad, funciones correspondientes P_1 y P_2, son también diferentes, y esto explica los valores numéricos diferentes $P_1(E) = 13/52$ y $P_2(E) = 13/51$.

La información adicional que se toma en cuenta (conocer la última carta) cambia el campo de probabilidad, e implícitamente, la probabilidad del evento que se va a medir.

Aunque aparentemente no tenga relación con el ejemplo de arriba, la estimación de la probabilidad de un evento del tipo *el equipo A ganará el partido contra el equipo B* está también sometido a la misma relatividad de la información usada. Esa probabilidad podría estimarse teniendo en cuenta una o varias categorías de factores tales como las estadísticas de partidos anteriores entre los equipos A y B, el estado físico del campo, la formación de los jugadores, y otros por el estilo.

Toda combinación de estas categorías de información con el objetivo de la estimación de la probabilidad produce un cambio en el campo de eventos e implica resultados numéricos finales diferentes. Podemos incluso ignorar para el cálculo todos esos factores enumerados y crear un campo de eventos global, que corresponda a los resultados posibles siguientes: 1 (equipo A gana), X (igualan) y 2 (equipo B gana). $\Omega = \{1, X, 2\}$ y $\Sigma = \mathcal{P}(\Omega)$. Al aceptar la simplificación que esos eventos elementales 1, X y 2 son igualmente posibles, tenemos la probabilidad P (el equipo A ganará el partido contra el equipo B) = 1/3. Pero ese resultado es poco interesante porque una aproximación así tiene la menor precisión posible. Lo que explica el hecho que el mismo evento pueda tener diferentes probabilidades cuando se lo incluye en un campo diferente de probabilidad.

Si se considera que un evento está completamente caracterizado por la estructura colectiva a la que pertenece, podemos decir sin riesgo de confusión que en los ejemplos anteriores se manejaron diferentes eventos, aunque se los defina con las mismas palabras.

Hemos enumerado en esta sección varios tipos de relatividad del concepto de probabilidad y de la aplicación a los resultados de la teoría de la probabilidad en la vida diaria. La relatividad se refiere al modo objetivo con que se construye un modelo matemático, al modo como el modelo reproduce la realidad y al grado de subjetividad de la estimación e interpretación de los resultados numéricos obtenidos por la aplicación del cálculo de la probabilidad en la vida diaria.

Aunque el enfoque sobre el asunto de esta sección es científico, y esta presentación está lejos de ser exhaustiva, el objetivo de esta presentación sobre la relatividad de la probabilidad no pretende ser teórico-didáctico, sino más bien está dirigido a captar la atención del lector y estimular su pensamiento con varias referencias a los esfuerzos de la matemática y la filosofía para responder los problemas esenciales del concepto de probabilidad.

Anteriormente apuntábamos a presentar la imagen de la probabilidad como una noción compleja pero relativa, extendiendo el concepto matemático de probabilidad a su relación con la realidad circundante. Nuestro principal esfuerzo está dirigido a señalar a quienes se basan en los resultados de la probabilidad para tomar decisiones, que la probabilidad no tiene un carácter absoluto ni en su concepto matemático ni cuando se transforma en un grado de creencia para las aplicaciones prácticas.

Resumiendo, la relatividad de la probabilidad es:

1) *Relatividad conceptual*
   a) *Relatividad terminológica*
   – La probabilidad matemática y la probabilidad filosófica son objetos diferentes;
   b) *Relatividad de la definición matemática*
   – Se define un término a través de sí mismo (el atributo *igualmente posible* de la definición clásica);
   – La definición axiomática no estructural y no individual de un evento (como un elemento de una estructura colectiva);
   – Eligiendo el conjunto de axiomas (los axiomas de Kolmogorov de la definición completa);
2) *Relatividad de la equivalencia con el mundo real de los modelos matemáticos*
   – El sujeto de la probabilidad matemática es el azar, que no puede ser matematizado;
   – El infinito, que está presente en la definición del concepto matemático, no se encuentra en la realidad experimental finita;
   – El evento, como unidad de la teoría matemática, no reproduce el evento del mundo real, el cual es mucho más complejo;
3) *Relatividad de las aplicaciones prácticas del cálculo de probabilidad*
   – Elegir el campo de eventos;
   – Idealización del tipo *igualmente probable*;
   – La tranferencia subjetiva del resultado de la Ley de los Números Grandes en sucesiones finitas de experimentos.

Estas relatividades requieren por lo menos una consideración adicional de la persona que ve la probabilidad como un grado absoluto de creencia e implícitamente cae en la limitación de tomar decisiones basadas en el valor numérico de la probabilidad como el único criterio. Discutiremos más sobre este asunto en la sección llamada *Psicología de la probabilidad*.

Filosofía de la Probabilidad

¿Qué sentido tiene la pregunta: cómo se forma la probabilidad? Pareciera que es una pregunta esencial y que todos los problemas de la filosofía giran a su alrededor.

Grandes matemáticos como Pascal, Bernoulli, Laplace, Cornot, von Mises, Poincaré, Reichenbach, Popper, de Finetti, Carnap y Onicescu realizaron estudios filosóficos del concepto de la probabilidad y le dedicaron una parte importante de sus investigaciones, pero aun así el interrogante mayor sigue abierto al estudio:

- ¿Se puede definir la probabilidad con otros términos sin incluirse a si misma?

- ¿Se puede verificar que existe, al menos en principio? ¿Qué sentido debe asignarse a esta existencia? ¿Expresa algo más allá de una carencia de conocimiento?

- ¿Puede asignarse una probabilidad a un evento aleatorio aislado, o solamente a estructuras colectivas?

Estas son unas pocas preguntas básicas tratadas en la filosofía, en las que los pensadores antes mencionados han realizado sus esfuerzos, y en las que la ciencia todavía no ha llegado a una conclusión satisfactoria.

Cientos de páginas de estudios se habrán escrito sobre este tipo de preguntas. No pretendemos en esta sección revisar todos los problemas de la filosofía de la probabilidad, ni consideramos que este texto está organizado óptimamente como una presentación didáctica. Sólo apuntamos a estimular la investigación y la inclinación de los lectores al conocimiento profundo de este asunto, para completar una imagen del concepto de probabilidad que incluya los aspectos filosóficos y extender la imagen de una herramienta simple del cálculo matemático, separándola del grado de creencia que es tan común en la gente.

En las secciones anteriores hemos tratado los problemas filosóficos relacionados con la construcción de un modelo matemático y el modo como ese modelo reproduce la realidad y sus fenómenos. Vimos que la probabilidad puede ser simultáneamente considerada como:

– El límite de la frecuencia relativa dentro de una sucesión de pruebas realizadas bajo idénticas condiciones teóricas;

– La medida objetiva de la posibilidad;

– El grado subjetivo de creencia en la ocurrencia de un evento.

Hay también otras interpretaciones de la probabilidad, que resultan de teorías matemáticas con estructuras similares:

– Frecuencias relativas predichas con un modelo físico (Drieschner);

– Medida de la tendencia de un contexto experimental para producir un resultado (Popper);

– Relación lógica entre un campo de datos y una hipótesis con respecto a la implicación parcial (Keynes);

– Expresión numérica de una información sobre la existencia de un evento en ciertas condiciones (Onicescu).

Todas estas interpretaciones se caracterizan por equivalencias lógicas y contienen elementos que tienen implicaciones filosóficas como la predicción, posibilidad, frecuencia y grado de creencia.

Predicción

La enunciación común, *el evento E tiene la probabilidad p* expresa generalmente una predicción. Por medio de esa enunciación comunicamos que, en un número elevado de experimentos, el evento *E* ocurrirá en una proporción *p*.

Las predicciones se hacen sobre eventos de los que no sabemos si ocurrirán o no, en un momento dado o en forma acumulada, en una sucesión de momentos. Por lo tanto, el sujeto de la predicción es la incógnita, en una forma colectiva o puntual.

Hemos tratado ya en la sección llamada *Relatividad de la probabilidad* sobre nociones tales como el azar y sobre los intentos frustrados de matematizarlo. La comprensión del concepto aleatorio se vuelve difícil por su relatividad ontológica. Esta relatividad no puede ser llevada a los extremos y afirmar que *todo es aleatorio* o que *el azar no existe*, aun cuando esta última tesis pareciera más conveniente.

Laplace, un seguidor del determinismo absoluto hace la suposición siguiente: "En toda sucesión de eventos, incluso en los más irregulares, debe existir causas de las que derivan con la misma necesidad que el movimiento de la tierra alrededor del sol."

Obviamente, nunca podremos probar lo contrario.

La creencia en la necesidad absoluta está profundamente arraigada en la mente humana. Siempre habrá gente que crea que el destino o la fatalidad son sinónimos de la necesidad. Para la ciencia, tal enfoque haría más difícil el problema de la predicción porque le impondría resultados exactos.

Imaginemos un experimento que implique tirar la moneda repetidas veces en idénticas condiciones. Si la moneda tiene poco peso, la superficie donde cae es más mullida, si la altura a la que llega es más baja, se podría observar una preferencia para una cara de la moneda, pero el resultado individual permanecerá impredecible. Admitamos que podríamos medir con precisión la altura del tiro, la masa de la moneda, su módulo de elasticidad y el módulo de la superficie donde cae, y que esas condiciones pueden mantenerse constantes. Admitamos también que después de cierto tiempo tenemos un modelo teórico preciso para describir lo que pasa cuando la moneda interacciona con la superficie sobre la que cae. Con todas esas condiciones, caeríamos en un sistema de ecuaciones cuya solución rigurosa supondría un gran volumen de cálculos.

Y este ejemplo es un juego de niños al lado del problema de predecir la cara del dado que saldrá o la posición que tendrá una gota de lluvia cuando cae y toca el suelo.

En breve, las objeciones tienen una naturaleza pragmática: el determinismo absoluto no resulta viable para la ciencia. El azar tiene todavía una razón ontológica: existe como un tipo especial de desorden. Popper considera que, "Para construir una teoría objetiva de la probabilidad y sus aplicaciones a nociones como entropía o indeterminación molecular, es esencial caracterizar objetivamente el desorden de la irregularidad o del azar como un tipo de orden. [...] Podemos estar tentados de afirmar que el azar o el desorden no pueden ser un tipo de orden objetivamente descriptible, o que debe ser interpretado como una carencia de nuestro conocimiento del orden existente; si es que tal orden generalmente existe. Pienso que tenemos que resistir esa tentación y que podemos desarrollar una teoría para construir tipos ideales de regularidad."

A. Cournot fue el primer científico que estuvo dispuesto a reconocer una razón ontológica del azar. Su teoría sobre el azar objetivo se reduce a:

En la naturaleza existen cadenas causales independientes, cada una con su propio determinismo que actúan en paralelo, sin que haya influencia visible de la una en la otra. A veces se encuentran. Los fenómenos que se producen en la intersección de dos o más cadenas causales de ese tipo son los llamados aleatorios. Por ejemplo, el matrimonio es un fenómeno típicamente aleatorio. Los novios vienen de diferentes cadenas causales y su intersección es algo accidental.

El postulado básico de la teoría de Cournot es que en el universo existen sucesiones de eventos causales e independientes. "Es un principio del sentido común que existen en la naturaleza sucesiones de fenómenos aislados que dependen unos de otros, y otras sucesiones que se desarrollan en forma paralela o sucesiva, sin dependencia alguna entre ellas. Verdad que hay filósofos que afirman que todo en el universo está ligado y lo demuestran con argumentos sutiles y trucos ingeniosos, pero aun así no pueden evitar la creencia del sentido común. Nadie creerá seriamente que un golpe en el piso tiene influencia en un barco navegando en las antípodas o en los satélites de Júpiter. Aun si admitiéramos en teoría la existencia de tales perturbaciones, serían infinitamente pequeñas, y físicamente no existirían."

El efecto de esas causas se amortigua y se pierde en el tiempo y el espacio. "La existencia del ser humano es un sistema cerrado, un pequeño punto con respecto al universo o de otra gente alejada en el tiempo y el espacio."

Resumiendo, el universo consta de pequeños sistemas causales que se incluyen uno en otro. Si se encuentran dos sistemas del mismo tipo, se produce entonces algo aleatorio.

Se pretende que la teoría sea puramente realista: la idea del azar "no trata del modo de nuestros juicios", sino que "el azar existe en las cosas." Más aun, el enfoque de Cournot genera dificultades epistemológicas si se lo interpreta demasiado al pie de la letra.

Por ejemplo, un hecho aleatorio no es necesariamente impredecible:

"La intersección de dos sucesiones causales independientes no es absolutamente impredecible. Escapa de nuestra predicción, que cubre un campo estrecho, pero si ampliáramos el campo de nuestra predicción, podríamos anunciar esos fenómenos. Pero que los podamos predecir no significa que pierden su carácter de fortuitos."

Además, no está muy claro lo que significa una sucesión causal independiente. La noción de *independencia* no parece más simple que la del azar; más aún, parece que esos dos términos solamente pueden definirse el uno con el otro. En particular, las predicciones que hacemos en experimentos independientes durante largos períodos de tiempo están justificados con la Ley de los Números Grandes, que afirma que la frecuencia relativa tiende a la probabilidad.

De acuerdo a Poincaré, "Los hechos predichos por la ciencia son sólo probables. Por más que una predicción se fundamente rigurosamente, nunca estaremos absolutamente seguros de que la experiencia no la vaya a negar."

Reichenbach mantiene el mismo punto de vista, aunque otorga al concepto de probabilidad matemática un rol principal en la predicción. En tanto nuestro conocimiento sea probable y no se aplique a la naturaleza una ley natural sino un modelo de la naturaleza que se simplifica suprimiendo una infinidad de factores, el problema del conocimiento no puede ser solucionado "sin admitir que la aplicación de leyes naturales a la realidad no conduce a afirmaciones seguras, sino solamente probables." La probabilidad interviene para conocer la naturaleza solamente en "asociación con una estructura ideal de la realidad."

El carácter de decisión de la probabilidad no está basado en una construcción lógica, sino en una inductiva. De acuerdo a Keynes, "La validez de una inducción con respecto a su certeza, no está basada en cierta información de los hechos, sino en la existencia de una relación de probabilidad. Un razonamiento inductivo no afirma que un hecho dado ocurrirá de esta u otra manera, sino que tiene una probabilidad asignada, basada en un cierto conocimiento complejo. La validez y la cualidad racional de la generalización inductiva es entonces un problema de lógica, no un problema empírico. La estructura efectiva de la realidad determina una forma particular de nuestro material de observación, pero no puede decidir qué inducciones y predicciones se justifican en base a ese material."

En virtud de estas ideas, la teoría de la probabilidad, y también la inducción vienen a ser ramas de la lógica y no de las ciencias naturales, como algunos matemáticos y físicos se inclinaron a considerar.

Respondiendo la pregunta: "¿Con qué derecho la asignamos la probabilidad p a un evento?" se llega a esta otra cuestión: "¿Con qué derecho usamos la regla de la inducción?" Una respuesta podría ser: "sin derecho alguno," si construimos nuestro juicio con la lógica corriente, que es la única herramienta justificada que tenemos. La regla de la inducción (si observamos E n veces, sacamos la conclusión que E ocurrirá también en la vez $n + 1$), lo que aplicado a frecuencias nos dice que si observamos las frecuencias $f_1, f_2, ..., f_n$ que son aproximadamente iguales durante n veces, entonces los resultados seguirán siendo los mismos en la frecuencia siguiente f_{n+1}, en la observación $n + 1$.

Esta afirmación está basada en la suposición tácita que la realidad es predecible, o dicho en lenguaje de la probabilidad, que existe un límite de la frecuencia. Si esto es verdadero, la regla de la inducción nos conduce al límite. En caso contrario, ésta es la única herramienta que tenemos para hacer una predicción; lo que resulta una justificación relativa.

No tenemos que resignarnos ante la dudosa coherencia lógica de la inducción. Siempre hay métodos científicos para incluir un resultado incoherente en una teoría existente, aun cuando esta unificación signifique extender la teoría o realizar cambios axiomáticos esenciales. Esta es también la opinión de Leibniz, que dice que "tendríamos que crear un nuevo tipo de lógica para tratar con los grados diferentes de la probabilidad."

Algunos lógicos piensan que estos problemas pueden asumirse tomando en consideración una lógica multivalente (en la que, para una proposición p no solamente existen dos variantes de verdad – p o NOT p; la lógica multivalente permite la existencia de una tercera variante).

El cumplimiento de esta propuesta ha sido un enorme acto de coraje, por más que haya tenido un éxito anticipado, porque, desde su creación, todo el sistema lógico de la ciencia está basado en la lógica bivalente, incluyendo la matemática, que fue la que creó el concepto de probabilidad.

Frecuencia

El resultado de la observación estadística de la frecuencia relativa de la ocurrencia de varios eventos, que sirve como base experimental donde se inicia el modelo matemático de la probabilidad, siempre ha fascinado a los científicos.

Aun después de que la relación entre la frecuencia y la probabilidad fuera establecida y probada matemáticamente por Bernoulli, en su Ley de los Números Grandes, los resultados de la experiencia continuaron llamando la atención por su regularidad, siempre generando el mismo interrogante filosófico. ¿Qué cosa en particular interviene para que las frecuencias se estabilicen en los experimentos extensos? ¿Es ésta una ley de la naturaleza? En caso afirmativo; ¿donde se origina su motivación inmediata?

Un experimento de arrojar la moneda repetidas veces se realizó 1000 veces y se registraron las frecuencias de las caras. Estudiando el diagrama estadístico de los resultados se observó que la irregularidad que aparece en sucesiones cortas de pruebas tendía a desaparecer si se calculaban las frecuencias acumuladas. Si se agrupan las 1000 observaciones en cinco sucesiones de 200 pruebas, observamos que las frecuencias de la ocurrencia de caras de unas se aproximan a las otras, más que en el caso de haberlas agrupado en 20 sucesiones de 50 observaciones o en 40 sucesiones de 25 observaciones.

Tales experimentos se han realizado y se realizarán en el futuro. Lo que se advierte en las estadísticas prácticas es el hecho que la razón $r = \dfrac{f_{max} - f_{min}}{f_{min}}$ se vuelve más pequeña a medida que disminuye el volumen de sucesiones de pruebas (donde f_{max} y f_{min} son respectivamente las frecuencias máxima, y mínima de ocurrencia de caras.

En estadística, la tendencia a la disminución de r es llamada estabilización de frecuencias y no se contradice con la experiencia, ya sea que se trate de tirar la moneda, arrojar un dado u otro experimento repetido en el que las condiciones iniciales se mantengan las mismas.

El hecho que las frecuencias de experimentos repetidos en condiciones esenciales idénticas se estabilicen está empíricamente demostrado y aceptado como tal. Aun cuando el filósofo pueda albergar dudas, el experimentador esta forzado a creer que si el experimento se continúa para siempre, las frecuencias relativas convergirán hacia un cierto límite. Pero esta conjetura nunca podría verificarse o negarse, porque no podemos realizar y observar infinitos experimentos. El resultado experimental tiene un poder coercitivo sobre muchos pensadores: hay *algo* que hace que las frecuencias se estabilicen.

El cerebro humano está estructurado de tal manera que, si vemos el diagrama de frecuencias que se aproxima a un valor de manera simple y regular, nos negamos a creer que ese fenómeno no tenga una razón propia de ser. Cualquiera que niegue la estabilización de frecuencias tratará de probar que se trata de apariencias, que no tenemos garantías de resultado en el experimento siguiente, que es algo contingente, sin explicación rigurosa, y dicho en términos académicos, que es una manera de ocultar nuestra ignorancia.

Es teóricamente posible que no salgan caras en 1000 tiradas de moneda. Este resultado experimental no es imposible porque no contradice ninguna ley de la física. Sin embargo, es una certeza práctica que ese evento no ocurre y parece que nunca hubiera ocurrido antes.

Podemos sostener esa afirmación y también con un número mucho más bajo que 1000, digamos 30, sin temor de equivocarnos. La probabilidad matemática de que no salga una cara en 30 veces consecutivas que se tira una moneda es $\dfrac{1}{2^{30}}$, lo que es un cero seguido de otros nueve: 0,00000000093132...

Traducido en término de frecuencias, ese resultado es como si la esperanza de ese evento (ninguna cara en 30 veces que tiramos la moneda) fuera que ocurra una vez si realizamos $10^9 = 1000000000$ sucesiones de 30 tiradas cada una. Para realizar tal experimento se necesitarían 90 años tirando 30 veces la moneda cada 21 segundos; ¡obviamente sin tiempo para ninguna otra cosa! Podemos concluir que ningún experimento práctico va a obtener ese resultado.

Un ejemplo que presentamos a modo de paréntesis en nuestra tarea, es la paradoja siguiente que parece estar en contra de la afirmación anterior:

Vamos a probar que, en teoría, un experimento puede realizarse repetidas veces por la misma persona de tal manera que 30 pruebas repetidas tengan el mismo resultado.

Considerar el juego siguiente entre dos participantes: cada jugador saca una carta al azar de un mazo previamente mezclado y el que tenga la carta más alta gana (se supone que el valor de las cartas está establecido inicialmente). Obviamente, la probabilidad de que un jugador gane es 1/2 (como en el caso del evento *tirar la moneda y no sacar ninguna cara*). Vamos a mostrar que existe una persona que puede ganar 30 juegos consecutivos (probabilidad $\frac{1}{2^{30}}$). Supongamos que hemos organizado un torneo para ese juego con 2^{30} participantes. El sistema es eliminatorio (con esquema directo de competencias, por lo que se hace una primera ronda; solamente los ganadores entran en la segunda ronda, y así sucesivamente hasta el final; el ganador de la final es el ganador del torneo). Tal torneo tiene 30 rondas y el ganador juega 30 veces consecutivas y gana en todas ellas. Luego, hemos encontrado la persona que cumple las condiciones para la hipótesis. Si fuera posible organizar ese torneo, entonces podríamos realizar la sucesión de pruebas que generen el resultado estadístico propuesto. En este caso, hemos construido una sucesión única de pruebas (30 juegos), realizadas por la misma persona (el ganador del torneo), que saca un resultado preestablecido (ganar 30 juegos).

Esto transformaría el evento a medir en un evento seguro, de modo que la probabilidad de 0,0000000003132 se convertiría en la probabilidad 1.

Además de las expresiones ambiguas –*existe* una persona que *podría* ganar o *podría* realizar– las que pudieran arrojar dudas sobre la lógica del experimento y de su dudosa factibilidad (se necesitan 1073741824 personas que participen en el torneo, lo que significaría una gran parte de la población de la tierra), hay una falla esencial en este juicio (aún si admitiéramos que las pruebas se realizan en idénticas condiciones): éstas no son de manera alguna independientes. ¡No se puede sacar una conclusión sobre la estabilidad de la frecuencia relativa! El ganador pasa a la ronda siguiente solamente si gana la ronda anterior; por lo tanto los experimentos no son independientes. Por eso, esta consideración no es un contra ejemplo de una ley o estadística, sino solamente una charada matemática.

El concepto de independencia de las pruebas es esencial para la estimación de la probabilidad usando las frecuencias. En la teoría de la probabilidad, esta noción está definida rigurosamente: los eventos A y B se llaman independientes si $P(A \cap B) = P(A) \cdot P(B)$.

Para la teoría, interfaz entre la realidad y el trabajo práctico, debemos aclarar la relación entre la noción física y la noción probabilística de independencia.

La independencia física de dos eventos supone que no hay una conexión causal entre ellos. Si dos colectivos estadísticos, uno que produce el evento A y el otro que produce el evento B son independientes, entonces la frecuencia relativa de A tendría que ser aproximadamente la misma que si condicionamos la ocurrencia de A a la ocurrencia de B.

La noción de independencia no necesita ser absoluta en las condiciones de un experimento práctico. La independencia matemática significa que, en la teoría de la probabilidad, las interacciones entre los componentes de varios subsistemas no son esenciales con respecto a las leyes deducidas.

Sobre el mismo asunto, Kolmogorov demuestra que "desde el punto de vista filosófico, sería más correcto que hablar de independencia, hablar de la falta de importancia de ciertas dependencias en las condiciones concretas dadas."

Volviendo a la observación experimental de frecuencias, la creencia de los científicos es que existe algo objetivo, como una ley natural, que hace estabilizar la curva de frecuencias relativas, ya sea que el experimento lo realice una persona u otra, ahora o en el futuro.

Pero extendiendo teóricamente el número de experimentos al infinito, es natural que se llegue a la conjetura de la estabilización de las frecuencias relativas en un valor ideal, que aparece como una constante física. En ese sentido, la probabilidad adquiere el mismo estado que cualquier otra constante. Borel dice que "para el físico, la probabilidad de un átomo de radio de desintegrarse mañana es una constante como lo es la aceleración de la gravedad."

Posibilidad

El intento de una discusión profunda sobre el tema *lo posible* no siempre puede considerarse un hecho oportuno, porque de alguna manera se va a detener antes de empezar, o en el mejor de los casos, va a caer en un círculo vicioso. Tal discusión caería desde los comienzos en la categoría de los términos *posibilidad - realidad - existencia*, conceptos filosóficos con cero grado de independencia, es decir, nociones que pueden ser definidas exclusivamente unas a través de las otras y en las que el conocimiento humano no puede avanzar en profundidad, quedando obligado a aceptar sus límites.

Entre todos los conceptos matemáticos, quizás la probabilidad tenga el mayor contenido filosófico simplemente porque la noción de la *posibilidad* interviene en su interpretación y también en su aplicación.

En el lenguaje común, las nociones *posible* y *probable* tienen sentidos asociados que son diferentes de los sentidos atribuidos en una teoría científica de la probabilidad, o en filosofía, y su frontera entre ellos no está claramente delimitada. A veces ambos términos tienen el mismo sentido. Algunas veces escuchamos "es posible, pero poco probable," en el sentido implícito de "en principio es posible, pero no creas que va a ocurrir." El matiz de diferencia es que el hecho *probable* implica una apreciación más personal que el *posible*.

En general, una proposición como *p es posible* donde *p* es una frase o un evento, expresa una apreciación relacionada con la respectiva enunciación del evento. Esto significa que la noción es gnoseológica, porque expresa creencias subjetivas. Pero en ciencia, el concepto tiene también fundamentos ontológicos específicos.

Consideremos la enunciación: "Es posible que al tirar el dado salga la cara del número 4." ¿Podemos asociar un valor de verdad a esta proposición? Lo podríamos hacer de manera experimental: tiramos el dado; si sale 4, tenemos razón; si no, no.

Pero en la enunciación inicial no afirmamos que vamos a obtener un 4 en *esta* vez. Si hubiéramos intentado decir eso, hubiéramos dicho, "ahora saldrá un 4." Afirmamos que es posible que salga un 4, con el significado que nos referimos a una vez arbitraria. En ese caso, la afirmación de posibilidad tiene un carácter existencial. Sería lógicamente equivalente a "va a salir un 4 en la vez número 1, *o* en la vez número 2, *o* en la vez número 3, etc."

Ahora la proposición puede ser verdadera o falsa en un sentido lógico teórico. Que pueda ser verdad es obvio: basta que salga un sólo 4 en una de las veces. Que pueda ser falsa es mucho más difícil de entender.

Las afirmaciones de posibilidad son verificables empíricamente, pero no son falsables. En verdad, para negar la enunciación anterior, tendríamos que afirmar: e*s imposible sacar un 4*. Puesto que está claro que no tratamos aquí con la imposibilidad teórica, entonces: e*s imposible* solamente puede ser interpretado como *es físicamente necesario que no salga un 4*.

Entonces, observamos que se trata de una posibilidad física. Cualquier afirmación de ese tipo ("es posible que") contiene una afirmación existencial e implícitamente admite un contexto experimental y una alternativa. En el ejemplo considerado, la alternativa podría ser las caras (1, 2, 3, 4, 5, 6) del dado o cualquier alternativa derivada, como por ejemplo (4, no-4).

El contexto experimental es el hecho que el dado no se desintegra después de tirarlo y puede usarse muchas veces.

Una proposición como: "Es posible que al tirar un dado salga el número 4" solamente puede pensarse como una sucesión, una familia de proposiciones del tipo de: "Entre las caras con número *n* que salen, el 4 ocurre." Aún si el 4 no ha salido todavía, existe la posibilidad de que salga.

El científico está obligado a pensar en todas la posibilidades como existiendo virtualmente, aunque cada vez ocurre solamente una. Al admitir esta proposición, la posibilidad pasa a ser una modalidad del futuro.

Cualquier apreciación de la posibilidad física de un evento está relacionada con la predicción. Desde la experiencia empírica o desde un modelo teórico, sabemos que no tenemos razón para excluir el evento de nuestra vista y que ocurrirá finalmente en una sucesión larga de pruebas.

El mecanismo lógico que lleva a una afirmación del tipo de: "Es posible que salga un 4" es algo así como: en ciertas condiciones, ocurre un 1, 2, 3, 4, 5 o un 6. No conocemos el estado inicial del dado, ni tampoco cómo va a rodar en la mesa. Por lo tanto, no debemos excluir ninguno de esos 6 casos. Por lo tanto, que salga un 4 es posible.

Al planear un experimento, el científico, concientemente o no, prevé la alternativa de una manera más o menos precisa. Su estimación, eso es, las posibilidades, es un primer paso al planear el experimento. Para el científico, las *posibilidades* existen en la realidad y en este sentido existe lo posible, a saber, como una alternativa que *tiene una razón existencial.* Sin esta suposición ontológica, la ciencia no sería posible.

Muchas veces, considerar algo como posible tiene fundamento en la observación de alguna condición necesaria pero no suficiente para que algo ocurra. Esta regla tiene un valor metodológico en un razonamiento por analogías.

Las conjeturas matemáticas y los teoremas parten justamente desde la intuición *p es posible,* que se genera al observar algunas condiciones necesarias para que *p* sea verdadero.

Afortunadamente, las cosas en matemática no paran ahí: la suficiencia de las condiciones descubiertas debe ser demostrada y si no lo son, la conjetura debe ser invalidada con un contra ejemplo.

El juicio *un evento* E *es posible* es exclusivamente cualitativo, y todo juicio cualitativo es solamente el inicio del conocimiento.

El científico quiere también darle un sentido a la cuestión: "¿Qué posibilidad tiene *E*?" La medida de la posibilidad de *E* es la probabilidad. Muchos pensadores concuerdan que lo *probable* es la medida de lo *posible*, pero no están de acuerdo con la interpretación de esas palabras. ¿Cómo puede estimarse esa medida? ¿Acaso la *posibilidad real* de un evento existe? ¿Acaso representa algo más que una simple opinión? La mayoría de los científicos de la probabilidad se han hecho esas preguntas durante más de un siglo.

Los matices de interpretación de los dos términos *posible* y *probable* podría generar una clasificación en categorías similares a: *abstracto, posibilidad teórica* y *posibilidad concreta* (en la que existen condiciones que nos hacen esperar que un evento ocurra).

Por otro lado, *lo probable* también se cataloga como algo opuesto a lo *seguro* y es una especie de sinónimo de *creíble* o de *verosimilitud.*

Ocurre que en la vida diaria, el sentido principal de la palabra es subjetivo, de algo esperado, de una creencia parcial que algo va a ocurrir o que ya ha ocurrido.

Incluso un análisis etimológico de la palabra *probabilidad* demuestra que se origina en el verbo latino *probo, probare*, que significa *verificar*. El latín usa también la palabra *verisimilitudo* para decir *probabilidad* y *verisimilis* para *probable*, y esta última ha sido asimilada por otros lenguajes con el mismo sentido.

En la teoría de la probabilidad, *verosimilitud* tiene un sentido bien definido: la probabilidad de que ocurra un evento que procede de una hipótesis llamada *probabilidad condicional*.

¿Qué significa realmente verosímil? De la historia del análisis del este concepto, y desde la antigüedad en adelante, tenemos el ejemplo famoso de Carneade:

Un muchacho va a un sótano oscuro. Ve allí una soga que parece una serpiente enrollada. El muchacho se asusta, sin saber si la soga es o no una serpiente. Espera un poco y observa que el objeto no se mueve. Puede ser que no sea una serpiente. Avanza cuidadosamente unos pasos y el objeto permanece inmóvil. Su sospecha que se trata de algo inanimado aumenta. Toma un palo y lo toca. El objeto no se mueve. Solamente cuando lo toma con la mano llega a la certeza práctica.

Este ejemplo contiene en sí mismo la probabilidad subjetiva propuesta por científicos de la probabilidad, como por ejemplo de Finetti. Este ejemplo muestra muy intuitivamente la evolución desde la incertidumbre a la certeza práctica que presenta el teorema de Bayes.

Los rivales de Carneade le propusieron la pregunta siguiente: Verosimilitud es algo que se asemeja a la verdad. Si no conocemos la verdad, ¿como podemos decir que algo se le parece?

Estas exigencias de la polémica hicieron que Carneade desarrolle un análisis matizado del concepto de verosimilitud. Consideró que el grado de creencia asociado a las cosas esta dado por:
- Intensidad de las sensaciones
- Orden de las representaciones
- Ausencia de contradicciones internas

En el ejemplo de la soga, al comienzo la intensidad de las sensaciones no era suficiente (estaba oscuro), entonces el muchacho recurrió al orden de las representaciones para verificar si la soga se movía, y la certeza llegó como el resultado de descubrir que no existían contradicciones internas entre la representación de soga y el objeto que estaba delante. Si una rata debajo de la soga la hubiera hecho mover, el grado de creencia del muchacho en la hipótesis *es una soga* hubiera disminuido, debido a la contradicción interna entre las representaciones: una soga no se mueve sola.

Carneade también dice: "Los humanos no podemos alcanzar la verdad absoluta por medio de la razón, ni tampoco por la percepción, como pretenden los escépticos No se nos ha otorgado la verdad, ni la certeza. Sin embargo, la vida requiere que actuemos. Por eso, debemos contentarnos con la apariencia práctica de la verdad -la verosimilitud."

Como lo dijimos desde el comienzo, esta presentación está pensada para que sea una presentación breve de los problemas de la filosofía de la probabilidad y no con la pretensión de ser exhaustivos en el tema, lo que es prácticamente imposible, sino para estimular el pensamiento conceptual y la capacidad del lector para un estudio profundo.

Aunque esta guía está enfocada didácticamente en la aplicación de la teoría de la probabilidad a situaciones prácticas de cálculo, consideramos necesaria la creación de una imagen objetiva de la probabilidad. Y una imagen suficientemente objetiva debe mostrar también los aspectos subjetivos; aun cuando estos pertenezcan a la filosofía.

Los problemas filosóficos no generan dudas sobre la teoría de la probabilidad con respecto a su construcción matemática, sino que ponen un interrogante en los elementos de idealización de las nociones.

En todo acto del conocimiento está incluida la reflexión sobre un hecho objetivo, así como también ciertas estructuras biológicas específicas de los humanos. Por eso el conocimiento es exclusivamente humano.

En cuanto a lo que concierne a la interpretación del concepto de probabilidad, se la considera algo objetivo. Las incertidumbres en la interpretación vienen del hecho que la teoría se aplica a dos tipos de problemas diferentes: los problemas de la *posibilidad*, que tienen un valor objetivo, y los de la probabilidad que tienen matices subjetivos.

La probabilidad tiene un sentido doble: primero, como la medida de la posibilidad real de las cosas (la probabilidad física revelada por medio de la frecuencia) y segundo, como un grado de confianza; en otras palabras, existe una probabilidad matemática y una filosófica, las que no deben ser confundidas.

La probabilidad de un evento no existe realmente en el mundo de los fenómenos, como tampoco existen como objetos reales la masa, fuerza y el meridiano de Greenwich. Solamente existen como una abstracción. Su significado objetivo es que, partiendo de las mismas hipótesis, todos los matemáticos encontrarán el mismo valor de probabilidad, sin importar cuáles sean sus opiniones subjetivas. Sirve como una herramienta para adquirir un conocimiento parcial del mundo circundante, que no se reproduce en equivalencia y totalidad, simplemente porque el azar no puede ser modelado y cuantificado teóricamente.

¿Y entonces, cuál es la justificación de la teoría de la probabilidad? ¿En qué sentido se la aplica?

Los humanos están sentenciados a obrar en condiciones de incertidumbre. Si tuvieran una inteligencia y capacidad de cálculo infinita, podrían predecir el futuro y conocerían todo el pasado.

La teoría de la probabilidad es la matemática del azar idealizado. Su aplicación consiste en reducir todos los eventos de un cierto tipo a un número arbitrario de casos igualmente posibles, y calcular el número de casos favorables. La probabilidad no es otra cosa que el grado de certeza matemático que tenemos de un evento. Es objetivo y subjetivo simultáneamente.

La probabilidad no existe fuera de nosotros. De hecho, no se trata de un grado de certeza que tenemos a priori, sino de uno que tendríamos si fuéramos perfectamente racionales y pudiéramos emitir un juicio de lo *igualmente posible*.

Por lo tanto, la probabilidad es el único modo razonable de comportarse en condiciones de conocimiento parcial y de incertidumbre, usando la matemática como el único método riguroso y unánimemente aceptado.

Psicología de la probabilidad

Con las secciones anteriores dedicadas a la relatividad y a la filosofía de la probabilidad, nos damos cuenta que este concepto tiene un gran componente psicológico generado por el impacto con la mente humana en su nivel cognitivo. La misma noción de probabilidad, en su interpretación como grado de creencia, y también como aplicación de la teoría de la probabilidad a la vida diaria, es el sujeto de apreciaciones objetivas y subjetivas, y de juicios, sin relación con el nivel humano del conocimiento.

La mente humana está conformada de una manera que manifiesta dos tendencias aparentemente contradictorias: por un lado está ávida de conocimiento y dispuesta al esfuerzo mental de buscar respuestas a los interrogantes presentados por los fenómenos del mundo circundante. Por otro, acepta la ayuda de explicaciones y teorías inmediatas que no contradicen otras convicciones, por lo menos en un primer momento.

En ese sentido, la interpretación de la probabilidad como un grado absoluto de creencia o al menos suficiente para tomar decisiones tiene una motivación parcialmente sólida: la teoría de la probabilidad, hasta ahora, es la única teoría válida para operar con eventos aleatorios (aunque en un contexto idealizado) a través de métodos matemáticos incontestables.

Esta motivación es de hecho la expresión del alivio al que nos referimos antes: en la búsqueda de explicaciones, causas y teorías para responder adecuadamente sus interrogantes, el humano elige las más rigurosas (aunque no siempre). A veces la gente limita su esfuerzo mental a una investigación llana (en un plano horizontal), al omitir (intencionadamente o no) la otra dimensión del conocimiento (en un plano vertical), en la que se realizan estudios profundos por medio de la abstracción y generalización. Obviamente, este último tipo de proceso del conocimiento supone el manejo de nociones que no están al alcance de todo el mundo, al tiempo que requieren un mayor nivel de educación, inteligencia y percepción conceptual.

Otro factor que tiene influencia en el proceso del pensamiento es el subconsciente, el copiloto de la mente humana con el que muchas veces, sin darnos cuenta, tomamos control de las funciones del organismo, incluyendo las funciones cognitivas.

Estas dos nociones distintas -la probabilidad filosófica y la matemática- frecuentemente se confunden en personas y situaciones donde se incluyen juicios o aplicaciones teóricas. Además de esta incoherencia conceptual, la interpretación cualitativa de la probabilidad puede dar lugar a errores múltiples, a saber:

- El uso exclusivo del término *probabilidad* en el sentido de su definición clásica;

No todo campo de eventos puede reducirse a un campo finito con eventos elementales igualmente posibles para que se aplique la definición clásica.

- La asociación de la probabilidad a un evento aislado;

El campo de eventos como dominio de la función de probabilidad debe estar estructurado como un álgebra de Boole. La probabilidad de un evento no tiene sentido si ese evento no pertenece a ese campo.

- El aislamiento de la probabilidad como función de su campo de probabilidad.

La probabilidad se determina por el trío (el conjunto de los resultados posibles-el campo de los eventos-la función de probabilidad); a saber, el campo de probabilidad. Definir la probabilidad de un evento significa poner en evidencia todos sus componentes, no solamente la función.

- La identificación de la probabilidad con la frecuencia relativa;

Aunque la probabilidad es el límite de la frecuencia relativa y la predicción puede hacerse solamente para sucesiones de experimentos de largo aliento, el resultado se aplica por analogía frecuentemente a una sucesión arbitraria de experimentos y a eventos aislados.

- La transformación de la probabilidad matemática en un grado absoluto de creencia;

Al descuidar los aspectos relativos de la probabilidad ésta se convierte en un criterio absoluto para la toma de decisiones en varias situaciones que requieren de la acción.

Estos errores de interpretación se relacionan con la capacidad intelectual y también con los mecanismos psicológicos propios del sujeto, incluyendo las funciones del subconsciente.

Entre ellos, el error de interpretación más importante desde un punto de vista psicológico es la transformación de la probabilidad en un grado absoluto de creencia, lo que tiene también implicaciones sociales, porque es el resultado inmediato de la aceptación de la probabilidad como el único criterio de toma de decisiones que tiene efecto en la esfera de las acciones personales que afectan también a otras personas sobre este asunto.

El tema de los motivos para incluir esta conducta psicológica en la categoría de un error de interpretación cualitativo se puede encontrar en la sección titulada *Relatividad de la Probabilidad*, donde se vio que la noción de probabilidad tiene un carácter multirelativo, con respecto al mismo concepto y también a su relación de equivalencia con el mundo de los fenómenos que modela.

Hacer una recomendación óptima sobre esta línea de conducta de la toma de decisiones es un problema complejo, que representa otra teoría individual. Es fácil hacer una recomendación a un nivel inmediato de clasificación: cámbiese el atributo de *absoluto* a *relativo*. El sujeto debe percibir mentalmente la probabilidad (matemática) como un grado de creencia calculado rigurosamente, pero *relativo* con respecto a la posibilidad de la ocurrencia física de un evento. Este atributo supone la aceptación de la probabilidad como un criterio de toma de decisiones, pero no es exclusivo. La decisión viene de un criterio complejo, que pudo ser evaluado, pero que también presenta visos de subjetividad. La matemática está firmemente comprometida a sostener tal recomendación y también en elaborar una teoría eventual de la probabilidad subjetiva.

De Finetti se declaraba él mismo como seguidor del concepto subjetivista de la probabilidad: "Mi punto de vista puede ser considerado como extremo en las soluciones subjetivas. Lo que me propongo es mostrar cómo las leyes lógicas de la teoría de la probabilidad pueden ser establecidas rigurosamente desde un punto de vista subjetivo; entre otras cosas, se demostrará cómo, aunque me resista a admitir la existencia del valor y significado objetivo de la probabilidad, podemos formarnos una idea sobre las razones subjetivas debido a las cuales, en gran parte en diferentes problemas, los juicios subjetivos de la gente normal no sólo no son tan diferentes unos de otros sino que coinciden rigurosamente."

Obsesivamente repetía en sus investigaciones que "La probabilidad no existe", y Barlow lo completó diciendo "...excepto en nuestra mente."

De Finetti propone una definición sumamente simple de probabilidad: "Imaginar que una persona está obligada a evaluar la razón p a la que está dispuesta a cambiar un monto S, que puede ser positivo o negativo, por la posesión segura de un monto pS dependiendo de la ocurrencia de un evento E. Entonces se dice que p es la probabilidad de E dada por la persona respectiva."

Ciertamente, esta manera de definir la probabilidad es discutible.

Primero, no tiene sentido que la definición se refiera a un asunto empírico, por el simple hecho que la razón p no depende solamente del evento E, sino también del monto S, como la investigación psicológica lo demuestra: si una persona normal se siente indiferente ante la alternativa *$1 contra $6 si al tirar un dado sale un 6,* la misma persona no se sentiría tan indiferente ante *$10000 contra $60000 si al tirar un dado sale un 6* y hubiera preferido la primera variante.

Pero justamente la hipótesis $p = p(E)$ y no $p = p(E, S)$ es esencial en la axiomatización de Finetti (p es una función de E y no incluye a S). Esto puede también observarse en la demostración de la aditividad de p, que es rigurosa solamente si p no dependiera de S.

Ante esta objeción, el autor responde: "Hubiera sido mejor si se hubiera tratado de valores grandes, pero soy consciente de las dificultades de las apuestas y he preferido evitarlas considerando apuestas suficientemente pequeñas. Otra falla de mi definición, o mejor dicho, de la herramienta usada para hacerla operacional, es la posibilidad de que aquel que acepta la apuesta dicha tenga mejor información. Esto nos llevaría a situaciones de la teoría de los juegos. Por supuesto, toda herramienta es imperfecta y debemos contentarnos con la idealización ... La teoría de la probabilidad no es un intento de describir la conducta real de la gente, sino que se refiere a la conducta coherente, y no es esencial el hecho de que la gente sea más coherente o menos coherente."

Pero admitamos que podemos pasar por alto el traspié de la definición inicial postulando que esa sería la manera cómo actuaría una persona ideal (la razón p sólo depende de E), que no está interesada en ganar, sino que usa la apuesta para poner en claro sus probabilidades iniciales subjetivas que persisten en el subconsciente.

Una vez pasado este trance, de Finetti desarrolla una teoría elegante y coherente sobre la cual él dice que consiguió formalizar el concepto de probabilidad más cercano al que usa la gente en sus juicios prácticos. Descubre que las reglas "son de hecho la expresión precisa de las reglas de la lógica de lo probable, que son inconcientes cualitativamente y también numéricamente, aplicadas por todo el mundo en cualquier situación de la vida."

Como una conjetura de las conclusiones de su teoría, de Finetti hace la pregunta siguiente: "¿Entre las infinitas estimaciones posibles, hay alguna que podamos considerar objetivamente coherente, en un sentido indefinido por el momento? ¿O podríamos dar al menos una evaluación de una que sea mejor que otra? Durante siglos, para asignar un sentido objetivo a la noción de probabilidad se imaginaron dos esquemas: el esquema de los casos igualmente posibles y las consideraciones sobre las frecuencias. Pero ningún procedimiento de esos nos obliga a admitir la existencia de una probabilidad objetiva. Por el contrario, si alguien quiere forzar su importancia para llegar a tal conclusión, tendrá que enfrentar dificultades bien conocidas, a saber si tratamos no de eliminarla, sino de definir el elemento subjetivo que existe entre ellas... El problema consiste en considerar la coincidencia de opiniones como un hecho psicológico; las razones de ese hecho pueden retener su carácter subjetivo, el que no puede dejarse de lado sin generar grandes problemas cuyo significado no está nada claro todavía."

En cuanto a los criterios decisivos basados en el grado de creencia, se ha descubierto que el humano descansa psicológicamente y en gran medida en las estadísticas.

Como en el caso de usar la probabilidad matemática como un criterio absoluto para la toma de decisiones, consultar los resultados estadísticos constituye a menudo el único criterio para tomar decisiones en ciertas situaciones.

Por ejemplo, una persona puede decidir someterse a cierta operación si las estadísticas médicas revelan un promedio satisfactorio de casos exitosos (digamos un 80 por ciento) en ese tipo de operaciones. Esa decisión está basada exclusivamente en las estadísticas anteriores de los resultados, a los que la persona consideró confiables en el momento de decidir.

Muchas veces las decisiones se toman en base a estadísticas anteriores no impresas cuyos resultados se establecen a través de observaciones personales e intuición.

Por ejemplo, cuando observamos nubes negras en el cielo nos apresuramos a volver a casa. La estadística usada aquí como base para la decisión es el conjunto de observaciones personales hechas sobre el mismo fenómeno durante la vida. En la mayoría de las veces (un por ciento p de ellas, p suficientemente grande), llovió cuando se formaban tales nubes en el cielo. Entonces, es muy posible que (en un por ciento p del grado de creencia) que ahora vaya a llover, y por eso nos apresuramos a volver a casa.

Esas decisiones no son en la práctica el resultado inmediato de la consulta a las estadísticas, sino se trata de un proceso que transforma los resultados de las estadísticas en un grado de creencia, el cual es la expresión de la probabilidad.

La probabilidad tiene una conexión teórica directa con la estadística (la estadística es una extensión de la teoría de la probabilidad y es también considerada parte de ella), pero también se conecta con las estadísticas prácticas.

Estadísticas prácticas significa una colección de resultados de un cierto tipo de experimento, registrados a lo largo del tiempo. Estos resultados corresponden a un período de tiempo finito (lo que explica que se use la expresión *las estadísticas hasta este momento)*, y por consiguiente hasta un número finito de experimentos. Generalmente, la estadística sólida y práctica demanda un período de tiempo muy largo y por consiguiente, un número muy grande de experimentos. Los resultados estadísticos se guardan en diagramas o tablas de doble entrada, en las que el tiempo (número de experimentos) es una de las coordenadas. Esa representación muestra la frecuencia relativa del evento o eventos que son el sujeto de la estadística, aun cuando esa frecuencia no haya sido directamente calculada como una razón, lo que es la condición para que el experimento se haga en idénticas condiciones. Desde aquí, la conexión con la probabilidad es inmediata. Al ser una frecuencia relativa, cuanto más resultados contenga el registro estadístico, mejor se aproxima la frecuencia a la probabilidad de un evento respectivo.

Entonces, el grado de creencia de la persona que toma la decisión basada en la estadística llega a ser la traducción de un resultado parcial (la frecuencia relativa registrada por las estadísticas hasta ese momento) a un evento aislado (situación respectiva de toma de decisiones). El sujeto agranda con ese hecho la sucesión de experimentos registrados en las estadísticas con uno más, el que está en la situación que todavía no haber ocurrido, pero al aplicar la frecuencia relativa que corresponde a los n experimentos anteriores al experimento $n + 1$, se incluye al experimento virtual $n + 1$.

Este razonamiento inductivo se asemeja a la predicción basada en la frecuencia de la probabilidad.

En el ejemplo anterior de medicina, el paciente hace el juicio siguiente: Si la operación tiene éxito en el 80 por ciento de los casos anteriores, también va a ser exitoso en mi caso, con una certeza del 80 por ciento, por eso voy a someterme a la operación y aceptar el riesgo del 20 por ciento. En realidad, este riesgo podría ser menor o mayor porque no se han tomado en cuenta otros criterios. El 80 por ciento de certeza no viene de factores específicos objetivos para el caso aislado del caso médico de ese paciente, sino de las estadísticas prácticas, que corresponden a otras personas. Suponiendo que la operación del caso no está influenciada por el estado médico del paciente, que la operación se realiza idénticamente desde un punto de vista técnico para todos los pacientes y que los cirujanos están igualmente prácticos (idealizaciones necesarias para asegurar la igualdad de condiciones en la que se realiza la prueba), podemos afirmar que el 80 por ciento de resultados estadísticos valen para la frecuencia relativa del evento *éxito de la operación* en las n pruebas. Si los registros médicos contienen un número suficientemente grande de casos (n es suficientemente grande), podemos afirmar que la frecuencia relativa correspondiente se aproxima a la probabilidad matemática del evento estudiado.

En esas condiciones ideales, la transformación de la *probabilidad* que resulta de las estadísticas en un grado de creencia en la ocurrencia del evento predicho no es incorrecta, y tiene el mismo valor que una probabilidad, pero con las mismas reservas que implica este tipo de interpretaciones (ya acordamos que el atributo *grado de creencia absoluto* es contradictorio con el carácter multirelativo de la noción de probabilidad, matemática o filosófica).

Esta analogía con la predicción de la probabilidad inductiva no está todavía perfecta. La *probabilidad* que se genera por la frecuencia relativa de la estadística práctica es un número fijo y depende del número de pruebas registradas (o sea la última frecuencia relativa calculada), mientras que la probabilidad es el límite de las frecuencias relativas supuesta la existencia de tal sucesión, al menos teóricamente.

Muchas veces, se eligen estadísticas prácticas como criterio de toma de decisiones, en lugar de la probabilidad matemática, aun cuando esta última pudiera calcularse rigurosamente. La conducta de toma de decisiones encaja muy bien para los jugadores.

Si una persona juega con regularidad un juego de azar hace sus propias estadísticas (o tiene acceso a otras estadísticas para consulta) sobre un cierto evento del juego; esa persona tiende a transformar el resultado estadístico (la frecuencia relativa de la ocurrencia de un evento esperado) en un grado de creencia que influye en su decisión, en lugar de la probabilidad matemática, la que pudiera haberse calculado.

Es un hecho bien conocido que en el juego pueden calcularse muchas probabilidades asociadas con los eventos del mismo, y que los jugadores consultan las guías que contienen colecciones de resultados de ese tipo (recomendamos el libro *Guía de las Probabilidades para los Juegos de Azar*). Más aun, muchos de ellos prefieren elegir estadísticas prácticas como criterio para sus decisiones en el juego. He aquí un ejemplo hipotético:

Un jugador asiduo de Texas Hold'em ha desarrollado sus propias estadísticas partiendo de varias experiencias en situaciones del juego. En un juego, recibe servido un as. Antes del flop, tiene que tomar una decisión para apostar (subir la apuesta o aceptar). Esta decisión está influenciada por su grado de creencia en la ocurrencia del evento *las cartas del flop tienen por lo menos un as*. Al consultar sus propias estadísticas, considera una frecuencia relativa del 29 por ciento para ese evento en situaciones de juego respectivas y toma ese resultado propio como un grado de creencia sin acudir a otra información. Con la base de esos números, decide subir la apuesta.

Si el jugador hubiera recurrido a una probabilidad matemática para el evento respectivo, la que es 18,27 por ciento, su decisión podría haber sido diferente.

Por supuesto, si las estadísticas propias del jugador hubieran contenido un número grande de registros de situaciones de juego semejantes, los números no hubieran sido tan diferentes de la probabilidad real, debido al principio de estabilización de las frecuencias relativas en pruebas repetidas muchas veces.

El recurso a las estadísticas prácticas para tomar decisiones es una característica específica de la mente humana y se manifiesta plenamente en la vida diaria. Aun cuando no siempre lo observemos, la gente en forma permanente toma muchas decisiones basadas más en las estadísticas que en la probabilidad.

He aquí otro ejemplo simple de la vida diaria.

Un policía durante su guardia ve un enmascarado con una bolsa a cuestas que sale corriendo de un negocio. El policía toma la decisión de perseguirlo y arrestarlo. Obviamente, la creencia que aparece en la acción del policía es que el hombre es un delincuente. Esta creencia no es absoluta, pero encubre un grado de certeza que también proviene de una consulta a las estadísticas. El policía registró que en la mayoría de esos casos se comprobó que el hombre era un delincuente; dicho de otra forma, el grado de creencia adquirido como resultado de consultar las estadísticas es muy alto. El policía no toma en cuenta ninguna otra alternativa -que esa persona pudiera ser el dueño del negocio que va a un baile de disfraces y que está apurado- sino que inmediatamente toma su decisión en base al grado de creencia suministrado por las estadísticas.

¿Cuál es la motivación que respalda esa conducta general de acudir a las estadísticas? ¿Hay un motivo racional o se trata solamente de las estructuras biológicas del hombre? La respuesta está un poco de cada lado y puede explicarse en gran parte en la psicología. En todos los tiempos, la gente se sintió segura como individuos solamente cuando estaban basados en algo seguro y perceptible. La mente humana también se rinde ante este principio. Las estadísticas prácticas son una colección de resultados *seguros*, a saber, frecuencias de eventos que *ya sucedieron*, y esos sucesos son una certeza. La predicción, no así las estadísticas, estimando un grado de creencia, se refiere a eventos que *no han ocurrido* todavía y que su ocurrencia es incierta, por lo que la mente humana los clasifica en la categoría de *desprotegidos* y tiende a crecer en la seguridad transfiriendo en ellos cosas seguras (resultados estadísticos).

Aunque los humanos actúan en el mundo real en condiciones de incertidumbre, en un lugar poco protegido, la mente humana percibe eso como algo fuera de lo normal y trata de mejorarlo elaborando grados de creencia que provienen de ámbitos seguros, tal como son las estadísticas prácticas. Este proceso psíquico de migración incondicionada hacia los ámbitos de certeza es una acción refleja posiblemente de origen ancestral y solamente puede cambiarse mediante un profundo estudio de las nociones de frecuencia, probabilidad y grado de creencia.

Más allá del aspecto psicológico, hay una mínima motivación para recurrir a las estadísticas, que resulta de su conexión con la probabilidad y es análoga a las decisiones en los juegos basadas en la probabilidad; son estrategias basadas en la probabilidad.

Recurrir a las estadísticas prácticas no solamente es una opción individual, sino que es practicada de manera corriente en la industria y en las comunidades científicas. Los campos económicos tales como los seguros, la comercialización, los ensayos industriales de materiales; áreas de investigación como farmacología y medicina; y disciplinas como la psicología y la sociología, todos usan la estadística como la herramienta principal relacionada con la toma de decisiones respecto a sus actividades mediante la transformación de resultados estadísticos en grados de creencia y en criterios de decisión.

Obviamente, mientras los archivos registrados crecen con el tiempo, nuevos resultados pueden cambiar el grado de creencia en la ocurrencia de los eventos esperados.

Volviendo al ejemplo del paciente que consulta las estadísticas médicas para tomar una decisión sobre una operación, sin contemplar la frecuencia de éxitos de esa operación hasta ese momento, un nuevo registro estadístico (un caso de cirugía reciente) cambiará el grado de creencia del paciente en el éxito de su operación, sea que el nuevo caso haya resultado un éxito o no. Dicho de otra manera, el paciente estimará la probabilidad del éxito (como grado de creencia) diferente al que tenía antes del último registro estadístico.

Aunque en el nivel psicológico la probabilidad como un grado de creencia sea algo subjetivo, el fenómeno descrito tiene un modelo matemático riguroso, a saber el teorema de Bayes.

El teorema de Bayes es un resultado importante en la teoría de la probabilidad, que relaciona la probabilidad condicional y marginal de dos eventos aleatorios A y B. En algunas interpretaciones de la probabilidad, el teorema de Bayes explica como actualizar o revisar las creencias a la luz de una nueva evidencia.

La probabilidad de *A* condicionada a otro evento *B* es generalmente diferente de la probabilidad de *B* condicionada a *A* (ver la sección titulada *Eventos independientes. Probabilidad condicional* en el capítulo de matemática).

Sin embargo, hay una relación definida entre ambos, y el teorema de Bayes en la forma más simple es la expresión de esa relación.

Como teorema formal (esto es, una afirmación sobre un sistema formal, a saber, el sistema que captura las características esenciales de un objeto o un fenómeno del mundo real en el lenguaje formal, el cual es un conjunto de palabras de largo definido creadas en base a algún alfabeto finito), el teorema de Bayes es válido en todas las interpretaciones de la probabilidad.

Sin embargo, las interpretaciones frecuentistas y las Bayesianas no concuerdan en los tipos de variables en las que el teorema se sostiene.

Así, si el evento *B* se espera (con un cierto grado de probabilidad) como resultado de una prueba y en cambio ocurre el evento *A,* la pregunta que hizo Bayes fue: ¿Cómo cambia la probabilidad de *B* al saber que *A* ha ocurrido o que no ha ocurrido? O: ¿Cómo la observación de la ocurrencia o no de *A* produce la actualización de la afirmación específica de la probabilidad de que *B* ocurra?

En pocas palabras, queremos una expresión útil para $P(B|A)$.

Ya tenemos la definición de esta expresión: $P(B|A) = \dfrac{P(A \cap B)}{P(A)}$.

Considerando la expresión análoga de $P(A|B)$ y reduciendo el término común, encontramos $P(B|A) = \dfrac{P(A|B) \cdot P(B)}{P(A)}$.

Ese es el teorema de Bayes. No es otra cosa que la definición de la probabilidad condicional aplicada un par de veces y un poco de habilidad algebraica.

La importancia del teorema de Bayes es que los requisitos de información para calcular $P(B|A)$ del teorema de Bayes son diferentes de los requeridos para la definición de $P(B|A)$.

Cada término del teorema de Bayes tiene un nombre convencional:

$P(A|B)$ es la *probabilidad* de A dado B, siendo B un evento fijo, a saber, la probabilidad condicional de A dado B.

$P(B)$ es la *probabilidad anterior* o *probabilidad marginal* de B. Es anterior en el sentido que no toma en cuenta la información sobre A.

$P(B|A)$ Es la probabilidad condicional de B, dado A. También se llama la *probabilidad posterior* porque se deriva de o depende del evento específico A.

$P(A)$ es la probabilidad anterior o marginal de A, y actúa como una *constante de normalización*.

Con esta terminología, el teorema podría enunciarse así:

posterior = probabilidad × anterior / constante de normalización

Dicho con otras palabras: la probabilidad posterior es proporcional a la probabilidad anterior multiplicada por la probabilidad.

Hay también otra forma del teorema de Bayes, usando eventos complementarios:

$$P(B|A) = \frac{P(A|B) \cdot P(B)}{P(A|B) \cdot P(B) + P(A|B^C) \cdot P(B^C)}$$

Más generalmente, si $(A_i)_{i \in I}$ es un sistema de eventos completo (una partición del campo de eventos), entonces:

$$P(A_i|A) = \frac{P(A_i) \cdot P(A|A_i)}{\sum_{i \in I} P(A_i) \cdot P(A|A_i)}, \text{ para todo } i \in I.$$

Estas son las formas más simples del teorema de Bayes, el que a su vez es una fórmula simple. Pese a su simplicidad, tiene el valor de un modelo riguroso de la relatividad de la probabilidad como grado de creencia y refleja cómo la probabilidad cambia cuando se toma en cuenta la información estadística real.

Este teorema tiene varias aplicaciones prácticas. Un ejemplo de cómo se puede usar el teorema de Bayes es:

En una comunidad pequeña se hace un estudio a todos sus miembros para detectar una enfermedad (por ejemplo, HIV).

Supongamos que el estudio de laboratorio de la enfermedad se realiza y da la información siguiente:

- La probabilidad de que un miembro cualquiera de la comunidad elegido al azar tenga la enfermedad es 1/1000.

- La probabilidad de que un resultado de la prueba de laboratorio sea un falso positivo es 1/100.

- La probabilidad de que un resultado de la prueba de laboratorio sea un falso negativo es 1/500.

Sin considerar la prueba, cualquier persona cree racionalmente que su probabilidad de tener la enfermedad es 1/1000.

Una pregunta importante para alguien que se hizo el estudio recientemente es: ¿Si el estudio trae un resultado positivo, cuáles son las probabilidades de tener realmente la enfermedad?

Para contestar esa pregunta formalizaremos la información dada anteriormente. Definir los eventos siguientes:

A : La persona tiene la enfermedad.

A^C : La persona no tiene la enfermedad.

B: La persona tiene un resultado positivo del estudio.

B^C : La persona tiene un resultado negativo del estudio.

Puesto que 1 de cada 1000 personas tiene la enfermedad, $P(A) = 1/1000$. Puesto que hay resultados falsos positivos en 1 de cada 100 estudios de laboratorio, $P(B|A^C) = 1/100$. Y puesto que hay resultados falsos negativos en 1 de cada 500 estudios de laboratorio, $P(B^C|A) = 1/500$.

Podemos seguir un poco más. Los datos informados nos permiten también calcular:

Puesto que 999 de cada 1000 personas no tienen la enfermedad, $P(A^C) = 999/1000$. Puesto que hay 99 resultados positivos correctos de los estudios de laboratorio de cada 100 estudios, $P(B|A) = 99/100$. Puesto que hay 499 resultados negativos correctos de los estudios de laboratorio de cada 500 estudios, $P(B^C|A^C) = 499/500$.

Recordar que la persona que acaba de recibir los resultados del estudio de laboratorio está interesada en calcular la probabilidad de tener la enfermedad, habiendo recibido un resultado positivo del estudio de laboratorio.

En términos de nuestras expresiones de arriba, la persona quiere calcular $P(A|B)$. El teorema de Bayes nos dice,

$$P(A|B) = \frac{P(B|A) \cdot P(A)}{P(B|A) \cdot P(A) + P(B|A^C) \cdot P(A^C)}$$

Reemplazando nuestros valores conocidos, encontramos $P(A|B) = 0,0901 = 9,01\%$.

Ese resultado dice que, habiendo obtenido un resultado positivo durante el estudio, solamente hay un 9,01 por ciento de probabilidad de que la persona tenga la enfermedad.

¿Hay acaso alguna intuición detrás de ese resultado? Supongamos que hay 1000000 personas de la población elegidas al azar, y que a todas se les hace el estudio de esa enfermedad. Sería de esperar que 1000 de entre ellas tengan la enfermedad. De las 1000 que tienen la enfermedad, en dos de ellas el estudio no da positivo. Eso es lo que significa un estudio de laboratorio falso negativo. Pero también sabemos que 998 personas que tienen la enfermedad recibirán correctamente un resultado positivo del estudio. De los 999000 que no tienen la enfermedad, 9990 habrán recibido un resultado positivo del estudio. Eso es lo que significa un resultado falso positivo. Por lo que un total de 998 + 9980 =10988 recibe un resultado positivo del estudio. Pero de ese grupo solo 998 son realmente positivos. Entonces, la probabilidad de tener la enfermedad si el estudio da positivo es 998/10988, o 0,0908. Casi lo mismo.

Aunque dijimos que el teorema de Bayes es un modelo riguroso de cómo el grado de creencia cambia con la información (lo que es una certeza), de hecho revela la relatividad de la probabilidad a través de la percepción psicológica. Eso no crea una única probabilidad para el evento condicionado o incondicionado, sino que crea otra función de probabilidad en el mismo campo de eventos, creando así un nuevo campo de probabilidades:

Si $\{\Omega, \Sigma, P\}$ es el campo la probabilidad anterior y $A, B \in \Sigma$ con $P(B) \neq 0$, la probabilidad del evento A condicional del evento B es

$$P(A|B) = \frac{P(A \cap B)}{P(B)}.$$

Si se fija la variable B se obtiene una función $P_B : \Sigma \to [0,1]$, $P_B(A) = P(A|B)$ (llamada la función de probabilidad).

Se puede probar que el trío $\{\Omega, \Sigma, P_B\}$ es un campo de probabilidad.

El teorema de Bayes sólo nos da la información para la expresión de la función P_B de este nuevo campo de probabilidad. No nos da ningún valor absoluto de la probabilidad anterior $P(A)$, ni tampoco de la probabilidad posterior $P(A|B)$, y esas ausencias nos retraen nuevamente a la relatividad de la probabilidad como un grado de creencia.

El uso del teorema de Bayes en situaciones prácticas es otro ejemplo de recurrir a la estadística para lograr un grado de creencia, pero esta vez de una manera matemática.

Mientras que los humanos recurren a los resultados estadísticos pasados para lograr una probabilidad subjetiva como un grado de creencia, también existe un proceso psicológico a la inversa: la predicción de los resultados futuros estadísticos, basados en una probabilidad dada. Esta conducta predictiva se manifiesta preponderantemente en el juego, donde las probabilidades están asociadas con apuestas, con el propósito de predecir una ganancia o pérdida promedio para el futuro.

Esta ganancia o pérdida futura predicha se llama *esperanza* o valor esperado y es la suma de la probabilidad de cada resultado posible del experimento multiplicado por su retribución (valor).

Por lo que representa la cantidad promedio que uno espera ganar por apuesta si se repiten muchas veces apuestas con probabilidades idénticas. Un juego o situación en el que el valor esperado para el jugador es cero (sin ganancia ni pérdida) se llama un *juego limpio*. El adjetivo *limpio* se refiere no al proceso técnico del juego, sino al equilibrio probable entre la banca y el jugador.

Por ejemplo, la ruleta americana tiene 38 resultados igualmente posibles. Una ficha colocada en un único número paga 35 a 1 (lo que significa que se paga 35 veces la apuesta y se recupera lo apostado, así que se recibe 36 veces lo apostado). Entonces, el valor esperado del beneficio que resulta de una apuesta repetida de un dólar puesto en un número es:

$$\left(-\$1\times\frac{37}{38}\right)+\left(\$35\times\frac{1}{38}\right), \text{ que es aproximadamente -\$0,05}$$

Entonces, en promedio, se espera perder unos cinco centavos por cada dólar apostado.

Si se apuesta un dólar si sale cara al tirar la moneda (gana un dólar y recupera la apuesta si sale cara, y pierde la apuesta si no), el valor esperado es: $\left(-\$1\times\frac{1}{2}\right)+\left(\$1\times\frac{1}{2}\right)=0$, por lo que es un juego limpio.

Esta predicción también tiene un modelo riguroso en la teoría de la probabilidad, a saber, la esperanza matemática:

Sea X una variable discreta al azar (ver la definición de una variable discreta al azar en la sección dedicada al capítulo de matemática) que vale x_i y las probabilidades correspondientes p_i, $i\in I$.

La suma o suma de la serie (si es convergente) $M(X)=\sum_{i\in I}x_i\cdot p_i$

se llama esperanza matemática, valor esperado o media de la variable X. Entonces la esperanza matemática es una media ponderada, en el sentido de la definición dada más arriba.

El factor psicológico se manifiesta no solamente en los procesos de interpretación y de aplicación de la probabilidad, sino también en la estimación de los resultados numéricos.

El mismo cálculo de la probabilidad matemática en situaciones prácticas está sujeto a su vez a juicios subjetivos y aun erróneos, especialmente si se lo aplica sin un conocimiento conceptual mínimo de la teoría de la probabilidad.

Muchas veces se intuyen las probabilidades, aun cuando un cálculo riguroso es posible. En esas situaciones, la persona del caso estima o compara dos probabilidades sin ejecutar el proceso completo, que consistiría en plantear el problema, estudiarlo y aplicar un cálculo riguroso, y basa su decisión solamente en sus percepciones.

Muchas veces por medio de la intuición se obtienen aproximaciones bastante buenas, pero la mayoría de los casos los resultados no se conforman a la realidad y se toman decisiones equivocadas.

La estimación de las probabilidades a nivel intuitivo puede ser incorrecta porque tal intuición no es un proceso rápido racional que ahorra algunos pasos y llega a un resultado final correcto, sino es un conjunto de acciones reflejas que combinan los resultados triviales conocidos con las propias expectativas humanas subjetivas.

Los errores de estimación pueden venir de una observación trivial, de un planteo inadecuado o inexistente del problema o solamente de errores técnicos de cálculo.

Este es un ejemplo sencillo de una intuición falsa, en la que el error proviene de un planteo incorrecto del problema:

Se tiene la información siguiente: Una persona tiene dos niños, por lo menos uno es un varón. ¿Cuál es la probabilidad de que el otro también sea un varón? Uno esta tentado de contestar 1/2, pensando que solamente hay dos opciones: varón y mujer.

De hecho, la probabilidad es 1/3, porque las situaciones posibles son tres:

varón-mujer (VM)
mujer-varón (MV)
varón-varón (VV)

y una de ellas es favorable, a saber (VV).

La información inicial se refiere a los niños como un grupo y no a un niño particular del grupo.

En el caso de la estimación de 1/2, el error viene de establecer el espacio de la muestra (e, implícitamente el campo de eventos) como si fuera {V, M}, cuando en realidad es un conjunto de pares ordenados: {VM, MV, VV}.

La probabilidad hubiera sido 1/2 si uno de los dos niños hubiera sido fijado en la hipótesis (como por ejemplo: *el mayor es un varón* o *el más alto es un varón.*)

Para mucha gente, el problema famoso del cumpleaños es otro ejemplo que contradice a las intuiciones propias:

¿Si se escogen al azar veinticuatro personas, cuál sería la probabilidad de que dos o más de entre ellos tengan el mismo día de cumpleaños (lo que significa que cumplen en el mismo mes y el mismo día)?

Aun cuando uno no pueda estimar una cifra mentalmente, intuitivamente se siente que es muy baja (si no conoce la cifra real por anticipado). ¡Pero cuidado, la probabilidad es 27/50, lo que es un poco más del 50 por ciento!

Un método simple de cálculo que se puede usar aquí es el de paso a paso:

La probabilidad de que el cumpleaños de dos personas arbitrarias no sea el mismo es 364/365 (porque solamente hay una oportunidad de entre 365 para que el cumpleaños de la primera persona coincida con el de la segunda).

La probabilidad de que el cumpleaños de una tercera persona sea diferente de otras dos es 363/365; y del cumpleaños de una cuarta persona es 362/365, y así sucesivamente, hasta que se llega a la última persona, la número 24, con una probabilidad de 342/365.

Se ha obtenido veintitrés fracciones, que deben todas multiplicarse para obtener la probabilidad de que los veinticuatro cumpleaños sean diferentes. El producto es una fracción que después de la simplificación queda 23/50.

La probabilidad que estamos buscando es la probabilidad del evento contrario, y se calcula como 1 - 23/50 = 27/50.

Este cálculo no tiene en cuenta que febrero puede tener 29 días, o que los cumpleaños tienen una tendencia a concentrarse más densamente en ciertos meses con respecto a otros. La primera circunstancia disminuye la probabilidad, mientras que la segunda la aumenta.

Si se apuesta en la coincidencia en el día de cumpleaños en veinticuatro personas, en promedio se pierde 23 y se gana 27 de cada cincuenta apuestas a lo largo del tiempo.

Por supuesto, cuando más personas se consideren, mayor es la probabilidad. Por encima de las sesenta personas, la probabilidad se acerca mucho a la certeza. En 100 personas, la probabilidad de la apuesta por la coincidencia es aproximadamente 3000000 : 1. Obviamente, la certeza absoluta se obtiene solamente con 366 personas o más.

Una de las conductas más curiosas basadas en la intuición falsa es la de los jugadores de lotería, donde las probabilidades de ganar son extremadamente bajas.

Como juego de azar que ofrece las probabilidades más bajas de ganar, y además no es apto para las estrategias. El jugador (regular u ocasional) simplemente prueba su fortuna, sea que conozca o no por anticipado la probabilidad matemática de su apuesta. Y aun así, muy pocos jugadores dejan de contribuir a la lotería, aun cuando escuchen o descubran cuál es la cifra real de la probabilidad.

En un sistema de lotería de *6 de 49* la probabilidad de ganar el primer premio habiendo apostado una sola variante (seis números) es 1/13983816.

Si se juega semanalmente durante toda la vida (suponiendo 80 años jugando, a saber, 4320 apuestas), la probabilidad que tiene ese jugador de ganar al fin mejora a 1/3236.

Todavía suponiendo que la persona juega 10 o 100 variantes por vez, la probabilidad es de 1/323 o 1/32, lo que todavía es bajo para toda una vida. Y no hemos tenido en cuenta la cantidad de dinero invertida.

¿Qué les impulsa a los jugadores de lotería a perseverar en el juego e ignorar estas cifras?

Más allá de los problemas de adicción, hay también una motivación psicológica que toma referencia en la comunidad y tiene la observación como criterio único.

Un jugador regular puede preguntarse: "¿Si la gente que me rodea gana la lotería, por qué no voy a tener mi día de gloria, también yo?"

La teoría de la probabilidad no puede responder completamente a esa pregunta, pero en cambio si puede responder a la pregunta de por qué ese jugador no ha ganado hasta el momento presente: porque la probabilidad de ganar es muy cercana a cero.

Hay otro ejemplo de falsa intuición que está relacionado a la lotería.

Muchos jugadores evitan jugar la variante 1, 2, 3, 4, 5, 6. El argumento es intuitivo: Es imposible que salgan los primeros 6 números. Si, es casi imposible, en el sentido de que la probabilidad de que salga esa variante es 1/13983816.

Sin embargo, esta probabilidad es la misma que para cualquier otra variante que se juegue (suponiendo que el procedimiento técnico es el azar absoluto). No hay combinaciones preferenciales, así que esa variante particular no tiene un estado de inferioridad desde el punto de vista de la probabilidad de la ocurrencia.

Todavía más, si alguien gana jugando esa variante, el monto ganado sería más alto que en el caso de jugar otra variante, porque el pozo de ganancia estaría eventualmente dividido entre menos jugadores. Entonces, la decisión óptima sería jugar esa variante particular en lugar de las otras. Por supuesto, esta decisión seguirá siendo la óptima mientras la mayoría de los jugadores no tenga esa información.

La falsa intuición se manifiesta como un éxito en varias situaciones de juegos del azar. La llamada intuición de jugador, que en ciertos momentos influenciará en una decisión del juego, es muy a menudo una simple reacción psíquica ilusoria que no tiene fundamento racional.

La probabilidad representa uno de los dominios en los que la intuición puede jugar en contra, aun en personas que tienen una formación matemática.

Un cálculo correcto de probabilidad debe basarse en un conocimiento mínimo de matemática, pero debe ser claro y debe seguir el algoritmo lógico básico del proceso de aplicación, que se inicia con el planteo del problema, y después sigue la determinación del campo de probabilidades y finalmente el cálculo mismo.

Este proceso se describe en detalle en el capítulo titulado *Guía de Cálculo para el Principiante*.

FUNDAMENTOS DE LA
TEORÍA DE LA PROBABILIDAD

En este capítulo presentamos el conjunto principal de nociones y resultados básicos del concepto de probabilidad y la teoría de la probabilidad.

Puesto que esta guía se dirige mayormente a principiantes, la hemos limitado a las nociones que conducen a la definición rigurosa de probabilidad y también a las propiedades que generan las fórmulas que son necesarias para el cálculo práctico, especialmente para los casos discreto y finito.

Convenciones de la notación

En este capítulo, así como en los siguientes que contienen aplicaciones resueltas, no hay limitación en el uso del rango completo de notaciones que corresponden a las operaciones o definiciones específicas.

Por ejemplo, para la operación de multiplicación, se usan los símbolos "$\times$", "$\cdot$" o ningún signo (en caso de productos algebraicos que contienen letras); para la operación de división se usan los símbolos "$:$", "$-$" o "$/$"; en cuanto a la convergencia, usamos las notaciones "$\lim_{n\to\infty} a_n = a$", "$a_n \xrightarrow{n\to\infty} a$", "$a_n \xrightarrow{n} a$", etc.

Nociones fundamentales

Conjuntos

El concepto de conjunto es primario, en el sentido de que no puede ser definido mediante otros conceptos matemáticos.

En matemática, la palabra *conjunto* representa cualquier colección de objetos bien definidos de cualquier tipo (en el sentido que podemos diferenciar si un objeto pertenece a la colección respectiva o no), los que se denominan elementos del conjunto.

Especificar un conjunto significa enumerar sus objetos constitutivos o indicar una propiedad específica de esos objetos (una propiedad común que otros objetos no tienen).

Esos conjuntos se designan mediante letras mayúsculas, y la descripción de sus elementos va incluida entre llaves.

Ejemplos: $A = \{x, y, z\}$; $B = \{2, 3, 5, 8\}$; $C = \{x \in R, 1 \le x \le 3\}$.

En algunas construcciones teóricas, nos referimos a objetos que pertenecen a cierta clase de elementos como un conjunto de base o un conjunto de referencia, comúnmente designado por Ω.

Ejemplo: El conjunto de los números reales R puede considerarse un conjunto base para otros subconjuntos: el conjunto de los números enteros Z, de los números naturales N, de los reales positivos R_+.

Un conjunto puede contener un número finito o infinito de elementos. Un conjunto sin elementos se llama *conjunto vacío* y se lo designa con ϕ.

Ejemplo: El conjunto de los satélites naturales de la luna es un conjunto vacío.

Si A es un conjunto, B se llama un *subconjunto* de A si todos los elementos de B son también elementos de A.

Si Ω es un conjunto base, designamos con $\mathcal{P}(\Omega)$ al *conjunto de todas las partes* de Ω. Entonces $\mathcal{P}(\Omega)$ contiene un número de partes A, B, C, ... que están individualmente bien definidas como conjuntos. Por lo tanto, los elementos de $\mathcal{P}(\Omega)$ son subconjuntos de Ω.

Se dice que dos conjuntos son *iguales* si contienen los mismos elementos.

Considerar las operaciones siguientes en $\mathcal{P}(\Omega)$:

1. La *unión* de dos conjuntos A y B, designada con $A \cup B$, es el conjunto de los elementos que pertenecen a A o a B.
Ejemplo: Si $A = \{2, 3, 5, 7\}$ y $B = \{3, 5, 9, 11\}$, entonces
$A \cup B = \{2, 3, 5, 7, 9, 11\}$.

2. La *intersección* de dos conjuntos A y B, designada con $A \cap B$, es el conjunto de los elementos que pertenecen a A y a B.
En el ejemplo anterior, $A \cap B = \{3, 5\}$.
Si $A \cap B = \phi$, llamamos a los conjuntos A y B *mutuamente excluyentes* o *disjuntos*.

3. El *complemento* de A, designado con A^C, es el conjunto de elementos de Ω que no pertenece a A. Obviamente, $A \cup A^C = \Omega$.

4. La *diferencia* de los conjuntos A y B, designada con $A - B$ o A / B, es el conjunto de elementos de A que no pertenecen a B.
En el ejemplo de arriba, $A - B = \{2, 7\}$ y $B - A = \{9, 11\}$.

Se dice que el conjunto A está *incluido* en el conjunto B (es un subconjunto de B) y se designa con $A \subset B$ (o $B \supset A$), si todo elemento de A es un elemento de B.

Las propiedades siguientes, que son intuitivamente obvias, son características de $\mathcal{P}(\Omega)$:
1. $\Omega \in \mathcal{P}(\Omega)$, $\phi \in \mathcal{P}(\Omega)$.
2. $A \in \mathcal{P}(\Omega) \Rightarrow A^C \in \mathcal{P}(\Omega)$.
3. $A, B \in \mathcal{P}(\Omega) \Rightarrow A \cup B \in \mathcal{P}(\Omega)$.
4. $A, B \in \mathcal{P}(\Omega) \Rightarrow A \cap B \in \mathcal{P}(\Omega)$.

Funciones

Definición: Sean A y B dos conjuntos, y sea f una ley de correspondencia que asocia un único elemento de B a cada elemento de A. Llamemos *función* definida en A con valores en B a el trío (A, f, B). A se llama el *dominio* de la función, B se llama el *rango* de la función f se llama la *relación* (ley) de la función (f es una parte del producto cartesiano $A \times B$, el cual es el conjunto de todos los pares (a, b), con $a \in A$ y $b \in B$).

En lugar de la notación (A, f, B) la notación que preferimos será: $f: A \to B$ o $x \to f(x)$ o $y = f(x)$. x es llamada una *variable* o argumento. El elemento único $y \in B$ que corresponde a $x \in A$ se llama la *imagen* de x mediante f o el valor de la función f en x.

Si $B \subseteq R$ (el rango es un subconjunto del sistema de números reales), la función se llama *función real*.

Ejemplos:
1) $A = \{a, b, c\}$, $B = \{d, e\}$, $f(a) = d$, $f(b) = e$, $f(c) = d$

f es una ley de correspondencia que representa una función de A en B porque asocia un único elemento de B a cada elemento de A.

2) $f: R \to R$, $f(x) = 2x$ es una función definida en un sistema de números reales, que asocia cada número real con su doble.

3) $g: [-1, 1] \to [0, 1]$, $g(x) = x^2$ asocia todo número real del intervalo $[-1, 1]$ con su cuadrado.

4) La función $h: R \to Z$, $h(x) = [x]$ asocia todos los números reales con su parte entera.

Definición: Una función $f: A \to B$ se llama *inyectiva* si $\forall x, y \in A$ y $x \neq y$, entonces $f(x) \neq f(y)$.

Dicho de otra manera, una función es inyectiva si dos elementos cualesquiera del dominio tienen imágenes distintas.

Ejemplos:
La función del Ejemplo 2) es inyectiva.

La función g del Ejemplo 3) no es inyectiva porque los elementos diferentes -1 y 1 tienen la misma imagen en g, a saber, 1.

Tampoco las funciones de los Ejemplos 1) y 4) son inyectivas.

Definición: Se dice que una función $f : A \rightarrow B$ es *suryectiva* si $\forall y \in B, \exists x \in A$ tal que $f(x) = y$.

O, dicho de otra manera, $B = f(A)$, lo que significa que la imagen del conjunto A mediante la función f es el conjunto B.

Entonces, una función es suryectiva si todo elemento de su rango es la imagen de un elemento de su dominio.

En otras palabras, la función f es suryectiva si para todo $b \in B$, la ecuación $f(x) = b$ tiene por lo menos una solución $x \in A$. Si además, esa solución es única, la función f también es inyectiva.

Ejemplos:
Todas las funciones de los Ejemplos 1) a 4) son suryectivas.

Si se cambia el rango de la función h del Ejemplo 4) poniendo Z en lugar de R, la función $h : R \rightarrow R$, $h(x) = [x]$ deja de ser suryectiva porque, si tomamos un número no entero de R, no puede ser la parte entera (la imagen mediante h) de un número real.

Definición: Se dice que una función es *biyectiva* si es inyectiva y suryectiva. Una función biyectiva es también llamada una biyección.

Ejemplos:
La única función biyectiva de los Ejemplos 1) al 4) es la del Ejemplo 2).

Definición: Se dice que un conjunto A es *numerable* si existe una biyección de A al conjunto de los números naturales N.

Ejemplos:
1) El conjunto de los números naturales pares P es numerable, porque existe la función biyectiva $f : P \rightarrow N$, $f(x) = \dfrac{x}{2}$.

2) El conjunto de los números naturales impares I es numerable, porque existe la función biyectiva $g : I \rightarrow N$, $g(x) = \dfrac{x-1}{2}$.

3) El conjunto de los cuadrados perfectos (0, 1, 4, 9, 16, ...) es numerable porque la función $h(x) = \sqrt{x}$ es una biyección de este conjunto en N.

Teorema
Todo conjunto infinito contiene un subconjunto numerable.

Obviamente, todo conjunto numerable es infinito.
Pero no todo conjunto infinito es numerable.

Álgebras de Boole

Definición: Se llama *Álgebra de Boole* un conjunto no vacío $\mathcal{A}$, con operaciones $\cup$, $\cap$, ^{C} definidas y que cumple con los axiomas siguientes:

1. $A \cup B = B \cup A$; $A \cap B = B \cap A$ (conmutatividad);
2. $A \cup (B \cup C) = (A \cup B) \cup C$; $A \cap (B \cap C) = (A \cap B) \cap C$ (asociatividad);
3. $(A \cap B) \cup A = A$; $A \cap (A \cup B) = A$ (absorción);
4. $A \cap (B \cup C) = (A \cap B) \cup (A \cap C)$; $A \cup (B \cap C) = (A \cup B) \cap (A \cup C)$ (distributividad);
5. $(A \cap A^C) \cup B = B$; $(A \cup A^C) \cap B = B$ (complementariedad), para todo $A, B, C \in \mathcal{A}$.

Ejemplos:

1. El conjunto de las partes $\mathcal{P}(\Omega)$ de un conjunto no vacío Ω, con las operaciones de unión, intersección y complemento (relacionadas a Ω), tiene una estructura del álgebra de Boole.

2. El par de la clase de residuos de los enteros n, módulo 2, $\mathcal{L}_2 = \{0, 1\}$ (los residuos de la división por 2), estructurados con las operaciones:

$\cup$	0	1		$\cap$	0	1
0	0	1		0	0	0
1	1	1		1	0	1

$(x \cup y = x + y - xy$; $x \cap y = xy)$, es un álgebra de Boole.

De esta definición se sigue que:

Consecuencia 1: (transformación de dualidad) Si en una proposición verdadera que contenga las operaciones $\cup$, $\cap$, ^{C} y las relaciones $\subset$, $\supset$, se hacen los reemplazos siguientes: $\cup$ por $\cap$, $\cap$ por $\cup$, $\subset$ por $\supset$ y $\supset$ por $\subset$, y ^{C} queda sin cambios, obtenemos una proposición verdadera, que se llama la *proposición dual*.

Consecuencia 2: (leyes de idempotencia) Para todo $A \in \mathcal{A}$, tenemos $A \cup A = A, A \cap A = A$.

Consecuencia 3: (leyes de monotonía) Para todo A, B, $C \in \mathcal{A}$, si $A \subset B$, entonces $A \cup C \subset B \cup C$, $A \cap C \subset B \cap C$.

Consecuencia 4: Para todos los conjuntos $(A_i)_{1 \le i \le n} \subset \mathcal{A}$, los elementos $A_1 \cup ... \cup A_n$ y $A_1 \cap ... \cap A_n$ están particularmente determinados y no dependen del orden de los elementos operados.

Consecuencia 5: En una álgebra de Boole existen dos elementos, llamados el *elemento nulo*, designado con Λ, y el *elemento total*, designado con V, de modo que para todo $A \in \mathcal{A}$, son verdaderas las igualdades siguientes:
$A \cap A^C = \Lambda$ y $A \cup A^C = V$.

Consecuencia 6: Para todo $A \in \mathcal{A}$, tenemos:
$A \cap V = A$, $A \cup V = V$, $A \cap \Lambda = \Lambda$, $A \cup \Lambda = A$ y $\Lambda \subset A$, $A \subset V$.

Consecuencia 7: Si $A \cap B = \Lambda$ y $A \cup B = V$, entonces $B = A^C$.

Consecuencia 8: (relaciones de De Morgan) Para todo A, $B \in \mathcal{A}$, tenemos: $(A \cup B)^C = A^C \cap B^C$ y $(A \cap B)^C = A^C \cup B^C$.

Sucesiones de números reales. Límite

Definición: Sea A un conjunto. Se llama una *sucesión* de elementos de A a una función $f : N \to A$, donde N es el conjunto de los números naturales.

Dicho con otras palabras, una sucesión es una enumeración infinita de elementos de A. Aunque el conjunto de los valores de la función f es un subconjunto de A, no decimos que la sucesión asociada a éste sea un subconjunto de A porque puede contener elementos repetidos.

Si escribimos $f(n) = a_n$ ($n \in N$, $a_n \in A$), podemos también usar la notación $(a_n)_{n \geq 0}$ para esta sucesión.

a_k se llama el término de *rango k* de la sucesión.

Ejemplos:

1) $f(n) = n$ es la sucesión de los números naturales:
$(n)_{n \geq 0} = (1, 2, 3, \ldots)$, $a_n = n$

2) $f(n) = 2n + 1$ es la sucesión de los números naturales impares:
$(2n+1)_{n \geq 0} = (1, 3, 5, \ldots)$, $a_n = 2n + 1$

3) La masa de una sustancia radioactiva se reduce a la mitad cada 12 horas. Midiendo su masa cada 12 horas, los resultados de la medición serán M, $\dfrac{M}{2}$, $\dfrac{M}{4}$, $\dfrac{M}{8}$, $\ldots$, $\dfrac{M}{2^n}$, $\ldots$

Esta es la sucesión $\left(\dfrac{M}{2^n} \right)_{n \geq 0}$. Observar que sus términos se aproximan progresivamente a cero, pero no llegan a ese valor.

4) Sea $A_1 = \{1\}$, $A_2 = \{1, 2\}$, $A_3 = \{1, 2, 3\}$, $\ldots$, $A_n = \{1, 2, 3, \ldots, n\}$, $\ldots$ La sucesión $f(n) = A_n$ o $(A_n)_{n \geq 0}$ es una sucesión de conjuntos que tienen la propiedad $A_n \subset A_{n+1}$ para todo n.

Definición: Las sucesiones $(a_n)_{n \geq 0}$ y $(b_n)_{n \geq 0}$ se llaman *iguales* si $a_n = b_n, \forall n \geq 0$.

Si el conjunto A de la definición de la sucesión es N, le llamamos una sucesión de números naturales.
Si $A = Z$, le llamamos una sucesión de números enteros.
Si $A = Q$, le llamamos una sucesión de números racionales.
Si $A = R$, le llamamos una sucesión de números reales.

Definición: Se dice que la sucesión de los números reales $(a_n)_{n \geq 0}$ es *monotónica creciente* (a saber, estrictamente creciente), si $a_n \leq a_{n+1}$ (a saber, $a_n < a_{n+1}$) para todo n.

Se dice que la sucesión de los números reales $(a_n)_{n \geq 0}$ es *monotónica decreciente* (a saber, estrictamente decreciente), si $a_n \geq a_{n+1}$ (a saber, $a_n > a_{n+1}$) para todo n.

Si $a_n = a_{n+1}$ para todo n, la sucesión se llama *constante*.

Definición: Se dice que la sucesión de números reales $(a_n)_{n \geq 0}$ es *acotada superiormente* si existe un número real M tal que $a_n \leq M$ para todo n.

Se dice que la sucesión de números reales $(a_n)_{n \geq 0}$ es *acotada inferiormente* si existe un número real m tal que $m \leq a_n$ para todo n.

Se dice que la sucesión de números reales $(a_n)_{n \geq 0}$ es *acotada* si tiene ambas cotas, inferior y superior (todos los términos de la sucesión están dentro de un intervalo acotado).

Se dice que la sucesión de números naturales $(a_n)_{n \geq 0}$ es *no acotada* si no es acotada.

Ejemplos:
1) La sucesión $(3n + 2)_{n \geq 0}$ es estrictamente creciente.

2) La sucesión $\left(\dfrac{1}{n} \right)_{n \geq 0}$ es estrictamente decreciente. Esta sucesión está acotada, porque $0 \leq \dfrac{1}{n} \leq 1$ para todo n.

Agregamos ahora formalmente dos elementos a la línea de números reales R, llamados *menos infinito* (designado por $-\infty$) y *más infinito* (designado por $+\infty$ o ∞).

Considerar el conjunto $\overline{R} = R \cup \{-\infty, \infty\}$, llamado la *línea de números reales cerrada*. Podemos inducir en $\overline{R}$ un orden de relación que extiende el orden de R, poniendo $-\infty < \infty$, $-\infty < x$ y $x < \infty$ para todo $x \in R$.

<u>Definición</u>: Sea $a \in R$. Se llama una *vecindad* de a a todo conjunto $V \subset R$ que contiene un intervalo abierto que tenga a a como su centro (esto es, existe $r > 0$ tal que $(a-r, a+r) \subset V$).

Se llama vecindad de ∞ (respectivamente $-\infty$) todo conjunto $V \subset \overline{R}$ que contiene una forma de intervalo $(b, \infty]$ (respectivamente $[-\infty, b)$), donde b es un número real.

Ejemplos:

1) Los intervalos $(-3, 3)$, $[-2, 3)$ o $\left(-\infty, \dfrac{5}{2}\right)$ son vecindades del punto O (el origen), porque contienen al intervalo abierto $(-1, 1)$, que está centrado en el origen. El conjunto Z no es una vecindad del origen.

2) Un intervalo abierto (a, b) es una vecindad de todos sus puntos propios. Un intervalo cerrado $[a, b]$ es una vecindad de todos sus puntos propios, excepto sus extremos a y b.

<u>Definición</u>: Sea $D \subset R$ un subconjunto de números reales. Un punto $\alpha \in \overline{R}$ se llama *punto de acumulación* para D si en toda vecindad de α existe al menos un punto de $D - \{\alpha\}$.

Ejemplos:

1) Para $D = (a, b)$, todo punto de $[a, b]$ es un punto de acumulación.

2) Para $D = N$, ∞ es el único punto de acumulación.

3) Para $D = (-\infty, 1) \cup (1, \infty)$, todo número real α, incluyendo a 1, es un punto de acumulación. $-\infty$ y ∞ son también puntos de acumulación para D.

4) El conjunto $D = (-1, 2] \cup \{3\}$ tiene los puntos del intervalo cerrado $[-1, 2]$ como puntos de acumulación, mientras que 3 no es un punto de acumulación para D.

<u>Definición</u>: Sea $(a_n)_{n \geq 0}$ una sucesión de números reales y $a \in \overline{R}$. Se dice que la sucesión $(a_n)_{n \geq 0}$ tiene el límite a si toda vecindad de a contiene todos los términos de la sucesión desde un cierto rango en adelante. Esto se escribe como $\lim\limits_{n \to \infty} a_n = a$ o $a_n \to a$ mientras $n \to \infty$ (n tiende a infinito).

Intuitivamente, la sucesión (a_n) tiene el límite a si sus términos se acumulan alrededor de a o se acercan a a cuando su rango tiende a infinito:

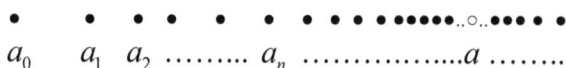

$$
\bullet \quad \bullet \quad \bullet \quad \bullet \quad \bullet \quad \bullet \; \bullet \; \bullet\bullet\bullet\bullet \ldots\circ\ldots\bullet\bullet\bullet\bullet \; \bullet
$$

$a_0 \quad a_1 \; a_2 \ldots\ldots \; a_n \ldots\ldots\ldots a \ldots\ldots$

<u>Definición</u>: Una sucesión de números reales que tiene un límite finito se llama *convergente*. Si $a \in R$ y $\lim\limits_{n \to \infty} a_n = a$, se dice que la sucesión $(a_n)_{n \geq 0}$ es convergente hacia a.

Las sucesiones que no tienen un límite y las que tienen el límite $+\infty$ o $-\infty$ se dice que son *divergentes*.

Ejemplos:

1) La sucesión $a_n = \dfrac{1}{n}$ ($n \geq 1$) es convergente hacia 0 ($\lim\limits_{n \to \infty} \dfrac{1}{n} = 0$), porque en cualquier vecindad V de 0 que elegimos (sea $(-\varepsilon, \varepsilon) \subset V$), todos los términos de la sucesión a_n están en V desde el rango $\left[\dfrac{1}{\varepsilon}\right] + 1$ en adelante (en el que designamos con $[x]$ la parte entera de x). Ciertamente, $n \geq \left[\dfrac{1}{\varepsilon}\right] + 1 \Rightarrow n > \dfrac{1}{\varepsilon} \Rightarrow \dfrac{1}{n} < \varepsilon$.

2) La sucesión $a_n = n^2$ tiene el límite $+\infty$, entonces es divergente. Si V es una vecindad al azar de ∞, existe $\varepsilon > 0$ tal que

$(\varepsilon, \infty) \subset V$. Sea $N = [\sqrt{\varepsilon}] + 1$. Se sigue que $\forall n \geq N$, tenemos $n > \sqrt{\varepsilon}$, entonces $n^2 > \varepsilon$; por lo tanto todos los términos de la sucesión a_n están en V desde el rango N en adelante. Lo que significa que $\lim\limits_{n \to \infty} n^2 = \infty$.

Teorema (la unicidad del límite)
Si una sucesión de números reales tiene límite, entonces ese límite es único.

Definición: Sea $s = (a_n)_{n \geq 0}$ una sucesión de números reales. Si $k_0 < k_1 < k_2 < ... < k_n < ...$ es una sucesión estrictamente creciente de números naturales, entonces la sucesión $(a_{k_n})_{n \geq 0}$ se llama una *subsucesión* de s.

Ejemplo:
Asignando $k_n = 2n$ obtenemos la subsucesión $(a_{2n})_{n \geq 0}$ de términos de rango par de s ($a_0, a_2, a_4, ...$).

Propiedades de convergencia y de acotación:

Teorema
Toda sucesión convergente de números reales está acotada.

Teorema
Toda subsucesión de una sucesión convergente también es convergente hacia el mismo límite.

Teorema
a) Toda sucesión de números reales que es monotónica creciente y está acotada superiormente es convergente.
b) Toda sucesión de números reales que es monotónica decreciente y está acotada inferiormente es convergente.

Cesaro Lemma
Toda sucesión acotada de números reales tiene por lo menos una subsucesión convergente.

Operaciones con sucesiones convergentes:

<u>Lemma</u>
Si $(u_n)_{n\geq 0}$ y $(v_n)_{n\geq 0}$ son sucesiones convergentes hacia cero, entonces, para todo $\alpha, \beta \in R$ tenemos $\alpha u_n + \beta v_n \to 0$.

<u>Teorema</u>
Suponer que las sucesiones $(a_n)_{n\geq 0}$ y $(b_n)_{n\geq 0}$ son convergentes. Entonces, las sucesiones $(a_n + b_n)_{n\geq 0}$ y $(a_n \cdot b_n)_{n\geq 0}$ son convergentes y, además,

$$\lim_{n\to\infty}(a_n + b_n) = \lim_{n\to\infty} a_n + \lim_{n\to\infty} b_n,$$
$$\lim_{n\to\infty}(a_n \cdot b_n) = \left(\lim_{n\to\infty} a_n\right) \cdot \left(\lim_{n\to\infty} b_n\right).$$

<u>Teorema</u>
Si $(a_n)_{n\geq 0}$ y $(b_n)_{n\geq 0}$ son sucesiones convergentes y $\lim_{n\to\infty} b_n \neq 0$, entonces la sucesión $\left(\dfrac{a_n}{b_n}\right)_{n\geq k}$ es convergente y, además,

$$\lim_{n\to 0}\frac{a_n}{b_n} = \frac{\lim\limits_{n\to\infty} a_n}{\lim\limits_{n\to\infty} b_n}.$$

<u>Teorema</u>
Si $(a_n)_{n\geq 0}$ y $(b_n)_{n\geq 0}$ son sucesiones de números reales, y ambas tienen un límite, y $a_n \leq b_n$ para todo $n \geq N$ (donde N es un número natural fijo), entonces $\lim\limits_{n\to\infty} a_n \leq \lim\limits_{n\to\infty} b_n$ (las desigualdades se conservan cuando se pasa al límite).

<u>Teorema</u> (de la pinza)
Suponer $(a_n)_{n\geq 0}$, $(b_n)_{n\geq 0}$ y $(c_n)_{n\geq 0}$ son tres sucesiones de números reales tales que $a_n \leq b_n \leq c_n$ para todo $n \geq N$ (donde N es un número natural fijo).
Si $a_n \to l$ y $c_n \to l$, entonces la sucesión $(b_n)_{n\geq 0}$ tiene límite y es igual a l.

Series de números reales

Sea $(a_n)_{n\geq 1}$ una sucesión de números reales y sea
$s_n = a_1 + a_2 + a_3 + ... + a_n$, para todo $n \geq 1$.

Los números s_n forman a su vez una sucesión $(s_n)_{n\geq 1}$, la que se llama la *sucesión de sumas parciales* de la sucesión $(a_n)_{n\geq 1}$.

El par de sucesiones $((a_n)_{n\geq 1}, (s_n)_{n\geq 1})$ se llama una *serie de números reales* y se designa también con $\sum\limits_{n\geq 1} a_n$.

Definición: Si la sucesión de sumas parciales $(s_n)_{n\geq 1}$ es divergente, entonces se dice que la serie es *divergente*.

Si la sucesión de las sumas parciales tiene un límite, entonces el límite se designa con $\sum\limits_{n=1}^{\infty} a_n$ y se llama *suma de la serie*.

Si este límite es finito, la serie se dice que es *convergente*.

Si la sucesión de sumas parciales no tiene límite, entonces se dice que la serie es *oscilante*.

Ejemplos:
1) La serie geométrica $a + aq + aq^2 + ... + aq^{n-1} + ...$ es convergente si $-1 < q < 1$ y su suma es $\dfrac{a}{1-q}$.

2) La serie armónica alternante
$1 - \dfrac{1}{2} + \dfrac{1}{3} - \dfrac{1}{4} + ... + (-1)^{n+1} \cdot \dfrac{1}{n} + ...$ es convergente y su suma es ln2.

3) La serie $1 + 1 + 1 + ...$ es divergente y tiene la suma $+\infty$.

4) La serie $1 - 1 + 1 - 1 + ...$ es oscilante.

Teorema
Si $\sum\limits_{n\geq 1} a_n$ es una serie convergente de números reales, entonces la sucesión $(a_n)_{n\geq 1}$ converge hacia cero.

Fundamentos de la teoría de la medida

En 1898, Emil Borel definió el concepto de conjunto mensurable de números reales y desarrolló una teoría de la medida para resolver algunos problemas de análisis complejo.

Georg Cantor, el creador de la teoría de conjuntos, continuó la línea de ideas comenzada por Borel.

A él le debemos el resultado conocido de la topología elemental: todo conjunto abierto de números reales es una unión numerable de intervalos abiertos y mutuamente excluyentes.

Gracias a ese resultado, podemos medir el conjunto abierto y también el cerrado desde la topología de R.

Sabemos que el largo de un intervalo sobre el eje real puede ser representado por un número real, a saber, la diferencia de las abscisas de sus puntos extremos.

La idea se sigue naturalmente de extender la noción de largo de un intervalo a conjuntos que son mucho más complicados que los intervalos.

La teoría de la medida genera una función llamada medida, con ciertas propiedades, que generaliza la noción de largo.

La teoría clásica y la integral de la medida fueron definidas por Henri Lebesgue al inicio del siglo XX en el espacio euclidiano R.

El concepto de medida fue luego generalizado y abstraído.

La teoría de la medida es una herramienta importante que es indispensable para realizar estudios profundos de la teoría de la probabilidad y la estadística matemática.

Sucesiones de conjuntos

Definición: Sea X un conjunto no vacío. Se llama sucesión de conjuntos a una función $f : N \rightarrow \mathcal{P}(X)$.

Si escribimos $f(n) = A_n$, la sucesión puede ser expresada con $(A_n)_{n \in N}$.

Definición: Se dice que los conjuntos de una sucesión $(A_n)_{n \in N}$ son *mutuamente excluyentes* si $A_i \cap A_j \neq \phi$ para todos los números naturales $i \neq j$.

Definición: Se dice que una sucesión de conjuntos $(A_n)_{n \in N}$ es *creciente* o *ascendente* (respectivamente *decreciente* o *descendiente*) si $A_n \subseteq A_{n+1}$ para todo $n \in N$.

Una sucesión creciente o decreciente es llamada sucesión *monotónica*.

Definición: En una sucesión de conjuntos $(A_n)_{n \in N}$, el conjunto de elementos x de X que pertenece a infinitos conjuntos de la sucesión se llama el *límite superior* de la sucesión y se escribe como $\overline{\lim} A_n$ o $\lim \sup A_n$.

El conjunto de elementos de X que pertenece a todos los conjuntos de la sucesión, excepto un número finito de ellos, se llama el *límite inferior* de la sucesión y se escribe como $\underline{\lim} A_n$ o $\lim \inf A_n$.

De la definición de los dos límites, se sigue que $\underline{\lim} A_n \subseteq \overline{\lim} A_n$.

Definición: Se dice que la sucesión es $(A_n)_{n \in N}$ convergente, si $\underline{\lim} A_n = \overline{\lim} A_n$. En ese caso, escribimos
$$A = \lim_{n \to \infty} A_n = \underline{\lim} A_n = \overline{\lim} A_n.$$

El conjunto A se llama el límite de la sucesión $(A_n)_{n \in N}$.

Teorema

Los límites superior e inferior de una sucesión de conjuntos $(A_n)_{n \in N}$ están dados por las relaciones:

$$\overline{\lim} A_n = \bigcap_{n=1}^{\infty} \bigcup_{k=n}^{\infty} A_k \; , \quad \underline{\lim} A_n = \bigcup_{n=1}^{\infty} \bigcap_{k=n}^{\infty} A_k \; .$$

Teorema

Toda sucesión creciente de conjuntos $(A_n)_{n \in N}$ es convergente y su límite es la unión de todos los conjuntos.

Toda sucesión decreciente de conjuntos $(A_n)_{n \in N}$ es convergente y su límite es la intersección de todos los conjuntos.

Tribus. Conjuntos de Borel. Espacio mensurable

Definición: Sea X un conjunto y sea $\mathcal{A}$ una familia no vacía de subconjunto de X. Si $\mathcal{A}$ es un álgebra de Boole, entonces $\mathcal{A}$ se llama también un *álgebra de conjuntos.*

De los axiomas 1 a 5 de la definición de álgebra de Boole y sus consecuencias se sigue que en un álgebra de conjuntos, las uniones e intersecciones finitas están bien definidas (están determinadas únicamente como elementos del álgebra y no dependen del orden de los conjuntos operados):

Si $(A_i)_{1 \leq i \leq n} \subset \mathcal{A}$, entonces $\displaystyle\bigcup_{i=1}^{n} A_i = A_1 \cup ... \cup A_n$ y

$\displaystyle\bigcap_{i=1}^{n} A_i = A_1 \cap ... \cap A_n$ son únicamente elementos determinados de A.

Proposición

Sea Ω una familia de subconjuntos del conjunto X. Entonces existe el álgebra mínima $\mathcal{A}$ que contiene a Ω (eso significa, si $\mathcal{B}$ es un álgebra que contiene Ω, entonces $\mathcal{A} \subseteq \mathcal{B}$).

Definición: Llamar al álgebra generada por Ω y expresada como $\mathcal{A}(\Omega)$ el álgebra mínima que contiene a Ω.

<u>Definición</u>: Llamar álgebra-σ, o *tribu*, un álgebra $\mathcal{T}$ de conjuntos que tiene la propiedad de aditividad numerable: la unión de toda familia numerable de conjuntos de $\mathcal{T}$ es un elemento de $\mathcal{T}$:

$$A_n \in \mathcal{T}, \ n = 1, 2, 3, \ldots \Rightarrow \bigcup_{n=1}^{\infty} A_n \in \mathcal{T}.$$

<u>Consecuencia</u>

Para toda familia $\{A_i\}_{i \in N}$ de elementos de $\mathcal{T}$, tenemos $\displaystyle\bigcap_{i=1}^{\infty} A_i \in \mathcal{T}$

(porque $\displaystyle\bigcap_{i=1}^{\infty} A_i = \left(\bigcup_{i=1}^{\infty} A_i \right)^C$).

La definición de tribu extiende las operaciones de unión e intersección finita de un álgebra de Boole a la unión e intersección numerable.

Ejemplos:

1) $\mathcal{P}(X)$ (el conjunto de partes de X) es un álgebra-σ en X.

2) Sea $X = N$. El conjunto $\mathcal{T} = \{\phi, N, \{1, 3, 5, \ldots\}, \{2, 4, 6, 8, \ldots\}\}$ es un álgebra-σ en N.

<u>Proposición</u>

Sea Ω una familia de subconjuntos del conjunto X. Entonces existe el álgebra-σ mínima que contiene a Ω.

<u>Definición</u>: Llamar álgebra-σ generada por Ω y designar con $\sigma(\Omega)$ o $\mathcal{T}(\Omega)$, el álgebra-σ mínima que contiene a Ω.

Ahora extendemos las operaciones de unión e intersección para una familia arbitraria $\mathcal{F}$ (no necesariamente numerable) de elementos de un álgebra de Boole, de la manera siguiente:

<u>Definición</u>: Llamar a la unión de elementos $A \in \mathcal{F}$, el elemento $B \in \mathcal{F}$, si B cumple con las condiciones siguientes:

1) $A \subset B$, para todo $A \in \mathcal{F}$,

2) Si $A \subset D$ para todo $A \in \mathcal{F}$, entonces $B \subset D$.

Llamar a la intersección de elementos $A \in \mathcal{F}$, el elemento $C \in \mathcal{F}$, si C cumple con las condiciones siguientes:

3) $C \subset A$, para todo $A \in \mathcal{F}$,
4) Si $D \subset A$ para todo $A \in \mathcal{F}$, entonces $D \subset C$.

Escribir $B = \bigcup_{A \in \mathcal{F}} A$ y $C = \bigcap_{A \in \mathcal{F}} A$.

Si $\mathcal{F} = \{A_i\}_{i \in I}$, donde I es un conjunto arbitrario de índices, entonces se usa la notación siguiente: $B = \bigcup_{i \in I} A_i$ y $C = \bigcap_{i \in I} A_i$.

Definición: Sea X un conjunto no vacío. Se llama una *topología* en X a una familia de subconjuntos de X, designados con τ, que cumple con los tres axiomas siguientes:

1) $\phi, X \in \tau$

2) $D_1, D_2 \in \tau$ Implica que $D_1 \cap D_2 \in \tau$

3) Si $D_i \in \tau$ para todo $i \in I$, entonces $\bigcup_{i \in I} D_i \in \tau$.

El par (X, τ) se llama un *espacio topológico*.

Los elementos de τ se llaman *conjuntos abiertos*.

Se dice que un conjunto A es *cerrado* (en la topología τ) si su complemento con respecto a X es un conjunto abierto.

Ejemplos:

1) Sea X un conjunto no vacío y $\tau_d = \mathcal{P}(X)$. El espacio topológico (X, τ_d) se llama espacio discreto y la topología τ_d se llama una topología discreta.

2) En el conjunto de los números reales R, estructurados con el orden acostumbrado, podemos generar una topología en la que los conjuntos abiertos sean los intervalos abiertos.

Propiedades de los conjuntos abiertos y cerrados:

a) Un conjunto D del espacio topológico X es abierto, si y sólo si, para todo $x \in D$ existe un conjunto abierto D_x tal que $x \in D_x \subseteq D$.

b) Una intersección finita de conjuntos abiertos de un espacio topológico es también un conjunto abierto (esto no vale para el caso de una intersección arbitraria).

c) ϕ y X son conjuntos abiertos y cerrados al mismo tiempo.

d) Una unión finita de conjuntos cerrados es también un conjunto cerrado.

e) Una intersección arbitraria de conjuntos cerrados es también un conjunto cerrado.

Definición: Llamar tribu de los conjuntos de Borel en X y expresada con $\mathcal{B}(X)$ a la tribu generada por la topología τ de X:
$\mathcal{B}(X) = \mathcal{T}(\tau)$ o $\mathcal{B}(X) = \sigma(\tau)$.
Los elementos de la tribu $\mathcal{B}(X)$ se llaman *conjuntos de Borel* .

Proposición
La tribu $\mathcal{B}(X)$ de conjuntos de Borel es idéntica al álgebra-σ, generada por la familia $\mathcal{F}$ de los conjuntos cerrados de X.

Definición: Llamar espacio mensurable al par $(X, \mathcal{T})$, donde $\mathcal{T}$ es una tribu en X. Los elementos de $\mathcal{T}$ se llaman *conjuntos mensurables*.

Medida

En esta sección definimos la noción de medida que se usa para definir la probabilidad en un campo-σ de eventos. Se llama una medida positiva para diferenciarla de las medidas complejas o espectrales.

Definición: Sea $(X, \mathcal{T})$ un espacio mensurable. Se llama medida positiva en X a una función $\mu : \mathcal{T} \to [0, \infty]$ que tiene las propiedades siguientes:

1) μ es aditiva numerable (o aditiva-σ), eso quiere decir, para toda sucesión $(E_i)_{i \in N}$ de elementos de $\mathcal{T}$, los que son mutuamente excluyentes, tenemos $\mu\left(\bigcup_{i=1}^{\infty} E_i \right) = \sum_{i=1}^{\infty} \mu(E_i)$.

2) Existe al menos un conjunto $E_0 \in \mathcal{T}$ tal que $\mu(E_0) < \infty$.

El trío $(X, \mathcal{T}, \mu)$ se llama un *espacio de medida*. Podemos usar el término más corto *medida* en lugar de *medida positiva*.

Ejemplos:

1) Sea $X = N$, $T = \mathcal{P}(X)$ y $\mu : T \to [0, \infty]$, definidos por:
$\mu(E) =$ número de elementos de E, si E es un conjunto finito; o ∞, si E es un conjunto infinito.
La medida μ se llama medida numeradora.

2) Sea $X \neq \phi$, $x_0 \in X$ y la función $\delta_{x_0} : \mathcal{P}(X) \to R$, definida por
$\delta_{x_0}(E) = 1$, si $x_0 \in E$ o 0, si $x_0 \notin E$.
δ_{x_0} es la medida llamada *medida de Dirac*.

Propiedades de las medidas positivas:

Sea (X, T, μ) un espacio de medida.

a) $\mu(\phi) = 0$

b) La aditividad finita de μ:
Para toda familia finita $(E_i)_{i=1}^n$ de conjuntos mutuamente excluyentes de T, tenemos $\mu\left(\bigcup_{i=1}^n E_i\right) = \sum_{i=1}^n \mu(E_i)$.

c) La monotonía de μ:
Si E y F son dos conjuntos de T tales que $E \subseteq F$, entonces $\mu(E) \leq \mu(F)$.
Si además $\mu(E) < \infty$, entonces $\mu(F - E) = \mu(F) - \mu(E)$.

d) La subaditividad numerable de μ:
Si $(E_i)_{i \in N}$ es una sucesión de conjuntos de T, tenemos
$$\mu\left(\bigcup_{i=1}^\infty E_i\right) \leq \sum_{i=1}^\infty \mu(E_i).$$

e) Propiedades de convergencia:

Teorema
Sea $(X, \mathcal{T}, \mu)$ un espacio de medida. Si $(E_n)_{n \in N}$ es una sucesión de conjuntos de $\mathcal{T}$, tal que $E_1 \subseteq E_2 \subseteq \ldots \subseteq E_n \subseteq E_{n+1} \subseteq \ldots$, entonces $\lim_{n \to \infty} \mu(E_n) = \mu\left(\lim_{n \to \infty} E_n\right)$.

Teorema
Sea $(X, \mathcal{T}, \mu)$ un espacio de medida. Si $(E_n)_{n \in N}$ es una sucesión de conjuntos de $\mathcal{T}$, tal que $E_1 \supseteq E_2 \supseteq \ldots \supseteq E_n \supseteq E_{n+1} \supseteq \ldots$, y $\mu(E_1) < \infty$, entonces $\lim_{n \to \infty} \mu(E_n) = \mu\left(\lim_{n \to \infty} E_n\right)$.

Teorema
Sea $(X, \mathcal{T}, \mu)$ un espacio de medida.
1) Para toda sucesión $(E_n)_{n \in N}$ de conjuntos de $\mathcal{T}$, tenemos $\mu(\underline{\lim} E_n) \leq \underline{\lim} \mu(E_n)$.

2) Si $\mu\left(\bigcup_{n=1}^{\infty} E_n\right) < \infty$, entonces $\mu\left(\overline{\lim} E_n\right) \geq \overline{\lim} \mu(E_n)$.

3) Si la sucesión $(E_n)_{n \in N}$ es convergente y $\mu\left(\bigcup_{n=1}^{\infty} E_n\right) < \infty$, entonces $\lim_{n \to \infty} \mu(E_n) = \mu\left(\lim_{n \to \infty} E_n\right)$.

Teorema de la unicidad de las medidas
Sea $(X, \mathcal{T})$ un espacio mensurable, $\mathcal{M} \subset \mathcal{P}(X)$ tal que $\mathcal{M}$ está cerrado a las intersecciones finitas, $E \in \mathcal{M}$ y $\mathcal{T} = \sigma(\mathcal{M})$, μ y ν dos medidas en $(X, \mathcal{T})$ tales que $\mu = \nu$ en $\mathcal{M}$. Entonces, $\mu = \nu$.

Campo de eventos. Probabilidad

La teoría de la probabilidad trata de las leyes de evolución de los fenómenos aleatorios. Presentamos aquí algunos ejemplos de fenómenos aleatorios:

1. El experimento más simple de arrojar un dado; el resultado de este experimento es el número que aparece en la cara superior del dado. Aunque repitamos el experimento muchas veces, cada vez que se arroja el dado, no podemos predecir que valor va a salir, porque depende de muchos elementos al azar como el impulso inicial del dado, la posición del dado al inicio, las características de la superficie donde cae el dado, etc.

2. Una persona camina desde casa a su trabajo todos los días. El tiempo que le lleva cubrir esa distancia no es constante, sino varía por causa de elementos al azar (el tráfico, las condiciones meteorológicas, y otras más por el estilo).

3. No podemos predecir el porcentaje de tiros errados cuando se dispara un arma contra un blanco cierto número de veces.

4. No podemos saber por anticipado que número va a salir en un juego de lotería.

En esos experimentos, las condiciones esenciales de cada experimento permanecen sin cambios. Todas las variaciones se producen por elementos secundarios que influyen en el resultado del experimento.

Entre los muchos elementos que actúan en los fenómenos que aquí se estudian, nos fijamos solamente en aquellos que son decisivos, e ignoramos la influencia de los elementos secundarios. Este método es típico para el estudio de los fenómenos físicos y mecánicos, y también en aplicaciones técnicas.

En el estudio de esos fenómenos, hay una diferencia de principio entre los métodos que permiten que los elementos esenciales que determinan el carácter principal del fenómeno sean tenidos en cuenta y aquellos métodos que no ignoran los elementos secundarios que llevan a errores y perturbaciones.

El azar y la complejidad de las causas requieren métodos especiales de estudio de los fenómenos del azar, y esos métodos son elaborados por la teoría de la probabilidad.

La aplicación de la matemática en el estudio de los fenómenos aleatorios se basa en el hecho que, al repetir un experimento muchas veces en condiciones idénticas, la frecuencia relativa de un resultado (la razón entre el número de experimentos que tienen un resultado particular y el número total de experimentos) es aproximadamente la misma, y oscila alrededor de un número constante. Si esto ocurre, podemos asociar un número con cada evento; esto es, la probabilidad de ese evento. El vínculo entre la estructura (la estructura de un campo de eventos) y el número es el equivalente de la matemática de la transferencia de la calidad en cantidad.

El problema de convertir un campo de eventos en un número es equivalente a definir una función numérica en esa estructura, que tiene que ser una medida de la posibilidad de la ocurrencia de un evento. Puesto que la ocurrencia de un evento es probable, esa función se llama *probabilidad.*

La teoría de la probabilidad solamente puede aplicarse a fenómenos que tienen cierta estabilidad de frecuencias relativas alrededor del valor de la probabilidad (fenómenos homogéneos de masa). Esa es la base de la relación entre la teoría de la probabilidad y el mundo real y la práctica cotidiana. Y así, la definición científica de la probabilidad debe reflejar primero la evolución real de un fenómeno. La probabilidad no es la expresión del nivel subjetivo de la confianza de la gente en la ocurrencia del evento sino la caracterización objetiva de la relación entre condiciones y eventos, o entre causa y efecto.

La probabilidad de un evento tiene sentido siempre y cuando el conjunto de condiciones queda sin modificaciones; cualquier cambio de esas condiciones cambia la probabilidad y, consecuentemente, las leyes estadísticas que gobiernan el fenómeno.

El descubrimiento de esas leyes estadísticas fue el resultado de un largo proceso de abstracción. Toda ley de la estadística está caracterizada, por un lado, por la variabilidad o inconstancia de la actividad de varios objetos, y por tanto no podemos predecir la evolución de un objeto particular. Por otro lado tiene lugar una constancia estable en un conjunto grande de fenómenos, y eso puede expresarse con la ley estadística.

La estadística práctica trabaja primero con campos finitos de eventos, mientras que los experimentos físicos y técnicos tienen lugar en campos infinitos de eventos.

Campo de eventos

En la teoría de la probabilidad, los eventos estudiados surgen de *experimentos* al azar (ensayos) y cada ejecución de un experimento se llama una *prueba*.

El estado final de una prueba se llama un *resultado*. Un experimento puede tener más de un resultado, pero cada prueba tiene un resultado único.

Un *evento* es un conjunto de resultados.

Un evento A obtenido de una prueba con un resultado e *ocurre* si $e \in A$ y *no ocurre* si $e \notin A$.

Ejemplo:

Cuando se tira el dado, el conjunto de todos los resultados posibles es $\Omega = \{1, 2, 3, 4, 5, 6\}$. Algunos eventos son: $A = \{1, 3, 5\}$; número impar, $B = \{1, 2, 3, 4\}$; menor que el número 5, $C = \{2, 4, 6\}$; número par. Si el dado sale 3, los eventos A y B ocurren.

Designar con Ω el conjunto de todos los resultados posibles de un experimento y con $\mathcal{P}(\Omega)$ el conjunto de todas las partes de Ω.

Ω se llama el conjunto de resultados o el *espacio de la muestra*.

Los eventos aleatorios son elementos de $\mathcal{P}(\Omega)$.

En el conjunto Σ de los eventos asociados con un experimento, podemos introducir tres operaciones que corresponden a las operaciones lógicas OR, AND, NOT. Sea $A, B \in \Sigma$.

a) *A OR B* es el evento que ocurre si, y sólo si, uno de los eventos A o B ocurre. Ese evento se designa con $A \cup B$ y se llama la unión de los eventos A y B.

b) *A AND B* es el evento que ocurre si, y sólo si, ambos eventos A y B ocurren. Ese evento se designa con $A \cap B$ y se llama la intersección de los eventos A y B.

c) *NOT A* es el evento que ocurre si, y solo si, el evento A no ocurre. Ese evento se llama el complemento (opuesto) de A y se designa con A^{C}.

Si se asocia a cada evento con el conjunto de pruebas en las que ocurre, entonces las operaciones entre eventos vuelven a ser las operaciones respectivas entre los conjuntos de las pruebas correspondientes, y las designaciones a), b) y c) se justifican.

Los resultados de las operaciones con eventos son también eventos asociados a sus experimentos respectivos.

Si $A \cap B = \phi$, en el sentido que A y B no pueden ocurrir simultáneamente, decimos que A y B son eventos *incompatibles* (mutuamente excluyentes).

Si $A \cup B = \Omega$, decimos que A y B son *colectivamente exhaustivos*.

En el conjunto Σ de eventos asociados con un experimento, existen dos eventos con significado especial, a saber, el evento $\Omega = A \cup A^C$ y el evento $\phi = A \cap A^C$.

El primero consiste en la ocurrencia del evento A o la ocurrencia del evento A^C, lo que obviamente siempre ocurre; lo que significa que este evento no depende del evento A. Es natural que llamemos a Ω el *evento seguro*.

El evento ϕ consiste en la ocurrencia del evento A y la ocurrencia del evento A^C, lo que nunca puede ocurrir. Éste es llamado el *evento imposible*.

Sea A, $B \in \Sigma$. Decimos que el evento A implica al evento B y escribimos $A \subset B$, si, cuando A ocurre, B ocurre necesariamente.

Si tenemos $A \subset B$ y $B \subset A$, decimos que los eventos A y B son equivalentes y escribimos $A = B$ (esto nos lleva nuevamente a la igualdad de los conjuntos de pruebas que corresponden a los respectivos eventos).

La implicación entre eventos es una relación de orden parcial en el conjunto de los eventos y corresponde a la relación de inclusión en el álgebra de Boole.

Definición: Se dice que un evento $A \in \Sigma$ es *compuesto* si existen dos eventos B, $C \in \Sigma$, $B \neq A$, $C \neq A$, tales que $A = B \cup C$. En caso contrario, se dice que el evento A es *elemental*.

Si el conjunto Ω contiene un número finito de eventos elementales, $\Omega = \{\omega_1, \omega_2, ..., \omega_k\}$, entonces un evento es parte de Ω y por lo tanto contiene un número finito ($r < k$) de eventos elementales. En ese caso, el mismo conjunto de eventos Σ es $\mathcal{P}(\Omega)$.

Comúnmente tenemos que $\Sigma \subset \mathcal{P}(\Omega)$ y Ω tienen las mismas propiedades que $\mathcal{P}(\Omega)$.

<u>Axioma</u>
El conjunto de eventos asociados a un experimento es un álgebra de Boole.

<u>Definición</u>: El álgebra de Boole de eventos asociados a un experimento se llama el *campo de eventos* de ese experimento.
Entonces, el campo de eventos es un conjunto de partes de Ω, estructuradas como un álgebra de eventos Σ, y se lo designa con $\{\Omega, \Sigma\}$.

Ejemplos:

1) Una urna contiene veinte bolas numeradas del 1 al 20. Se saca una bola y se memoriza su número.
a) Escribir un evento seguro.
b) Sean algunos eventos A, el número es par; B, el número es un múltiplo de 5; y C, el número es una potencia de dos.
Escribir los eventos $A \cup B, A \cap B, A^C$. Mostrar las implicaciones entre los eventos. ¿Qué eventos son incompatibles?

Respuesta:
a) $\Omega = \{1, 2, 3, 4, 5, 6, 7, 8, 9, 10, 11, 12, 13, 14, 15, 16, 17, 18, 19, 20\}$.
b) $A \cup B$, el número es par o múltiplo de 5.
   $A \cap B$, el número es múltiplo de 10.
   A^C, el número es impar.
   $C \subset A$ y $C \cap B = \phi$.

2) En el experimento de tirar un dado, escribir el campo de los eventos asociados a ese experimento y calcular el número de eventos de ese campo.

Respuesta:
$\{\Omega, \Sigma\} = \{\phi, \{i\}, \{i, j\}, \{i, j, k\}, \{i, j, k, l\}, \{i, j, k, l, m\}, \Omega\}$, donde i, j, k, l, m toman valores independientes de 1 a 6, y todos los índices

son diferentes dentro de un subgrupo. Dos subgrupos con el mismo número de índices difieren uno de otro al menos por un índice.

Usamos la notación $\{i\}$, para indicar cuando sale el número i, y la notación $\{i, j\}$, cuando sale el número i o el número j (por lo tanto, $\{i, j\} = \{i\} \cup \{j\}$), etc.

La cantidad de eventos $\{i\}$ es C_6^1; la de $\{i, j\}$ es C_6^2; la de $\{i, j, k\}$ es C_6^3, etc. Entonces en este campo tenemos

$$1 + C_6^1 + C_6^2 + C_6^3 + C_6^4 + C_6^5 + C_6^6 = 2^6 \text{ eventos. (Ver las}$$

propiedades de las combinaciones.)

3) Una urna contiene cuatros bolas blancas w_1, w_2, w_3, w_4 y dos bolas negras b_1, b_2. Se sacan dos bolas simultáneamente.
a) Especificar las pruebas de este experimento.
b) Considerar los eventos:

A_1, extraer dos bolas negras,

A_2, extraer dos bolas blancas,

A_3, extraer por lo menos una bola negra,

A_4, extraer solo una bola blanca,

A_5, extraer solo una bola negra,

A_6, extraer dos bolas verdes,

Especificar cuáles son al azar, elementales o compuestas, los pares de eventos compatibles e incompatibles, y las implicaciones entre ellas.

Respuesta:
a) Representar simbólicamente con (w_1, w_2) la extracción de las bolas w_1 y w_2, etc. Las pruebas de este experimento son:

(w_1, w_2), (w_1, w_3), (w_1, w_4), (w_2, w_3), (w_2, w_4), (w_3, w_4), (w_1, b_1), (w_1, b_2), (w_2, b_1), (w_2, b_2), (w_3, b_1), (w_3, b_2), (w_4, b_1), (w_4, b_2), (b_1, b_2). La cantidad de las pruebas son $C_6^2 = 15$.

b) Los eventos A_1, A_2, A_3, A_4, A_5 son al azar.
El evento A_6 es imposible; no es ni elemental ni compuesto.

El evento A_1 es elemental, ocurre en una prueba, (b_1, b_2).
Tenemos $A_1 = \{(b_1, b_2)\}$. Los eventos A_2, A_3, A_4, A_5 son
compuestos. Tenemos $A_4 = A_5$, porque la ocurrencia de A_4 implica
la ocurrencia de A_5 y viceversa. Esto puede también observarse en
la igualdad de conjuntos de pruebas:

$A_4 = \{(w_1, b_1), (w_1, b_2), (w_2, b_1), (w_2, b_2), (w_3, b_1), (w_3, b_2),$
$(w_4, b_1), (w_4, b_2)\}$.

$A_5 = \{(w_1, b_1), (w_2, b_1), (w_3, b_1), (w_4, b_1), (w_1, b_2), (w_2, b_2),$
$(w_3, b_2), (w_4, b_2)\}$.

Tenemos:

$A_2 = \{(w_1, w_2), (w_1, w_3), (w_1, w_4), (w_2, w_3), (w_2, w_4),$
$(w_3, w_4)\}$.

$A_3 = \{(w_1, b_1), (w_1, b_2), (w_2, b_1), (w_2, b_2), (w_3, b_1), (w_3, b_2),$
$(w_4, b_1), (w_4, b_2), (b_1, b_2)\}$.

Los pares (A_3, A_5), (A_1, A_3), (A_4, A_5) son compatibles; esos
eventos pueden ocurrir simultáneamente.

Los pares (A_2, A_3), (A_1, A_2), (A_1, A_4), (A_1, A_3), (A_2, A_4),
(A_2, A_5) son incompatibles.

Los eventos A_1 y A_4, A_1 y A_5, A_2 y A_4, A_2 y A_3, A_2 y A_5 son
opuestos entre sí.

Tenemos las implicaciones: $A_4 \subset A_5$, $A_5 \subset A_4$, $A_4 \subset A_3$,
$A_5 \subset A_3$.

Presentamos ahora algunas propiedades adicionales de eventos
elementales:

(E1) Sea $A \in \Sigma$ un evento elemental y sea $B \in \Sigma$ un evento. Si
$B \subseteq A$, entonces $B = \phi$ o $B = A$.

(E2) Una condición necesaria y suficiente para que un evento
$A \in \Sigma$, $A \neq \phi$ sea elemental es el evento $B \in \Sigma$, $B \neq \phi$ tal que no
exista $B \subset A$.

(E3) Una condición necesaria y suficiente para que un evento $A \neq \phi$ sea elemental es que para todo evento B se tenga $A \cap B = \phi$ o $A \cap B = A$.

(E4) Dos eventos elementales diferentes son incompatibles.

(E5) En un álgebra finita de eventos, dado un evento compuesto $B \in \Sigma$, existe un evento elemental A, tal que $A \subset B$.

(E6) Todo evento de un álgebra finita de eventos puede escribirse de una única forma como una unión de eventos elementales.

(E7) En un álgebra finita de eventos, el evento seguro es la unión de todos los eventos elementales.

La probabilidad en un campo finito de eventos

Consideremos una urna U que contenga n bolas, de las que m son blancas y $n - m$ bolas son negras (la única diferencia entre ellas es el color). Se extrae una bola al azar. Tenemos n eventos elementales.
Sea el evento A *la bola extraída es blanca.* Ese evento ocurre después de m pruebas, $m \leq n$.

Definición: Llamar la probabilidad del evento A a la razón entre el número de situaciones favorables para que A ocurra y el número de situaciones igualmente posibles. Por lo tanto, $P = \dfrac{m}{n}$.

Esa es la definición clásica de probabilidad.
Solamente puede usarse en experimentos que tengan eventos elementales igualmente posibles.
Ahora, consideremos una urna con n bolas, de las que a_1 bolas son de color c_1, a_2 bolas son de color c_2, ... , a_s bolas son de color c_s. Entonces $n = a_1 + a_2 + ... + a_s$.
Nuevamente, la única diferencia entre las bolas es el color.

Se saca una bola de la urna. En este caso, la extracción de la bola es un evento elemental.

La probabilidad de que se saque una bola de color c_k viene dada por la definición clásica de probabilidad:

$$P = \frac{a_k}{n}.$$

Entonces, un evento favorable es sacar una bola de color c_k.

Un evento del campo es que aparezca una bola de color c_{k_1}, c_{k_2}, o c_{k_s}, designado por A, y

$$P(A) = \frac{a_{k_1} + a_{k_2} + \ldots + a_{k_s}}{n}.$$

Observemos que:

1. La probabilidad de cada evento es una función de ese evento, con valores positivos.

2. La probabilidad del evento seguro (Ω) es 1.

$$P(\Omega) = \frac{a_1 + a_2 + \ldots + a_s}{n} = 1.$$

3. Si $A = A_1 \cup A_2$, con $A_1 \cap A_2 = \phi$, entonces $P(A) = P(A_1) + P(A_2)$.

4. Los eventos elementales son igualmente probables (todos tienen la probabilidad $\frac{1}{n}$).

El experimento de extraer bolas de una urna puede interpretarse considerando dos campos de eventos: el campo considerado arriba, donde un evento elemental es sacar una bola, y otro campo (Γ, $\mathcal{P}(\Gamma)$), donde un evento elemental es sacar una bola de color c_k ($k = 1, 2, \ldots, s$).

La función $P(A)$, esto es, la probabilidad de que ocurra un evento de Γ, tiene las propiedades 1, 2, y 3, pero generalmente no tiene la propiedad 4, porque los eventos elementales de Γ no tienen las mismas probabilidades; esto solamente ocurre cuando $a_1 = a_2 = \ldots = a_s$.

Consideremos una urna con siete bolas numeradas del 1 al 7, y de ellas se extrae una bola al azar.

Designando con A_i, $i = 1, ..., 7$, el evento de extraer la bola número i (tomando en cuenta que las bolas solamente difieren entre sí por el número etiquetado), se sigue que los eventos A_i son igualmente posibles, y naturalmente una función de probabilidad definida en el conjunto $(A_i)_{1 \le i \le 7}$ cumple la condición $P(A_i) = p$, con $p = \dfrac{1}{7}$.

El evento $A_i \cup A_j$, $i \ne j$, tiene el doble de probabilidad que cualquiera de los otros A_i; por lo que la extensión de la función P al evento $A_i \cup A_j$ debe definirse como $P(A_i \cup A_j) = \dfrac{2}{7}$ $(i \ne j)$, entonces $P(A_i \cup A_j) = P(A_i) + P(A_j)$.

Generalmente $P(A_{i_1} \cup ... \cup A_{i_k}) = \dfrac{k}{7}$ $(1 \le i_1 \le ... \le i_k \le 7)$ y $P(\Omega) = 1$, donde Ω es el evento seguro.

Por lo tanto en el caso de un campo finito de eventos $\{\Omega, \Sigma\}$, una probabilidad en este campo se define de la manera siguiente:

<u>Definición</u>: Llamar probabilidad en Σ a una función $P : \Sigma \to R$ que satisfaga los axiomas siguientes:

(1) $P(A) \ge 0$, para todo $A \in \Sigma$;

(2) $P(\Omega) = 1$;

(3) $P(A_1 \cup A_2) = P(A_1) + P(A_2)$, para todo $A_1, A_2 \in \Sigma$ en donde $A_1 \cap A_2 = \phi$.

La propiedad (3) puede generalizarse mediante cualquier número finito de eventos mutuamente excluyentes.

Por lo tanto si $A_i \cap A_j = \phi$, $i \ne j$ $(i, j = 1, ..., n)$, entonces:

$$P(A_1 \cup A_2 \cup ... \cup A_n) = \sum_{i=1}^{n} P(A_i).$$

Ejemplo:
Una bolsa que contenga 200 billetes de lotería entre los que hay uno que tiene un premio de $100, cinco que cada uno está premiado con $50, diez que están premiados cada uno con $20, y veinte que están premiados cada uno con $10. Si alguien compra un billete; ¿Cuál es la probabilidad de que esa persona gane al menos $20?

Respuesta:
Considerar los siguientes eventos:
A – el comprador gana por lo menos $20; A_1 – el comprador gana $20; A_2 – el comprador gana $50; A_3 – el comprador gana $100.
Siendo $A = A_1 \cup A_2 \cup A_3$, $A_i \cap A_j = \phi$ ($i \neq j$, $i,j = 1, 2, 3$).
Por lo tanto:

$$P(A) = P(A_1) + P(A_2) + P(A_3) = \frac{10}{200} + \frac{5}{200} + \frac{1}{200} = 0,08 = 8\%$$

Definición: Se llama un campo finito de probabilidad a un campo finito de eventos $\{\Omega, \Sigma\}$, estructurados con una probabilidad P, (espacio finito de probabilidad) y se designa con $\{\Omega, \Sigma, P\}$.

De la regla de aditividad de la probabilidad se deduce que para encontrar la probabilidad de todos los eventos $A \in \Sigma$, es suficiente saber las probabilidades de los eventos elementales ω_i, $1 \leq i \leq r$ que incluye el conjunto finito $\Omega = \{\omega_1, ..., \omega_r\}$ porque, si $P(\{\omega_i\}) = p_i$, $1 \leq i \leq r$ y $A = \{\omega_{i_1}\} \cup ... \cup \{\omega_{i_k}\}$, entonces
$P(A) = P(\{\omega_{i_1}\} \cup ... \cup \{\omega_{i_k}\}) = P(\{\omega_{i_1}\}) + ... + P(\{\omega_{i_k}\}) = p_{i_1} + ... + p_{i_k}$.
De donde un campo finito de probabilidades está completamente caracterizado por los números no negativos $p_1, p_2, ..., p_r$, con
$\sum_{i=1}^{r} p_i = 1$. Si $p_1 = ... = p_k$, entonces $P(A) = \dfrac{k}{r}$, donde k es el número de eventos elementales contenidos en el evento A (los eventos elementales que son favorables para que el evento A ocurra).
De esta manera hemos llegado a la definición clásica de la probabilidad.

Propiedades de la probabilidad

Tenemos las propiedades siguientes de la función de la probabilidad:

(P1) Para todo $A \in \Sigma$, tenemos $P(A^C) = 1 - P(A)$.

(P2) $P(\phi) = 0$.

(P3) Todo $A \in \Sigma$, $0 \le P(A) \le 1$.

(P4) En todo $A_1, A_2 \in \Sigma$ con $A_1 \subset A_2$, tenemos $P(A_1) \le P(A_2)$.

(P5) En todo $A_1, A_2 \in \Sigma$, tenemos
$P(A_2 - A_1) = P(A_2) - P(A_1 \cap A_2)$.

(P6) Si $A_1, A_2 \in \Sigma$, $A_1 \subset A_2$, entonces
$P(A_2 - A_1) = P(A_2) - P(A_1)$

(P7) En todo $A_1, A_2 \in \Sigma$, tenemos
$P(A_1 \cup A_2) = P(A_1) + P(A_2) - P(A_1 \cap A_2)$.

(P8) En todo $A_1, A_2 \in \Sigma$, tenemos $P(A_1 \cup A_2) \le P(A_1) + P(A_2)$.

(P9) Principio de inclusión-exclusión: si $(A_i)_{1 \le i \le n} \subset \Sigma$, entonces

$$P(A_1 \cup A_2 \cup ... \cup A_n) = \sum_{i=1}^{n} P(A_i) - \sum_{j<i} P(A_i \cap A_j) +$$
$$+ \sum_{i<j<k} P(A_i \cap A_j \cap A_k) + ... + (-1)^{n-1} P(A_1 \cap A_2 \cap ... \cap A_n).$$

(P10) Sean $(A_i)_{1 \le i \le n} \subset \Sigma$ eventos, con
$P(A_1 \cap A_2 \cap ... \cap A_{n-1}) \ne 0$. Entonces:
$P(A_1 \cap A_2 \cap ... \cap A_n) = P(A_1)P(A_2 / A_1)P(A_3 / A_1 \cap A_2)...$
$P(A_n / A_1 \cap A_2 \cap ... \cap A_{n-1})$.

Las propiedades anteriores se usan comúnmente como fórmulas para el cálculo de un campo finito de eventos.
La propiedad (P9) es la fórmula principal de cálculo para aplicaciones en casos finitos.

Aplicaciones:

1) Dos tiradores están disparando simultáneamente a un blanco, un tiro cada uno. La probabilidad de acertar es 0,8 para el primer tirador y 0,6 para el segundo. Calcular la probabilidad de que el blanco sea alcanzado al menos por un tirador.

Respuesta:
Sea los eventos A_i, *el tirador número i (i = 1, 2) da en el blanco*.

Los eventos A_1 y A_2 son independientes, entonces
$P(A_1 \cap A_2) = P(A_1) \cdot P(A_2)$ (Ver la sección titulada *Eventos independientes. Probabilidad condicional*). De acuerdo a (P7), tenemos: $P(A_1 \cup A_2) = P(A_1) + P(A_2) - P(A_1 \cap A_2) =$
$= 0,8 + 0,6 - 0,8 \times 0,6 = 0,92$.

2) Se lleva a control de calidad un lote de 100 productos. El lote será rechazado si se encuentra por lo menos un producto fallado en cinco productos controlados al azar. Suponiendo que el lote contenga un 4 por ciento de productos fallados, calcular la probabilidad que tiene el lote de ser rechazado.

Respuesta:
Designando con A al evento *el lote debe ser rechazado*, calculamos $P(A^C)$.

Designamos con A_k al evento *el producto número k es aceptado (no está fallado)*, $1 \le k \le 5$. Los eventos A_k no son independientes.
Tenemos:
$P(A^C) = P(A_1 \cap ... \cap A_5) = P(A_1)P(A_2 / A_1)...$
$P(A_5 / A_1 \cap A_2 \cap A_3 \cap A_4) = \dfrac{96}{100} \cdot \dfrac{95}{99} \cdot \dfrac{94}{98} \cdot \dfrac{93}{97} \cdot \dfrac{92}{96}$ y
$P(A) = 1 - P(A^C)$. (Hemos usado (P10) y (P1)).

3) Una urna contiene veinte bolas numeradas del 1 al 20. Si elegimos cuatro números diferentes entre el 1 y el 20 y extraemos al azar cuatro bolas de la urna, podemos calcular la probabilidad de que al menos dos bolas extraídas tengan dos números de los cuatro escogidos.

Respuesta (para seguir esta solución, leer el capítulo titulado *Combinatoria*):

Llamamos una *variante* a todo grupo de cuatro bolas diferentes extraídas. El numero total de variantes posibles es $C_{20}^4 = 4845$. Sin restringir la generalidad, podemos tomar como números escogidos a 1, 2, 3, 4 (la probabilidad es la misma para cualquier otro grupo de cuatro números).

Una variante que contenga los números 1 y 2 tiene una forma $(1, 2, x, y)$ pudiendo x, y tomar diferentes valores ($x \neq y$) de $20 - 2$ = 18 números. El número de combinaciones de los cuatro números tomados de a dos es $C_4^2 = 6$, a saber, (1, 2), (1, 3), (1, 4), (2, 3), (2,4), (3, 4). Sea:

A_1 – la variante extraída contiene las bolas numeradas 1 y 2,

A_2 – la variante extraída contiene las bolas numeradas 1 y 3,

A_3 – la variante extraída contiene las bolas numeradas 1 y 4,

A_4 – la variante extraída contiene las bolas numeradas 2 y 3,

A_5 – la variante extraída contiene las bolas numeradas 2 y 4,

A_6 – la variante extraída contiene las bolas numeradas 3 y 4.

Podemos escribir como conjuntos:

$A_1 = \{(1, 2, x, y); x \neq y; \ x, y \in \{1, 2, ..., 20\} - \{1, 2\}\}$,

$A_2 = \{(1, 3, x, y); x \neq y; \ x, y \in \{1, 2, ..., 20\} - \{1, 3\}\}$,

$A_3 = \{(1, 4, x, y); x \neq y; \ x, y \in \{1, 2, ..., 20\} - \{1, 4\}\}$,

$A_4 = \{(2, 3, x, y); x \neq y; \ x, y \in \{1, 2, ..., 20\} - \{2, 3\}\}$,

$A_5 = \{(2, 4, x, y); x \neq y; \ x, y \in \{1, 2, ..., 20\} - \{2, 4\}\}$,

$A_6 = \{(3, 4, x, y); x \neq y; \ x, y \in \{1, 2, ..., 20\} - \{3, 4\}\}$.

Cada conjunto A_i ($i = 1, ..., 6$) tiene $C_{18}^2 = 153$ elementos (dentro de una variante el orden de los números no tiene importancia).

Debemos calcular $P(A_1 \cup A_2 \cup ... \cup A_6)$. Para hacerlo aplicamos la propiedad (P9) (el principio de inclusión-exclusión).

Observar que las probabilidades evaluadas con la fórmula (P9) aplicada a nuestro caso representan fracciones con el mismo denominador (4845). Por lo tanto el problema se convierte en calcular la cantidad de los elementos de los conjuntos siguientes:

$(A_i \cap A_j)_{1 \le i < j \le 6}$, $(A_i \cap A_j \cap A_k)_{1 \le i < j < k \le 6}$,

$(A_i \cap A_j \cap A_k \cap A_l)_{1 \le i < j < k < l \le 6}$, $(A_i \cap A_j \cap A_k \cap A_l \cap A_m)_{1 \le i < j < k < l < m \le 6}$

y $(A_1 \cap A_2 \cap A_3 \cap A_4 \cap A_5 \cap A_6)$.

1) *Las intersecciones de los A_i tomados de a dos por vez*

Tenemos $C_6^2 = 15$ intersecciones de los conjuntos A_i tomados de a dos por vez. Con la notación simple (12xy), designamos el conjunto de las variantes

$\{(1, 2, x, y); x \ne y; x, y \in \{1, 2, ..., 20\} - \{1, 2\}\}$, y así todos los demás.

Consideremos las tres intersecciones siguientes:

$(12xy) \cap (13xy)$, $(12xy) \cap (14xy)$, $(13xy) \cap (14xy)$, con el número 1 contenido en todas las variantes.

Una variante común de los conjuntos (12xy) y (13xy) tiene la forma (123x), donde x que toma 20 – 3 = 17 valores. Por lo tanto la intersección $(12xy) \cap (13xy)$ tiene 17 elementos. Las otras dos intersecciones también tienen 17 elementos. De modo semejante contamos los elementos de las intersecciones que tienen los números 2, 3 y 4 en cada variante (nueve intersecciones).

Entonces tenemos 3 + 9 = 12 intersecciones con 17 elementos cada una. El resto de las 15 – 12 = 3 intersecciones, a saber $(12xy) \cap (34xy)$, $(13xy) \cap (24xy)$ y $(23xy) \cap (14xy)$, todas contienen la variante (1, 2, 3, 4) (porque los cuatro números deben estar en la variante común). Por lo tanto el número total de elementos de todas las intersecciones de los conjuntos A_i tomados de a dos por vez es $3 \times 1 + 12 \times 17 = 207$.

2) *Las intersecciones de los A_i tomados de a tres por vez*

Tenemos $C_6^3 = 20$ intersecciones.

De ellas tenemos cuatro intersecciones, a saber:

$(12xy) \cap (13xy) \cap (14xy)$ – el número 1 en cada variante,

$(12xy) \cap (23xy) \cap (24xy)$ – el número 2 en cada variante,

$(13xy) \cap (23xy) \cap (34xy)$ – el número 3 en cada variante,

$(14xy) \cap (24xy) \cap (34xy)$ – el número 4 en cada variante,

Todas tienen el elemento (1, 2, 3, 4).

Las otras cuatro intersecciones son:

$(12xy) \cap (23xy) \cap (13xy)$ – dos de 1, 2 y 3 en cada variante,

$(23xy) \cap (34xy) \cap (24xy)$ – dos de 2, 3 y 4 en cada variante,

$(13xy) \cap (34xy) \cap (14xy)$ – dos de 1, 3 y 4 en cada variante,

$(12xy) \cap (24xy) \cap (14xy)$ – dos de 1, 2 y 4 en cada variante.

Todas tienen 17 elementos porque una variante que es común a los conjuntos $(12xy)$, $(23xy)$ y $(13xy)$ tiene la forma $(123x)$, donde x toma 20 – 3 = 17 valores. Se cuentan los elementos de las otras tres intersecciones con el mismo método. En cuanto al resto de las 20 – 8 = 12 intersecciones todas tienen un elemento (1, 2, 3, 4) porque los números 1, 2, 3, 4 deben estar en la variante común. Por lo tanto, el número total de elementos de todas las intersecciones de los conjuntos A_i tomados de a tres por vez es $4 \times 17 + 16 \times 1 = 84$.

3) *Las intersecciones de los A_i tomados de a cuatro por vez*

Tenemos $C_6^4 = 15$ intersecciones. Todas las variantes de una intersección de cuatro conjuntos A_i deben tener los números 1, 2, 3, 4. Esto significa que todas las intersecciones tienen un elemento con la variante (1, 2, 3, 4). Por lo tanto, el número total de elementos de todas las intersecciones de los conjuntos A_i tomados de a cuatro por vez es $1 \times 15 = 15$.

4) *Las intersecciones de los A_i tomados de a cinco por vez*

Tenemos $C_6^5 = 6$ intersecciones. De la misma manera que en el caso 3), tenemos un elemento en todas las intersecciones, por lo tanto el número total de elementos es $1 \times 6 = 6$.

5) *La intersección de todos los seis conjuntos A_i*

La intersección tiene un solo elemento, por la misma razón que en el caso anterior.

Todos los casos están cubiertos, y ahora podemos aplicar la fórmula (P9):

$$P(A_1 \cup A_2 \cup ... \cup A_6) = \frac{6 \cdot 153 - 207 + 84 - 15 + 6 - 1}{4845} = 0,16202$$

Campo-σ de probabilidad

La definición del campo-σ de probabilidad y de la probabilidad en ese campo corresponde a la axiomática de la teoría de la probabilidad de Kolmogorov presentada por Andrei Nicolaevich Kolmogorov en 1933.
Esta definición extiende la noción de probabilidad a un campo finito de eventos.

Definición: Llamar campo-σ de eventos a un campo de eventos $\{\Omega, \Sigma\}$ que tiene la propiedad de aditividad numerable: toda unión numerable de eventos de Σ es también un evento de Σ (Si $(A_n)_{n\geq0} \subset \Sigma$, entonces $\bigcup\limits_{n=1}^{\infty} A_n \in \Sigma$).

La definición corresponde a la definición de tribu en la teoría de la medida.

Definición: Sea $\{\Omega, \Sigma\}$ un campo-σ de eventos. Llamar probabilidad en $\{\Omega, \Sigma\}$ a una función numérica positiva P definida en Σ, que cumple con las condiciones siguientes:
1) $P(\Omega) = 1$

2) $P\left(\bigcup\limits_{i=1}^{\infty} A_i\right) = \sum\limits_{i=1}^{\infty} P(A_i)$, para toda familia numerable de eventos mutuamente excluyentes $(A_i)_{i=1}^{\infty} \subset \Sigma$.

Llamamos campo-σ de probabilidad a un campo-σ de eventos $\{\Omega, \Sigma\}$ junto con una probabilidad P, y se simboliza con $\{\Omega, \Sigma, P\}$.
Observar que las dos condiciones de la definición de probabilidad implican los axiomas de la definición de medida.
Por lo tanto, esta probabilidad es una medida con $\mu(\Omega) = 1$, y adquiere todas las propiedades de la medida.
Le corresponden los términos usados comúnmente en la teoría de la medida y los que se usan en la teoría de la probabilidad, de la manera siguiente:

Teoría de la medida	Teoría de la probabilidad
Espacio mensurable	Campo de eventos
Tribu	Campo-σ de eventos
Conjunto mensurable	Evento
Espacio total	Evento seguro
Conjunto vacío	Evento imposible
Espacio de medida	Campo de probabilidad
Medida de un conjunto	Probabilidad de un evento

Las propiedades de la probabilidad en un campo finito también son válidas para el campo-σ de probabilidad (las propiedades (P1) a (P10) de la sección titulada *Probabilidad en un campo finito de eventos*). Además, si $\{\Omega, \Sigma, P\}$ es un campo-σ de probabilidad tenemos también las propiedades siguientes:

(P11) En toda sucesión de eventos $(A_n)_{n \geq 0} \subset \Sigma$ con $A_{n+1} \subseteq A_n$

(descendente), tenemos que $\lim_{n \to \infty} P(A_n) = P\left(\bigcap_{n=0}^{\infty} A_n \right)$.

En toda sucesión de eventos $(A_n)_{n \geq 0} \subset \Sigma$ con $A_{n+1} \supseteq A_n$

(ascendente), tenemos $\lim_{n \to \infty} P(A_n) = P\left(\bigcup_{n=0}^{\infty} A_n \right)$.

(P12) En toda sucesión de eventos $(A_n)_{n \geq 0} \subset \Sigma$, tenemos
$$P(\underline{\lim} A_n) \leq \underline{\lim} P(A_n) \leq \overline{\lim} P(A_n) \leq P(\overline{\lim} A_n).$$

(P13) Si la sucesión de eventos $(A_n)_{n \geq 0} \subset \Sigma$ es convergente
($\overline{\lim} A_n = \underline{\lim} A_n$), entonces $P\left(\lim_{n \to \infty} A_n \right) = \lim_{n \to \infty} P(A_n)$.

(P14) Generalmente, $P\left(\bigcup_{n=0}^{\infty} A_n \right) \leq \sum_{n=0}^{\infty} P(A_n)$. La igualdad es válida solamente si los eventos son mutuamente excluyentes.

Eventos independientes. Probabilidad condicional

Consideremos el experimento de tirar dos monedas, y sean los dos eventos: *A, cara en la primera moneda y B, cara en la segunda moneda.*

La ocurrencia del evento A y su probabilidad no depende de la ocurrencia del evento B, y viceversa.

En este caso se dice que los eventos A y B son independientes (el uno es independiente del otro).

Considerar una urna que contiene cuatro bolas blancas y tres bolas negras. Dos personas extraen de la urna cada uno una bola.

Sean los eventos: A_1, *la primera persona extrae una bola blanca* y A_2, *la segunda persona extrae una bola blanca.*

La probabilidad del evento A_2, no teniendo información sobre el evento A_1, es $\dfrac{4}{7}$. Si el evento A_1 ha ocurrido, la probabilidad del evento A_2 es $\dfrac{1}{2}$, entonces el evento A_2 depende del evento A_1.

Por lo tanto, esos dos eventos no son independientes.

<u>Definición</u>: Se dice que los eventos A y B del campo de probabilidades $\{\Omega, \Sigma, P\}$ son *independientes* de P, si $P(A \cap B) = P(A) \cdot P(B)$.

<u>Proposición</u>
Si los eventos A y B de Σ son independientes de P, entonces los pares de eventos (A, B^{C}), (B, A^{C}) y (A^{C}, B^{C}) son independientes de P.

<u>Definición</u>: Los eventos $(A_i)_{1 \leq i \leq n} \subset \Sigma$ son m por m independientes de P si , para $h \leq m$ y $1 \leq i_1 < i_2 < ... < i_h \leq n$, tenemos $P(A_{i_1} \cap ... A_{i_h}) = P(A_{i_1}) \cdot ... \cdot P(A_{i_h})$.

Si $m = n$, los eventos son totalmente independientes de P.

Si n eventos son mutuamente independientes, no necesariamente son completamente independientes, como se ve en el ejemplo siguiente:

Ejemplo:

Consideremos un tetraedro homogéneo que tiene tres caras de color blanco, negro y rojo, y la cuarta cara pintada con los tres colores. Suponer que hacemos un experimento arrojando este objeto una vez. Usamos la notación A_i para el evento *el tetraedro queda apoyado en la cara número i* (i = 1, 2, 3, 4). Los eventos A_i son eventos elementales del campo asociado al experimento indicado y $P(A_i) = \dfrac{1}{4}$ para todo i.

Si designamos con A el evento *el tetraedro queda apoyado en color blanco,* con B el evento *el tetraedro queda apoyado en color negro y con C* el evento *el tetraedro queda apoyado en color rojo,* entonces: $A = A_1 \cup A_4$, $B = A_2 \cup A_4$ y $C = A_3 \cup A_4$.

Tenemos $P(A) = P(B) = P(C) = 1/2$, porque hay cuatro casos posibles y dos son favorables para quedar apoyado en cada color, la cara del color respectivo y la cara con todos los colores.

Por otro lado, $P(A \cap B) = P(B \cap C) = P(A \cap C) = P(A_4) = 1/4$.

Se sigue que los eventos A, B y C son mutuamente independientes de P.

De $P(A \cap B \cap C) = P(A_4) = 1/4$ y $P(A)\,P(B)\,P(C) = 1/8$ resulta que los eventos A, B y C no son totalmente independientes de P.

Definición: Se dice que los eventos $(A_n)_{n \geq 0} \subset \Sigma$ son independientes de P si los eventos son independientes de P en cualquier grupo finito de números.

En el ejemplo de la urna, vimos que el resultado del experimento que genera a A_1 ejerce influencia en las condiciones del experimento que genera a A_2 (si la primera persona extrae una bola blanca de la urna solamente quedan tres bolas blancas y tres bolas negras en la urna de donde la segunda persona puede extraer una bola).

Por eso, la probabilidad del evento A_2 está influenciada por la ocurrencia de A_1, en el sentido que esta probabilidad es $1/2$ si ocurrió A_1 y $2/3$ si no ocurrió A_1.

Es natural llamar la probabilidad del evento A_2 condicional al evento A_1 y usar la notación $P(A_2|A_1)$ o $P_{A_1}(A_2)$ para indicarlo.

Definición: Sea $\{\Omega, \Sigma, P\}$ un campo-σ de probabilidad y $A, B \in \Sigma$ con $P(B) \neq 0$. Llamar probabilidad del evento A condicional al evento B, a la razón $P(A|B) = \dfrac{P(A \cap B)}{P(B)}$.

Proposición
Si $\{\Omega, \Sigma, P\}$ es un campo-σ de probabilidad y $B \in \Sigma$, entonces el trío $\{\Omega, \Sigma, P_B\}$ es un campo-σ de probabilidad.

Similarmente, podemos definir la probabilidad del evento B como condicional al evento A: $P(B|A) = \dfrac{P(A \cap B)}{P(A)}$, donde $P(A) \neq 0$. De las dos relaciones análogas resulta que $P(A)P(B|A) = P(B)P(A|B)$.

De la definición resulta que en caso de dos eventos independientes tenemos $P(A|B) = P(A)$.

Fórmula de la probabilidad total. Teorema de Bayes

Definición: Llamar *sistema completo de eventos* a una familia finita o numerable de eventos $(A_i)_{i \in I}$, con $A_i \cap A_j = \phi$ para todo $i \neq j$, $i, j \in I$ y $\bigcup_{i \in I} A_i = \Omega$.

Teorema (fórmula de la probabilidad total)
Sea $(A_i)_{i \in I} \subset \Sigma$ un sistema completo de eventos con $P(A_i) \neq 0, \forall i \in I$.

Para todo $A \in \Sigma$, tenemos $P(A) = \sum_{i \in I} P(A_i) P(A|A_i)$.

Aplicación:

Tres urnas contienen las cantidades siguientes de bolas: la primera contiene tres bolas blancas y dos bolas negras, la segunda contiene dos bolas blancas y una negra, y la tercera contiene cuatro bolas blancas y cinco negras. Se escoge una urna al azar y se extrae una bola. Encontrar la probabilidad de que la bola sea blanca.

Solución:

Llamemos A_i a la urna elegida número i ($i = 1, 2, 3$) y sea A el evento *se extrae una bola blanca*. $P(A_1) = P(A_2) = P(A_3) = 1/3$.

También sabemos que $P(A|A_1) = 3/5$, $P(A|A_2) = 2/3$,

$P(A|A_3) = 4/9$. De acuerdo a la fórmula de la probabilidad total,

$P(A) = P(A_1)\, P(A|A_1) + P(A_2)\, P(A|A_2) + P(A_3)\, P(A|A_3) = 77/135$.

La fórmula de Bayes (teorema de la hipótesis)

Sea $(A_i)_{i \in I} \subset \Sigma$ un sistema completo de eventos. Las probabilidades de esos eventos (hipótesis) se dan antes de realizar el experimento. El experimento produce otro evento A.

La fórmula de Bayes muestra como la ocurrencia del evento A cambia las probabilidades de esas hipótesis. Esa fórmula es:

$$P(A_i|A) = \frac{P(A_i) \cdot P(A|A_i)}{\sum_{i \in I} P(A_i) \cdot P(A|A_i)} \text{ , para todo } i \in I.$$

Ley de los Números Grandes

Las afirmaciones teóricas anteriores definieron el concepto de la probabilidad en un campo de eventos y se ofrecieron herramientas para el cálculo básico de probabilidades.

El resultado que presentamos ahora es cualitativo, ya que indica la manera como la probabilidad modela al azar.

Enunciamos la Ley de los Números Grandes, no en su forma matemática general, para evitar la definición de conceptos más complejos, sino en una forma particular ejemplificada, de manera que todos puedan entenderla.

La forma particular de enunciarla es el resultado clásico conocido como el Teorema de Bernoulli:

La frecuencia relativa de la ocurrencia de un evento en una sucesión de experimentos independientes realizados bajo idénticas condiciones converge hacia la probabilidad de ese evento.

El teorema afirma que si A es un evento, (E_n) una sucesión de experimentos independientes, a_n el número de ocurrencias del evento A después de los primeros n experimentos, entonces la sucesión de números no negativos $\left(\dfrac{a_n}{n}\right)$ converge, y su límite es

$P(A)$: $a_n / n \xrightarrow{\ n \to \infty\ } P(A)$

La expresión a_n se llama *frecuencia* y la expresión $\dfrac{a_n}{n}$ se llama *frecuencia relativa*. Ejemplificamos esta expresión considerando el experimento clásico de tirar la moneda. Sea A el evento *la moneda sale cara*. Obviamente, $P(A) = 1/2$. Digamos que el evento A tiene las ocurrencias siguientes:

– después de la primera vez, 0 ocurrencias, frecuencia 0/1
– después de las dos primeras veces, 0 ocurrencias, frecuencia 0/2
– después de las tres primeras veces, 1 ocurrencia, frecuencia 1/3
– después de las cuatro primeras veces, 1 ocurrencia, frecuencia 1/4
– después de las cinco primeras veces, 2 ocurrencias, frecuencia 2/5
....

– después de las primeras n veces, a_n ocurrencias, frecuencia $\dfrac{a_n}{n}$.

La Ley de los Números Grandes dice que la sucesión 0, 0, 1/3, 1/4, ..., a_n / n, ... converge en 1/2. En otras palabras, cuando n está creciendo, la frecuencia relativa se va aproximando a 1/2 con mucha precisión. O podemos decir que podemos encontrar un número suficientemente grande de experimentos para que la frecuencia relativa de ocurrencias de A se aproxime a 1/2 con el número de decimales que queramos. La Ley de los Números Grandes otorga a la probabilidad una propiedad de límite. Por supuesto, el teorema no ofrece información sobre los términos de la sucesión de frecuencias relativas, sino solamente sobre su límite. Dicho de otra manera, no podemos hacer una predicción exacta del evento en cierto momento cronológico, sino que podemos conocer el comportamiento de la frecuencia relativa de las ocurrencias en el infinito.

La forma general del teorema se presenta en otra sección.

Variables aleatorias discretas

Una noción fundamental de la teoría de la probabilidad es la noción de *variable aleatoria*.

Los eventos de un campo de probabilidad no son en principio valores en el sentido numérico del término. Sin embargo, se los puede describir con la ayuda de números reales que comúnmente son el resultado de alguna medición.

La definición de variables aleatorias permite el uso directo de valores que resultan de experimentos, tanto en la práctica como en la teoría, dispuestos para interpretar los resultados.

Si entendemos por variable aleatoria una función real definida en el conjunto de eventos elementales asociados con un experimento considerado, podemos usar ejemplos que son específicos de la teoría de la probabilidad para ilustrar cómo podemos convertir un evento en una variable aleatoria.

Consideremos un experimento que tenga como resultado un evento A. En lugar del evento A, podemos considerar la variable aleatoria X que toma el valor 1 si A ocurre y 0 si ocurre A^C.

De esa manera hemos definido una variable aleatoria bernoulliana, (también llamada una variable indicadora del evento A) con dos valores en toda la relación:

$$X(\omega) = \begin{cases} 1, & \omega \in A \\ 0, & \omega \in A^C \end{cases}$$

Se puede extender este esquema en el sentido que podríamos considerar un experimento que tenga como resultado un sistema completo de eventos $(A_i)_{1 \le i \le n}$.

Si asignamos el valor $n - j$ en el caso de ocurrir el evento A_j, $1 \le j \le n$, definimos una variable aleatoria bernoulliana X, con n valores en toda la relación: $X(\omega) = n - j$, si $\omega \in A_j, 1 \le j \le n$.

Sea $\{\Omega, \Sigma, P\}$ un campo-σ de probabilidad y $(A_i)_{i \in I} \subset \Sigma$ un sistema completo de eventos (finitos o numerables).

El sistema numérico $p_i = P(A_i)$, $i \in I$ se llama la *distribución* del campo-σ de probabilidad.

<u>Definición</u>: Llamar *variable discreta aleatoria* a una función X definida en el conjunto de eventos elementales $\omega \in \Omega$ con valores reales si

1) X toma los valores $x_i, i \in I$;

2) $\{\omega : X(\omega) = x_i\} \in \Sigma, i \in I$.

Una variable discreta aleatoria en la que I es finito, se llama *variable aleatoria simple.*

Esquemáticamente, la variable aleatoria X se expresa como:

$$X : \begin{pmatrix} x_i \\ p_i \end{pmatrix}, \; i \in I, \sum_{i \in I} p_i = 1.$$

La tabla que corresponde a esta notación se llama distribución o *repartición* de la variable aleatoria X.

Ejemplos:

1) La variable aleatoria que representa el número resultante de tirar un dado, tiene la repartición siguiente:

$$X : \begin{pmatrix} 1 & 2 & 3 & 4 & 5 & 6 \\ 1/6 & 1/6 & 1/6 & 1/6 & 1/6 & 1/6 \end{pmatrix}.$$

2) Un lote de piezas es el objeto de un control de calidad de la manera siguiente: Cada pieza se extrae del lote en forma consecutiva y se controla. Se controlan cinco piezas. Si la pieza con rango k de la extracción $k = 1, 2, 3, 4, 5$ no está bien, se rechaza el lote.

Hacer una tabla de repartición de la variable aleatoria que represente el número de piezas controladas, si la probabilidad de que una pieza elegida al azar sea aceptada es 0,85.

Respuesta:

La variable X puede tomar los valores:

1 – si la primera pieza extraída no está bien, tenemos $P(X = 1) = 0,15$;

2 – si la primera pieza está bien y la segunda no, tenemos $P(X = 2) = 0,85 \cdot 0,15 = 0,1275$;

3 – si las dos primeras piezas extraídas están bien y la tercera no, tenemos $P(X = 3) = (0,85)^2 \cdot 0,15 = 0,108375$;

4 – si las tres primeras piezas extraídas están bien y la cuarta no,
$P(X = 4) = (0,85)^3 \cdot 0,15 = 0,0921187$;

5 – si las cuatro primeras piezas están bien, tenemos
$P(X = 5) = (0,85)^4 = 0,5220062$.

La tabla de repartición es:

$$X : \begin{pmatrix} 1 & 2 & 3 & 4 & 5 \\ 0,15 & 0,1275 & 0,108375 & 0,0921187 & 0,5220062 \end{pmatrix}.$$

Por lo contrario, si X es una variable aleatoria discreta que puede tomar valores x_i $(i = 1, 2, ...)$, podemos asignarle un sistema completo de eventos $(A_i)_{i=1,2,...}$ tales que $A_i = \{\omega : X(\omega) = x_i\}$.

Sean X e Y dos variables aleatorias definidas por:

$X(\omega) = x_n$, para $\omega \in A_n$, $n = 1, 2, ...$

$Y(\omega) = y_n$, para $\omega \in B_m$, $m = 1, 2, ...$,

siendo $\{A_n\}$ y $\{B_m\}$ dos sistemas completos de eventos.

Definición: Se dice que las variables aleatorias X e Y son
independientes si para todo m y n tenemos:
$P(A_n \cap B_m) = P(A_n) \cdot P(B_m)$, o en otras palabras, el sistema completo de eventos $\{A_n\}$ y $\{B_m\}$ son independientes.

Sean X e Y dos variables aleatorias arbitrarias definidas con las relaciones anteriormente presentadas y sea f una función real de dos variables reales.

La variable aleatoria $Z = f(X, Y)$ toma los valores
$z_{nm} = f(x_n, y_m)$ y se define como el sistema completo de eventos
$C_{nm} = \{\omega : X(\omega) = x_n, Y(\omega) = y_m\}$. Tenemos:

$$P(Z = z) = \sum_{f(x_n, y_m)} P(X = x_n, Y = y_m)$$

Si X e Y son independientes, tenemos:

$$P(X = x_n, Y = y_m) = P(X = x_n) P(Y = y_m).$$

Usando la notación $p_n = P(X(\omega) = x_n)$, $q_m = P(Y(\omega) = y_m)$,

resulta $P(Z = z) = \displaystyle\sum_{f(x_n, y_m)} p_n q_m$. Para $f(x, y) = x + y$ tenemos

$P(Z = z) = \displaystyle\sum_{x_n + y_m = z} p_n q_m$. Si en particular, X e Y solamente pueden

tomar valores enteros no negativos, tenemos $P(Z = k) = \displaystyle\sum_{j=0}^{k} p_j q_{k-j}$.

La distribución $Z = X + Y$ se llama composición o *suma* de las variables aleatorias X e Y.

Como ejemplo, considerar las variables aleatorias simples siguientes:

$$X : \begin{pmatrix} x_1 & \cdots & x_n \\ p_1 & \cdots & p_n \end{pmatrix} \text{ y } Y : \begin{pmatrix} y_1 & \cdots & y_m \\ q_1 & \cdots & q_m \end{pmatrix}.$$

La variable aleatoria $X + Y$ tiene la tabla de distribución

siguiente: $X + Y : \begin{pmatrix} x_1 + y_1 & x_1 + y_2 & \cdots & x_i + y_j & \cdots & x_n + y_m \\ p_{11} & p_{12} & \cdots & p_{ij} & \cdots & p_{nm} \end{pmatrix}$,

donde

$p_{ij} = P(X + Y = x_i + y_j) = P(\{\omega : X(\omega) = x_i\} \cap \{\omega : Y(\omega) = y_j\})$, con

$\displaystyle\sum_{i=1}^{n} \sum_{j=1}^{m} p_{ij} = 1$. En la primera fila de la tabla se han generado todas las

combinaciones $x_i + y_j$ posibles.

Si X e Y son independientes, tenemos $p_{ij} = p_i q_j$.

El *producto* de las variables aleatorias X e Y tiene la tabla de distribución siguiente:

$$XY : \begin{pmatrix} x_1 y_1 & x_1 y_2 & \cdots & x_i y_j & \cdots & x_n y_m \\ p_{11} & p_{12} & \cdots & p_{ij} & \cdots & p_{nm} \end{pmatrix}, \text{ donde}$$

$p_{ij} = P(XY = x_i y_j) = P(\{\omega : X(\omega) = x_i\} \cap \{\omega : Y(\omega) = y_j\})$.

En la primera fila de la tabla se han generado todas las combinaciones posibles $x_i y_j$.

Las operaciones de suma y producto pueden extenderse a cualquier cantidad de variables aleatorias.

La *potencia* de una variable aleatoria X tiene la tabla de distribución siguiente:

$$X^k : \begin{pmatrix} x_1^k & \cdots & x_n^k \\ p_1 & \cdots & p_n \end{pmatrix}, \text{ porque } P\left(X^k = x_i^k\right) = P(X = x_i) = p_i,$$

para $i = 1, 2, \ldots, n$.

La *inversa* de una variable aleatoria con valores diferentes de cero tiene la tabla de distribución siguiente: $X^{-1} : \begin{pmatrix} \dfrac{1}{x_1} & \cdots & \dfrac{1}{x_n} \\ p_1 & \cdots & p_n \end{pmatrix}$.

Si la variable aleatoria Y admite la inversa entonces podemos definir el *cociente* $\dfrac{X}{Y} = XY^{-1}$, que tiene la tabla de distribución siguiente:

$$\frac{X}{Y} : \begin{pmatrix} \dfrac{x_1}{y_1} & \cdots & \dfrac{x_i}{y_j} & \cdots & \dfrac{x_n}{y_m} \\ p_{11} & \cdots & p_{ij} & \cdots & p_{nm} \end{pmatrix}.$$

Una constante puede interpretarse como una variable aleatoria definida en un conjunto de eventos elementales y su tabla de distribución es $a : \begin{pmatrix} a \\ 1 \end{pmatrix}$.

Podemos ahora hacer operaciones entre variables aleatorias y constantes.

Ejemplo:

Sea $ax + by + c = 0$ una ecuación en la que los coeficientes a, b y c se determinan tirando un dado. Encontrar la probabilidad para que la línea que se obtiene se mueva entre los puntos $(-1, 1)$.

Respuesta:

La variable aleatoria X toma los números que salen al tirar el dado como los valores que pueden asociarse al experimento de determinar un coeficiente, entonces:

$$X : \begin{pmatrix} 1 & 2 & 3 & 4 & 5 & 6 \\ 1/6 & 1/6 & 1/6 & 1/6 & 1/6 & 1/6 \end{pmatrix}.$$

Sean X_1, X_2, X_3 las variables aleatorias correspondientes a la determinación de los coeficientes correspondientes a, b, y c. Estas variables aleatorias son independientes. La línea se mueve en todo el entorno de los puntos $(-1, 1)$ cuando $-X_1 + X_2 + X_3 = 0$. Por lo tanto debemos determinar

$P(-X_1 + X_2 + X_3 = 0) = P(X_1 = X_2 + X_3)$. Al tener en cuenta que las variables aleatorias son independientes, podemos escribir:

$$P(-X_1 + X_2 + X_3 = 0) = \sum_{k=1}^{6} P(\{X_2 + X_3 = k\} \cap \{X_1 = k\}) =$$

$\sum_{k=1}^{6} P(X_2 + X_3 = k) P(X_1 = k)$. Tenemos $P(X_1 = k) = \dfrac{1}{6}$, $k = 1, ..., 6$.

$\sum_{k=1}^{6} P(X_2 + X_3 = k) = P(X_2 + X_3 \le 6)$ y esta es la probabilidad de que la suma de los puntos que ocurren en dos dados sea menor que 6. La tabla de distribución de la variable aleatoria que representa la suma de los puntos que ocurren es:

$$\begin{pmatrix} 2 & 3 & 4 & 5 & 6 & 7 & 8 & 9 & 10 & 11 & 12 \\ \dfrac{1}{6^2} & \dfrac{2}{6^2} & \dfrac{3}{6^2} & \dfrac{4}{6^2} & \dfrac{5}{6^2} & \dfrac{6}{6^2} & \dfrac{5}{6^2} & \dfrac{4}{6^2} & \dfrac{3}{6^2} & \dfrac{2}{6^2} & \dfrac{1}{6^2} \end{pmatrix}.$$

Tenemos entonces $\sum_{k=1}^{6} P(X_2 + X_3 = k) = \dfrac{15}{36}$.

Se sigue que $P(X_1 = X_2 + X_3) = \dfrac{5}{72}$.

Momentos de una variable aleatoria discreta

<u>Definición</u>: Sea X una variable aleatoria discreta que toma los valores x_i, con las probabilidades correspondientes $p_i, i \in I$. Si la serie $\sum_{i \in I} x_i p_i$ es convergente, la expresión $M(X) = \sum_{i \in I} x_i p_i$ se llama la media de la variable aleatoria discreta X.

También se llama *esperanza matemática* o *valor esperado*.

Si X es una variable aleatoria simple que toma los valores $x_1, ..., x_n$, con las probabilidades correspondientes $p_1, ..., p_n$, entonces su media es $M(X) = \sum_{i=1}^{n} x_i p_i$.

Ahora presentamos unas propiedades adicionales de la media de una variable aleatoria:

(M1) Si X e Y son dos variables aleatorias discretas y si existen $M(X)$ y $M(Y)$, entonces existe la media $M(X + Y)$ y tenemos $M(X + Y) = M(X) + M(Y)$.

(M2) Sean X_k, $(k = 1, ..., n)$ n variables aleatorias discretas. Si existe $M(X_k)$ para todo k, entonces existe $M\left(\sum_{k=1}^{n} X_k\right)$ y tenemos

$$M\left(\sum_{k=1}^{n} X_k\right) = \sum_{k=1}^{n} M(X_k).$$

(M3) Sea X una variable aleatoria discreta y sea c una constante. Si existe $M(X)$, entonces existe $M(cX)$ y tenemos $M(cX) = cM(X)$.

(M4) Sean X_k, $(k = 1, ..., n)$ n variables aleatorias discretas y sean c_k, $(k = 1, ..., n)$ n constantes. Si existe $M(X_k)$ para todo k, entonces existe $M\left(\sum_{k=1}^{n} c_k X_k\right)$ y $M\left(\sum_{k=1}^{n} c_k X_k\right) = \sum_{k=1}^{n} c_k M(X_k)$.

(M5) La media de la variable aleatoria $X - M(X) = Y$ es nula. Y se llama la *desviación* de la variable aleatoria X.

(M6) La desigualdad de Schwartz: Sean X e Y dos variables aleatorias discretas cuyos $M(X^2)$ y $M(Y^2)$ existen. Entonces tenemos: $|M(XY)| \leq \sqrt{M(X^2)M(Y^2)}$.

(M7) Si X e Y son dos variables aleatorias discretas independientes y si $M(X)$ y $M(Y)$ existen, entonces existe $M(XY)$ y tenemos $M(XY) = M(X) M(Y)$.

Ejemplos:

1) Una urna contiene N bolas numeradas de 1 a N. Sea X el número mayor obtenido como resultado de la extracción de n bolas de la urna, respetando que la bola se devuelve a la urna después de cada extracción. Calcular $P(X = k)$ y $M(X)$.

Respuesta:

Designemos con $\{X \le k\}$ al evento *el número de la bola no superó el valor k*, en todas las extracciones. Siendo que la bola se devuelve a la urna después de cada extracción, se sigue que las extracciones son independientes. En toda extracción, la probabilidad de que el número de la bola no exceda el valor k es $\dfrac{k}{N}$; por lo tanto,

$$P(X \le k) = (k / N)^n.$$

$$P(X = k) = P(\{X \le k\} - \{X \le k - 1\}) = P(X \le k) - P(X \le k - 1) =$$

$$\left[k^n - (k-1)^n\right]\frac{1}{N^n} \quad y \quad M(X) = \sum_{k=1}^{N} k p_k = \frac{1}{N^n} \sum_{k=1}^{N} k\left[k^n - (k-1)^n\right] =$$

$$\frac{1}{N^n} \sum_{k=1}^{N} \left[k^{n+1} - (k-1)^{n+1} - (k-1)^n\right] = N - \frac{1}{N^n} \sum_{k=1}^{N} (k-1)^n.$$

2) Se realiza un diseño de cinco componentes en el que unos pueden fallar independientemente de los otros. Numeramos los componentes de 1 a 5 y sea $p_k = 0{,}3 + 0{,}2(k-1)$ la probabilidad de que el componente k falle ($k = 1, ..., 5$). Calcular la media del número de fallas.

Respuesta:

Sea X_k la variable aleatoria asociada al número de componentes k, que toma valores 1 y 0, dependiendo si el componente falla o no:

$$X_k : \begin{pmatrix} 1 & 0 \\ 0{,}3 + 0{,}2(k-1) & 0{,}7 - 0{,}2(k-1) \end{pmatrix}, \quad k = 1, ..., 5.$$

La variable aleatoria que nos da el número de fallas es $X = X_1 + X_2 + ... + X_5$, y $M(X) = M(X_1) + ... + M(X_5)$.

$M(X_k) = 0{,}3 + 0{,}2(k-1)$, entonces

$$M(X) = \sum_{k=1}^{5} [0{,}3 + 0{,}2(k-1)] = 3{,}5.$$

Definición: Sea X una variable aleatoria discreta y sea r un número natural. Si existe la media de la variable aleatoria X^r entonces esa media se llama el *momento r-esimo* de la variable aleatoria X y se indica con la notación $\alpha_r(x) = M(X^r) = \sum_k x_k^r p_k$.

La media de la variable aleatoria $|X|^r$ se llama el *momento absoluto r-esimo* de la variable aleatoria X y se indica con la notación $\beta_r(X) = M(|X|^r) = \sum |x_k|^r p_k$.

Definición: Dada una variable aleatoria discreta X, el momento *r-esimo* de la variable aleatoria de la desviación de X se llama el *momento centrado r-esimo* de X y se indica con la notación $\mu_r(X) = \alpha_r(X - M(X))$.

El momento centrado segundo de una variable aleatoria discreta X se llama la *dispersión* o *varianza* y se indica con la notación $D^2(X)$ o σ^2, so $D^2(X) = \sigma^2 = \mu_2(X)$.

El número $D(X) = \sigma = \sqrt{\mu_2(X)}$ se llama la *desviación estándar* de X.

Presentamos ahora unas propiedades adicionales de la dispersión y la desviación estándar.

(D1) Tenemos: $D^2(X) = M(X^2) - [M(X)]^2$.

(D2) Si $Y = aX + b$, donde a y b son constantes, entonces $D(Y) = |a| \cdot D(X)$.

(D3) Sean X_k, $(k = 1, ..., n)$ n variables aleatorias discretas que son mutuamente independientes y sean c_k, $(k = 1, ..., n)$ n constantes. Entonces tenemos: $D^2\left(\sum_{k=1}^{n} c_k X_k\right) = \sum_{k=1}^{n} c_k^2 D^2(X_k)$.

(D4) La desigualdad de Chebyshev: Sea X una variable aleatoria.

Entonces tenemos: $P(\{\omega : |X(\omega) - M(X)| \geq \varepsilon\}) < \dfrac{D^2(X)}{\varepsilon^2}$, para todo $\varepsilon > 0$.

Se puede poner esta desigualdad en una forma usada frecuentemente en aplicaciones; si hacemos $\varepsilon = aD(X)$ se puede escribir como $P(|X - M(X)| \geq aD(X)) < \dfrac{1}{a^2}$.

Función de distribución

Definición: Llamar *función de distribución* de una variable aleatoria X, a la función $F(x) = P(\{\omega : X(\omega) < x\})$, definida para todo $x \in R$.

En esta definición vemos que toda variable aleatoria puede determinarse mediante su función de distribución.

Si X es una variable aleatoria discreta con $p_n = P(X = x_n), n \in I$, entonces la expresión de la definición puede escribirse como $F(x) = \sum_{x_n < x} p_n$ y se llama función de distribución discreta.

En este caso, F es una función escalonada, lo que significa que toma valores constantes en cada intervalo determinado por los puntos x_i $(i \in I)$.

Ejemplo:

Sea $X : \begin{pmatrix} 0 & 1 & 2 & 3 & 4 \\ 0,15 & 0,45 & 0,20 & 0,15 & 0,05 \end{pmatrix}$ una variable aleatoria discreta. Tenemos:

$F(x) = 0$ si $x \leq 0$;
$F(x) = 0,15$ si $0 < x \leq 1$;
$F(x) = 0,15 + 0,45 = 0,60$ si $1 < x \leq 2$;
$F(x) = 0,15 + 0,45 + 0,20 = 0,80$ si $2 < x \leq 3$;
$F(x) = 0,15 + 0,45 + 0,20 + 0,15 = 0,95$ si $3 < x \leq 4$;
$F(x) = 1$ si $x > 4$.

<u>Teorema</u>
La función distribución de una variable aleatoria tiene las propiedades siguientes:

1) $F(x_1) \le F(x_2)$ si $x_1 < x_2$, $x_1, x_2 \in R$;

2) $\lim_{\substack{y \to x \\ y < x}} F(y) = F(x)$, $\forall x \in R$;

3) $\lim_{x \to -\infty} F(x) = 0$;

4) $\lim_{x \to +\infty} F(x) = 1$.

El recíproco de este teorema es también verdadero: toda función $F(x)$ que tenga las propiedades 1) a 4) es la función distribución de una variable aleatoria definida en un campo de probabilidad convenientemente elegido.

<u>Teorema</u>
Sea X una variable aleatoria cuya función de distribución es $F(x)$ y sean a y b dos números reales, y $a < b$.
Se cumplen las igualdades siguientes:

1) $P(a \le X < b) = F(b) - F(a)$;

2) $P(a < X < b) = F(b) - F(a) - P(X = a)$;

3) $P(a < X \le b) = F(b) - F(a) - P(X = a) + P(X = b)$;

4) $P(a \le X \le b) = F(b) - F(a) + P(X = b)$.

Clásicas distribuciones discretas de la probabilidad

Distribución de Bernoulli
Consideremos el problema siguiente:
Se disparan a un blanco tres tiros independientes.
La probabilidad de dar en el blanco es p para cada uno de los tres tiros. Hallar la probabilidad de que dos tiros den en el blanco.
Sea A el evento *dos de tres tiros dan en el blanco* y sean A_i ($i = 1, 2, 3$) los eventos *tiro número i da en el blanco*.
Se puede escribir A como:
$$A = \left(A_1 \cap A_2 \cap A_3^C\right) \cup \left(A_1 \cap A_2^C \cap A_3\right) \cup \left(A_1^C \cap A_2 \cap A_3\right).$$
Los tres paréntesis son incompatibles y los eventos contenidos en ellos son independientes. Esto nos da el resultado:

$$P(A) = P(A_1)P(A_2)P(A_3^C) + P(A_1)P(A_2^C)P(A_3) + P(A_1^C)P(A_2)P(A_3)$$

Por lo tanto, $P(A) = 3p^2(1-p)$.

Podemos resolver el problema más general que sigue, usando un enfoque semejante: Considerar que se realizan n experimentos independientes. En cada experimento, puede ocurrir el evento A con la probabilidad p y puede no ocurrir con la probabilidad $q = 1 - p$. Hallar la probabilidad para que el evento A ocurra exactamente m veces en los n experimentos.

Sea B_m el evento *A ocurre exactamente m veces en los n experimentos* y sean A_i $(i = 1, 2, ..., n)$ el evento *A no ocurre en el experimento número i.*

Cada variante de ocurrencia de B_m consiste de m ocurrencias del evento A y de $n - m$ no ocurrencias de A (esto es $n - m$ ocurrencias de A^C). Entonces tenemos:

$$B_m = \left(A_1 \cap A_2 \cap ... \cap A_m \cap A_{m+1}^C \cap ... \cap A_n^C\right) \cup$$
$$\left(A_1^C \cap A_2 \cap ... A_{m+1} \cap A_{m+2}^C \cap ... \cap A_n^C\right) \cup ... \cup$$
$$\left(A_1^C \cap ... \cap A_{n-m}^C \cap A_{n-m+1} \cap ... \cap A_n\right).$$

Las maneras en que podemos elegir m experimentos en los que ocurra A tomadas de entre n experimentos son C_n^m.

Todas las variantes son incompatibles y el experimento es independiente, entonces:

$$P(B_m) = P_{m,n} = \underbrace{p^m q^{n-m} + ... + p^m q^{n-m}}_{C_n^m} = C_n^m p^m q^{n-m}.$$

Las probabilidades $P_{m,n}$ tienen la forma de los términos del desarrollo del binomio $(p+q)^n$.

Por esta razón el campo de este esquema (repartición, distribución) se llama el campo binomial (sus eventos elementales pueden considerarse elementos del producto cartesiano $\Omega^n = \Omega \times \cdots \times \Omega$).

J. Bernoulli, enfocó su investigación en este esquema de probabilidad y de ahí que se le llame *distribución de Bernoulli.*

La media y la dispersión de una variable aleatoria X que se obtiene binomialmente puede calcularse fácilmente, a saber:

$$M(X) = np \quad \text{y} \quad D^2(X) = npq.$$

Ejemplo:
Dos púgiles de igual fortaleza se enfrentan en 12 rounds (la probabilidad que ambos tienen de ganar un round es 1/2). Calcular la media, la dispersión y la desviación estándar de la variable aleatoria que representa el número de rounds ganados por uno de ellos.

Respuesta:
La variable aleatoria X tiene la repartición binomial:

$$P(X = k) = C_{12}^k \left(\frac{1}{2}\right)^{12}, k = 1, ..., 12. \text{ Tenemos } M(X) = 6, \; D^2(X) = 3$$

y $D(X) = \sqrt{3}$.

Distribución de Poisson

Este resultado también se llama *el teorema general de los experimentos repetidos*.

Suponer que se realizan n experimentos independientes, y que en cada experimento ocurre un evento A con la probabilidad p_i, $(i = 1, 2, ..., n)$ y que no ocurre con la probabilidad $q_i = 1 - p_i$.

Podemos determinar la probabilidad de que ocurra el evento A exactamente m veces en los n experimentos.

Usando la misma notación de la distribución binomial, tenemos:

$$P_{m,n} = p_1 p_2 \cdots p_m q_{m+1} \cdots q_n + ... + p_1 q_2 p_3 \cdots q_{n-1} p_n + ... +$$

$$+ q_1 q_2 \cdots q_{n-m} p_{n-m+1} \cdots p_n.$$

El miembro de la derecha es la suma de todos los productos posibles en los que p aparece m veces con diferentes índices y q aparece $n - m$ veces con diferentes índices. Considerando los productos de n binomios $(p_i z + q_i)$, $i = 1, 2, ..., n$, tenemos

$$\varphi_n(z) = \prod_{i=1}^n (p_i z + q_i), \text{ donde } z \text{ es un parámetro arbitrario y } P_{m,n} \text{ es}$$

el coeficiente de z^m en este producto. Entonces

$$\prod_{i=1}^n (p_i z + q_i) = \sum_{m=0}^n P_{m,n} z^m, \text{ con } \sum_{m=0}^n P_{m,n} = 1.$$

φ_n se llama *la función generadora* de las probabilidades $P_{m,n}$.

Obviamente, el teorema particular de los experimentos repetidos (el problema anterior) viene del teorema general para

$$p_1 = p_2 = ... = p_n = p \quad \text{y} \quad q_1 = q_2 = ... = q_n = q.$$

En ese caso la función generadora pasa a ser

$$\varphi_n(z) = (pz + q)^n = \sum_{m=0}^{n} C_n^m p^m q^{n-m} z^m.$$

En algunas aplicaciones se requiere conocer la probabilidad para que A ocurra por lo menos m veces en los n experimentos.

Designando este evento con C_m, tenemos

$$C_m = B_m \cup B_{m+1} \cup ... \cup B_n \text{; por lo tanto,}$$

$$P(C_m) = P_{m,n} + P_{m+1,n} + ... + P_{n,n} \quad \text{o} \quad P(C_m) = \sum_{k=m}^{n} P_{k,n}.$$

El esquema de probabilidad descrito arriba se llama la *distribución de Poisson.*

Ejemplo:

En un certamen de matemática, tres candidatos reciben cada uno un sobre que contiene n ($n > 3$) fichas con problemas de álgebra y geometría. Los tres sobres contienen respectivamente 1, 2 y 3 problemas de algebra. Durante la prueba cada uno extrae al azar una ficha del sobre.

Hallar la probabilidad de los eventos siguientes:

1) Los tres candidatos reciben un problema de geometría;
2) Ninguno de los candidatos recibe un problema de geometría;
3) Por lo menos un candidato recibe un problema de álgebra.

Respuesta:

Se aplica la distribución de Poisson. Tenemos:

$$\varphi_3(z) = \left(\frac{1}{n}z + \frac{n-1}{n} \right)\left(\frac{2}{n}z + \frac{n-2}{n} \right)\left(\frac{3}{n}z + \frac{n-3}{n} \right) =$$

$$= \frac{1}{n^3}\left[6z^3 + (11n - 18)z^2 + (6n^2 - 22n + 18)z + (n-1)(n-2)(n-3) \right].$$

1) El término independiente del polinomio $\varphi_3(z)$ es

$$P_{0,3} = \frac{(n-1)(n-2)(n-3)}{n^3}.$$

2) El coeficiente de z^3 de $\varphi_3(z)$ es $\dfrac{6}{n^3}$.

3) $P = 1 - P_{0,3}$.

Suponer que en la repartición polinomial $P_{m,n} = C_n^m p^m q^{n-m}$ tomamos $np = \lambda$ (constante). Determinemos los valores de la probabilidad en este caso, para $n \to \infty$. Obtenemos:

$$\lim_{n \to \infty} P_{k,n} = \lim_{n \to \infty}\left[\frac{n(n-1)\ldots(n-k+1)}{n^k}\frac{\lambda^k}{k!}\left(1-\frac{\lambda}{n}\right)^{n-k}\right] = \frac{\lambda^k}{k!}e^{-\lambda}$$

Entonces designando con $p_k = \lim\limits_{n \to \infty} P_{k,n}$, tenemos $p_k = \dfrac{\lambda^k}{k!}e^{-\lambda}$ y

$$\sum_{k=0}^{\infty} p_k = e^{-\lambda}\sum_{k=0}^{\infty}\frac{\lambda^k}{k!} = e^{-\lambda}\cdot e^{\lambda} = 1.$$

Podemos ver que las probabilidades p_k son los términos de una repartición. Esta repartición se llama una *repartición de Poisson* con el parámetro λ, y la variable aleatoria

$$X : \begin{pmatrix} 0 & 1 & 2 & \ldots & k & \ldots \\ e^{-\lambda} & \dfrac{\lambda}{1!}e^{-\lambda} & \dfrac{\lambda^2}{2!}e^{-\lambda} & \ldots & \dfrac{\lambda^k}{k!}e^{-\lambda} & \ldots \end{pmatrix}$$ se llama *variable aleatoria de Poisson*.

Podemos fácilmente calcular $M(X) = \lambda$ y $D^2(X) = \lambda$.

Distribución polinomial

Una urna contiene bolas de colores $c_1, c_2, \ldots, c_s$ en proporciones conocidas, por lo que conocemos la probabilidad p_i de extraer una bola de color c_i, con $i = 1, \ldots, s$.

Se realizan n extracciones de una bola, cuidando que la urna vuelva al mismo contenido después de cada extracción.

Sea A_α el evento α_i *bolas de color* $c_i, i = 1, \ldots, s$ *aparecen en las extracciones realizadas,* por tanto $\alpha = (\alpha_1, \ldots, \alpha_s)$.

La probabilidad de este evento es $P(A_\alpha) = \dfrac{n!}{\alpha_1!\alpha_2!\ldots\alpha_s!}p_1^{\alpha_1}\ldots p_s^{\alpha_s}$.

Esta probabilidad se expresa también con la notación
$P(n; \alpha_1, ..., \alpha_s)$.

El experimento descrito junto con el campo de eventos asociado, tal como se plantea en la fórmula de arriba, se llama distribución polinomial y el campo de probabilidad de este esquema se llama *campo polinomial*.

Ejemplo:

Un obrero fabrica piezas buenas, piezas defectuosas reparables y piezas falladas que van a desecho con las probabilidades 0,99, 0,07 y 0,03, respectivamente. El obrero hace tres piezas. ¿Qué probabilidad hay que por lo menos una sea buena, y que por lo menos una sea para desecho de entre las tres piezas producidas?

Respuesta:

Aplicamos la distribución polinomial y encontramos que la probabilidad buscada es:

$$P = P(3; 1, 1, 1) + P(3; 2, 0, 1) + P(3; 1, 0, 2) =$$

$$\frac{3!}{1! \cdot 1! \cdot 1!} 0,9 \cdot 0,07 \cdot 0,03 + \frac{3!}{2! \cdot 1!} (0,9)^2 \cdot 0,03 + \frac{3!}{2! \cdot 1!} 0,9 \cdot (0,3)^2 = 0,08667$$

Distribución hipergeométrica

Consideremos una urna con el contenido siguiente: a_1 bolas de color c_1, a_2 bolas de color c_2, ..., a_s bolas de color c_s. Se realizan n extracciones sin reponer la bola extraída (este experimento es el mismo que aquel en el que se extraían n bolas una sola vez).

Sea A_α el evento aleatorio *ocurrencia de exactamente α_k bolas de color c_k, $k = 1, ..., s$ en el grupo de n bolas extraídas,* donde

$$\alpha = (\alpha_1, ..., \alpha_s), \ 0 \le \alpha_k \le a_k, \sum_{k=1}^{s} \alpha_k = n.$$

Tenemos aquí un campo de eventos que puede ser planteado con la definición clásica de probabilidad.

El número de casos igualmente posibles es $C_{a_1 + ... + a_s}^{n}$ (todas las posibilidades de extracción de n bolas del total de bolas de la urna).

El número de casos favorables para que ocurra A_α es $C_{a_1}^{\alpha_1} C_{a_2}^{\alpha_2} ... C_{a_s}^{\alpha_s}$. Entonces tenemos:

$$P(A_\alpha) = P(n; \alpha_1, ..., \alpha_s) = \frac{C_{a_1}^{\alpha_1} C_{a_2}^{\alpha_2} ... C_{a_s}^{\alpha_s}}{C_{a_1 + ... + a_s}^{n}}.$$

Este experimento, junto con el campo asociado de eventos, planteados con la fórmula dada más arriba, se llama la distribución *hipergeométrica* o el *esquema de la bola sin retorno*.

Ejemplo:
Una urna contiene treinta bolas de las que diez son blancas, ocho son negras, siete son rojas y cinco son verdes. Se extraen cinco bolas sin devolver ninguna bola extraída. ¿Cuál es la probabilidad de que lo siguiente se encuentre entre las bolas extraídas: 1) tres bolas blancas, una bola roja y una verde; 2) una bola blanca, dos negras y dos rojas?

Respuesta:
Aplicamos el esquema de la distribución hipergeométrica. Tenemos:

1) $P(5; 3, 0, 1, 1) = \dfrac{C_{10}^3 C_7^1 C_5^1}{C_{30}^5}$;

2) $P(5; 1, 2, 2, 0) = \dfrac{C_{10}^1 C_8^2 C_7^2}{C_{30}^5}$.

Convergencia de las sucesiones de variables aleatorias

Sea $\{\Omega, \Sigma, P\}$ un campo-σ de probabilidad y $X = X(\Omega, \Sigma, P)$ el conjunto de variables aleatorias que se definen en ese campo.

Se llama sucesión de variables aleatorias a una función de N en X.

Una sucesión de variables aleatorias es obviamente una sucesión de funciones y se designa como $(X_n)_{n \in N}$, $(X_n)_{n \geq 0}$ o $(X_n)_{n \geq 1}$.

<u>Definición</u>: La sucesión de variables aleatorias $(X_n)_{n \geq 1}$ *converge en probabilidad* hacia una variable aleatoria X si para todo número $\varepsilon, \delta > 0$ existe un número natural $N(\varepsilon, \delta)$ tal que $n > N(\varepsilon, \delta)$ implique que $P\left(\left\{\omega : |X_n(\omega) - X(\omega)| \geq \varepsilon\right\}\right) < \delta$.

En este caso, se la designa como $X_n \xrightarrow{p} X$.

Proposición

La condición necesaria y suficiente para que la sucesión de variables aleatorias $(X_n)_{n\geq 1}$ converja en probabilidad en la variable aleatoria X es que para todo $\varepsilon > 0$ exista un número natural $N(\varepsilon)$ tal que la condición $n > N(\varepsilon)$ implique que

$$\lim_{n \to \infty} P\left(\left\{\omega : |X_n(\omega) - X(\omega)| \geq \varepsilon\right\}\right) = 0.$$

Proposición

Sea $(X_n)_{n\geq 1}$ y $(Y_n)_{n\geq 1}$ dos sucesiones de variables aleatorias. Si $X_n \xrightarrow{p} X$ y $Y_n \xrightarrow{p} Y$, entonces $aX_n + bY_n \xrightarrow{p} aX + bY$, cualquiera sea el valor de las constantes reales a y b.

<u>Definición</u>: La sucesión de variables aleatorias $(X_n)_{n\geq 1}$ *converge casi seguro* en la variable aleatoria X si el conjunto $A = \{\omega : X_n(\omega) \text{ no tiende a } X(\omega)\}$ es un evento de Σ y $P(A) = 0$. En este caso, expresamos esto con $X_n \xrightarrow{c.s.} X$.

Proposición

La condición necesaria y suficiente para que las variables aleatorias $(X_n)_{n\geq 1}$ converjan casi seguro hacia una variable aleatoria X es que el $\lim_{n \to \infty} P\left(\bigcup_{p=0}^{\infty}\left\{\omega : |X_{n+p}(\omega) - X(\omega)| \geq \varepsilon\right\}\right) = 0$ para todo $\varepsilon > 0$.

<u>Definición</u>: La sucesión de las variables aleatorias $(X_n)_{n\geq 1}$ *converge en repartición* (o en el sentido de Bernoulli) hacia una variable aleatoria X si en cualquier punto de continuidad x_0 de la función de distribución $F(x)$ de X tenemos el $\lim_{n \to \infty} F_n(x_0) = F(x_0)$, donde F_n es la función de distribución de la variable aleatoria X_n, $n \in N^*$. Expresamos esto con la notación $X_n \xrightarrow{r} X$.

Proposición

Si la sucesión de variables aleatorias $\left(X_n\right)_{n\geq 1}$ converge en probabilidad hacia X, entonces converge en repartición hacia X.

__Definición__: La sucesión de variables aleatorias $\left(X_n\right)_{n\geq 1}$ *converge en la media r-esima* hacia la variable aleatoria X si existen los momentos absolutos $M\left(\left|X_n\right|^r\right)$ (para todo $n \in N^*$), $M\left(\left|X\right|^r\right)$ y si

$$\lim_{n\to\infty} M\left(\left|X_n - X\right|^r\right) = 0.$$

Proposición

Si la sucesión de variables aleatorias $\left(X_n\right)_{n\geq 1}$ converge en la r-esima media hacia la variable X, entonces converge en probabilidad hacia X.

El recíproco no es verdadero.

El teorema siguiente establece la conexión entre la frecuencia como variable aleatoria y la probabilidad:

Ley de los Números Grandes

Sea $\left(X_n\right)_{n\geq 1}$ una sucesión de variables aleatorias independiente que tienen la misma función de distribución (por lo tanto tienen la misma media m y la misma dispersión σ^2).

Entonces, para todo $\varepsilon > 0$, la sucesión $\left\{\omega : \left|\dfrac{1}{n}\sum_{i=1}^{n} X_i(\omega) - m\right| \geq \varepsilon\right\}$

converge en probabilidad hacia 0 cuando $n \to \infty$, esto es,

$$\lim_{n\to\infty} P\left(\left\{\omega : \left|\frac{1}{n}\sum_{i=1}^{n} X_i(\omega) - m\right| \geq \varepsilon\right\}\right) = 0.$$

Si aplicamos la ley de los grandes números a una sucesión $\left(X_n\right)_{n\geq 1}$ de variables aleatorias independientes bernoullianas, entonces la suma $\dfrac{1}{n}\displaystyle\sum_{i=1}^{n} X_i(\omega)$ representa la frecuencia relativa $\dfrac{\alpha}{n}$ de la ocurrencia de un cierto evento A, donde α es el número de ocurrencias del evento A en n experimentos sucesivos independientes.

De acuerdo a este teorema, deducimos que

$$\lim_{n\to\infty} P\left(\left|\frac{\alpha}{n}-p\right|\geq\varepsilon\right)=0\,.$$

Este resultado clásico se conoce como el teorema de *Bernoulli:*
La frecuencia relativa converge en probabilidad hacia la probabilidad (en este enunciado la palabra *probabilidad* aparece en dos sentidos matemáticos diferentes).

Una generalización del teorema de Bernoulli es la siguiente:

Teorema de Poisson
Si α es el número de ocurrencias de un evento A en n experimentos independientes, y p_k es la probabilidad de la ocurrencia del evento A en el k-esimo experimento, $k\in N^*$,

entonces existe el límite $\displaystyle\lim_{n\to\infty}\frac{p_1+...+p_n}{n}=p$ y $\left(\dfrac{\alpha}{n}\right)_{n\in N^*}$ converge en probabilidad hacia p.

La Ley de los Números Grandes revela la existencia de sucesiones de variables aleatorias que tienden en probabilidad hacia una constante.

Esta ley es válida para un conjunto de fenómenos y no para cada fenómeno por separado.

Tampoco es válida para alguna propiedad de las sucesiones de variables aleatorias.

Este capítulo contiene la matemática mínima necesaria para entender el concepto de probabilidad en el sentido de su definición matemática y para resolver aplicaciones en campos de eventos finitos y discretos.

Hemos presentado aquí todas las nociones básicas de la teoría de la probabilidad y las nociones introductorias de la estadística matemática, junto con los resultados teóricos que contribuyen definitivamente a resolver las aplicaciones prácticas.

Solamente se presentaron los casos discretos (campos de probabilidad discretos, variables aleatorias discretas y particularizaciones de los teoremas principales para el caso discreto).

Los lectores que desean mayor conocimiento de este tema pueden consultar trabajos más complejos sobre la teoría de la probabilidad y la estadística matemática.

Usando los resultados teóricos que se presentan aquí, junto con las fórmulas del cálculo combinatorio que se encuentran en el próximo capítulo, cualquier lector con una formación matemática mínima puede conseguir todas las herramientas necesarias para realizar el cálculo de las probabilidades.

La facilidad y la precisión para realizar estos cálculos es solamente una cuestión de entrenamiento y práctica.

COMBINATORIA

El análisis combinatorio juega un papel importante en las aplicaciones de la probabilidad, visto desde la perspectiva del cálculo, porque muchas situaciones usan las permutaciones, combinaciones y variaciones.

El enfoque correcto de los problemas de combinaciones y el manejo solvente del cálculo combinatorio constituye el 50 por ciento de la habilidad para el cálculo en los juegos de azar.

Por eso tiene este capítulo muchas aplicaciones prácticas útiles para aprender este cálculo, las que se presentan con o sin la solución.

Como en el capítulo previo sobre la matemática, las discusiones teóricas presentan solamente los resultados y las definiciones importantes, sin sus demostraciones.

Permutaciones

Definición: Llamar las *permutaciones* de un conjunto A con n elementos a todos los conjuntos ordenados que pueden generarse con los n elementos de A.

Entendemos por conjunto ordenado un conjunto asociado con el orden de sus elementos (dos conjuntos ordenados en los que los mismos elementos están en orden diferente se consideran diferentes).

Un conjunto ordenado obtenido mediante un arreglo nuevo de sus elementos se llama una permutación.

Ejemplo:
Las permutaciones del conjunto $\{a,b,c\}$ son (abc), (bca), (cab), (acb), (bac) (cba).

Fórmula de la permutación
El número de permutaciones de n elementos ($n \in N^*$) es:
$P_n = 1 \cdot 2 \cdot 3 \cdot ... \cdot n = n!$ (factorial de n); $0! = 1$ (por convención).

Ejemplos:
1) El número de permutaciones de tres elementos a, b y c (abc, bca, cab, acb, bac, cba) es $P_3 = 1 \cdot 2 \cdot 3 = 3! = 6$.

2) La cantidad de maneras en que podemos ordenar cinco libros en un estante es $5! = 1 \cdot 2 \cdot 3 \cdot 4 \cdot 5 = 120$.

Variaciones

Definición: Llamar *variaciones* (llamado también arreglos en algunos textos) de n elementos tomados de a m por vez ($m \leq n$) de un conjunto A con n elementos, a todos los subconjuntos ordenados de m elementos que pueden ser generados con los n elementos de A.

De hecho, las variaciones son permutaciones parciales de los elementos del conjunto inicial.

Ejemplo:
Las variaciones del conjunto $\{a, b, c\}$ *tomados de a dos por vez* son: (ab), (ba), (ac), (ca), (bc) y (cb).

Fórmula de las variaciones
El número de las variaciones de n elementos tomados de a m por vez es: $V_n^m = n(n-1)(n-2)...(n-m+1) = \dfrac{n!}{(n-m)!}$, $m \leq n$.

Para las variaciones también se usa la notación $V(n, m)$ o nPm.

Ejemplos:
1) El número de variaciones de tres elementos a, b, c tomados de a dos por vez (ab, ac, bc, ba, ca, cb) es $V_3^2 = 3 \cdot 2 = 6$.

2) En una carrera de atletismo con cinco competidores, el número posible del orden para los tres primeros puestos es $V_5^3 = 5 \cdot 4 \cdot 3 = 60$.

Propiedades

$V_n^n = P_n = n!,\ V_n^{n-1} = V_n^n,\ V_n^0 = 1$.

Combinaciones

Definición: Llamamos combinaciones de n elementos tomados de a m por vez ($m \leq n$) de un conjunto A con n elementos a todos los subconjuntos con m elementos que pueden generarse con los n elementos de A.

Observar que esta definición difiere de la definición de las variaciones en la omisión de la palabra *ordenado*.
El orden de los elementos no se tiene en cuenta en las combinaciones.
Su definición se convierte en la definición clásica de subconjuntos, porque de hecho, una combinación es un subconjunto (en el que el orden de los elementos no tiene importancia). La combinación (abc) es idéntica a (acb) o a (cba).
Una combinación de n elementos tomados de a m por vez se llama también una combinación de tamaño m en un conjunto de n elementos.

Ejemplo:
Las combinaciones del conjunto $\{a, b, c\}$ tomadas de a dos por vez son (ab), (ac) y (bc). La única combinación de tamaño 3 de este conjunto es (abc).

Fórmula de la Combinación

El número de combinaciones de n elementos tomados de a m por vez es: $C_n^m = \dfrac{V_n^m}{m!} = \dfrac{n!}{m!(n-m)!} = \dfrac{n(n-1)...(n-m+1)}{m!}$.

También se usan las notaciones $C(n, m)$, nCm o $\begin{pmatrix} m \\ n \end{pmatrix}$ para este número.

Ejemplos:

1) El número de combinaciones de tres elementos a, b, c tomados de a dos por vez (ab, ac, bc) es $C_3^2 = \dfrac{3 \cdot 2}{2} = 3$.

2) Si elegimos dos cartas al azar de una baraja de 52 cartas, el número de todas las selecciones posibles es $C_{52}^2 = \dfrac{51 \cdot 52}{2} = 1326$.

Propiedades

$C_n^1 = n$, $C_n^n = C_n^0 = C_0^0 = 1$.

$C_n^m = C_n^{n-m}$, $C_n^m = C_{n-1}^m + C_{n-1}^{m-1}$.

$C_n^{k+1} = \dfrac{n-k}{k+1} C_n^k$.

$\displaystyle\sum_{k=0}^{n} C_n^k = 2^n$ (éste es también el número de todos los subconjuntos de un conjunto de n elementos, contado el conjunto vacío de $k = 0$).

El análisis combinatorio tiene varias aplicaciones en las ramas de la matemática tales como el álgebra, la trigonometría y el análisis real y complejo.

Es una herramienta esencial para las variadas aplicaciones del cálculo de probabilidades, especialmente en los juegos de suerte, cuando se cuentan las variantes favorables y posibles de una situación de juego, con respecto a la ocurrencia de un cierto evento.

Cálculo combinatorio

En la combinatoria, calcular las combinaciones significa simplemente contar. Todo problema de cálculo buscará el número de ciertas combinaciones (variaciones, permutaciones).

En el caso de que no haya una hipótesis adicional para ciertos elementos de las combinaciones este número puede obtenerse con la aplicación directa de la fórmula correspondiente.

Si el problema viene con condiciones adicionales en los elementos de la combinación, la solución usará las propiedades de las combinaciones antes de aplicar directamente la fórmula.

Por ejemplo, el problema: "¿de cuántas maneras se puede disponer las letras a, b, c, d, e en grupos de 4 letras?" requiere una aplicación inmediata de la fórmula de las variaciones, V_n^m, y se reemplaza n y m con los valores numéricos $n = 5$ y $m = 4$.

Pero el problema: "¿De cuántas maneras se pueden disponer las letras a, b, c, d, e en grupos de 4 letras, de modo que cada grupo comience con una vocal?" requiere un planteo adicional y la aplicación directa de la fórmula no resulta posible en este caso.

Uno de los métodos más comunes usados para buscar soluciones aplicando las propiedades de las combinaciones es hacer particiones después de haber aplicado las fórmulas a combinaciones más pequeñas. Explicaremos este procedimiento en detalle más adelante, en este capítulo.

Puesto que en la gran mayoría de las aplicaciones del cálculo de probabilidades que usan la combinatoria se refieren a combinaciones, insistimos en la presentación de las aplicaciones con combinaciones en la metodología del cálculo.

Aplicación directa de las fórmulas

A menudo podemos aplicar las fórmulas de cálculo presentadas al principio de este capítulo directamente reemplazando las variables con los parámetros del problema particular.

Esta aplicación directa puede hacerse en caso de problemas que no presenten condiciones adicionales en ciertos elementos de las combinatorias, lo que significa que sus elementos guardan la misma generalidad (ver el ejemplo arriba).

Después de reemplazar los parámetros de la fórmula, puede realizarse el cálculo numérico, lo que implica hacer operaciones de multiplicación y división (reducción de fracciones).

Adquirir la facilidad de calcular el factorial lleva tiempo y también memorización.

Memorizar algunos productos factoriales es útil para evitar multiplicaciones repetidas y poder insertar valores precalculados en expresiones complicadas. Se puede memorizar fácilmente los productos factoriales siguientes:

$$2! = 2;\ 3! = 6;\ 4! = 24;\ 5! = 120;\ 6! = 720;\ 7! = 5040;\ 8! = 40320.$$

Para variaciones y combinaciones, las fórmulas de cálculo pueden aplicarse en alguna de las dos maneras (factorial o desarrollada).

La forma desarrollada se obtiene de la expresión factorial presentando los factores y reduciéndolos en la fracción:

$$V_n^m = \frac{n!}{(n-m)!} = \frac{1 \cdot 2 \cdot ... \cdot (n-m) \cdot (n-m+1) \cdot (n-m+2) \cdot ... \cdot n}{1 \cdot 2 \cdot ... \cdot (n-m)} =$$

$$= (n-m+1)(n-m+2)...(n-1)n.$$

$$C_n^m = \frac{n!}{m!(n-m)!} = \frac{1 \cdot 2 \cdot ... \cdot (n-m) \cdot (n-m+1) \cdot (n-m+2) \cdot ... \cdot n}{m!(1 \cdot 2 \cdot ... \cdot (n-m))} =$$

$$= \frac{(n-m+1) \cdot (n-m+2) \cdot ... \cdot n}{1 \cdot 2 \cdot ... \cdot m}.$$

Viniendo al detalle, el cálculo numérico mínimo para las dos fórmulas se representa en el algoritmo siguiente:

a) Para variaciones V_n^m:

1) Calcular la diferencia $n - m$.

2) Calcular el producto de todos los números consecutivos desde $n - m + 1$ a n.

Ejemplos:

– Calculemos V_7^3:

1) $7 - 3 = 4$

2) Calcular el producto de todos los números desde $4 + 1 = 5$ hasta 7; a saber, $5 \cdot 6 \cdot 7 = 210$.

$V_7^3 = 210$

– Calculemos V_{10}^5:

1) $10 - 5 = 5$

2) Calcular el producto de todos los números desde $5 + 1 = 6$ hasta 10; a saber, $6 \cdot 7 \cdot 8 \cdot 9 \cdot 10 = 42 \cdot 720 = 30240$.

$V_{10}^5 = 30240$

Otros ejemplos:

$V_8^3 = 6 \cdot 7 \cdot 8 = 42 \cdot 8 = 336$

$V_{17}^7 = 11 \cdot 12 \cdot 13 \cdot 14 \cdot 15 \cdot 16 \cdot 17 = 98017920$

b) Para combinaciones C_n^m:

1) Calcular la diferencia $n - m$.

2) Calcular el producto de todos los números consecutivos desde $n - m + 1$ hasta n.

3) Calcular el producto de todos los números consecutivos desde 1 hasta m.

4) Dividir el resultado obtenido en el paso 2 por el resultado obtenido en el paso 3.

Ejemplos:

– Calculemos C_5^2:

1) $5 - 2 = 3$

2) Calcular el producto de todos los números de $3 + 1 = 4$ hasta 5; a saber, $4 \cdot 5 = 20$.

3) Calcular el producto de los números desde 1 hasta 2; a saber, $1 \cdot 2 = 2$.

4) Dividir el resultado obtenido en el paso 2 por el resultado obtenido en el paso 3, a saber $20 : 2 = 10$.

$C_5^2 = 10$

– Calculemos C_{12}^5 :

1) $12 - 5 = 7$

2) Calcular el producto de todos los números desde $7 + 1 = 8$ hasta 12; a saber, $8 \cdot 9 \cdot 10 \cdot 11 \cdot 12$.

3) Calcular el producto de todos los números desde 1 hasta 5; a saber , $1 \cdot 2 \cdot 3 \cdot 4 \cdot 5$.

4) Dividir el resultado del paso 2 por el resultado del paso 3, escribiéndolo como la fracción $\dfrac{8 \cdot 9 \cdot 10 \cdot 11 \cdot 12}{1 \cdot 2 \cdot 3 \cdot 4 \cdot 5}$; luego de las reducciones inmediatas, obtenemos $8 \cdot 9 \cdot 11 = 792$.

$$C_{12}^5 = 792$$

Se recomienda dejar los productos del paso 2 y 3 en su forma factorial no calculada, porque eso permite la reducción de la fracción del paso 4, y esta metodología nos ahorra muchos cálculos.

Otros ejemplos:

$$C_{15}^3 = \frac{13 \cdot 14 \cdot 15}{1 \cdot 2 \cdot 3} = 13 \cdot 7 \cdot 5 = 13 \cdot 35 = 455$$

$$C_{19}^4 = \frac{16 \cdot 17 \cdot 18 \cdot 19}{1 \cdot 2 \cdot 3 \cdot 4} = 4 \cdot 17 \cdot 3 \cdot 19 = 12 \cdot 17 \cdot 19 = 3876$$

La propiedad $C_n^m = C_n^{n-m}$ es útil para los cálculos, porque los simplifica.

Esta propiedad debe usarse cuando la diferencia de $n - m$ es menor que m, porque reduce el número de los factores en el producto.

Por ejemplo, para $n = 57$ y $m = 53$, tenemos $C_{57}^{53} = C_{57}^4$.

Obviamente, C_{57}^4 se desarrolla y calcula más fácilmente aplicando la fórmula que C_{57}^{53} porque contiene el factorial de 4! (y no el de 53!):

$$C_{57}^4 = \frac{54 \cdot 55 \cdot 56 \cdot 57}{4!}, \quad C_{57}^{53} = \frac{5 \cdot 6 \cdot \ldots \cdot 57}{53!} .$$

Esta propiedad $C_n^m = C_n^{n-m}$ debe aplicarse en general cuando m y n tienen valores cercanos uno del otro.

Ejemplos:

$$C_7^5 = C_7^2 = \frac{6 \cdot 7}{2} = 21$$

$$C_{11}^8 = C_{11}^3 = \frac{9 \cdot 10 \cdot 11}{2 \cdot 3} = 3 \cdot 5 \cdot 11 = 165$$

$$C_{25}^{19} = C_{25}^6 = \frac{20 \cdot 21 \cdot 22 \cdot 23 \cdot 24 \cdot 25}{2 \cdot 3 \cdot 4 \cdot 5 \cdot 6} = 10 \cdot 7 \cdot 22 \cdot 23 \cdot 5 = 177100$$

Al final del paso del algoritmo de cálculo, luego de llegar a la última fracción podemos controlar si se cometió algún error fijándose que el numerador y el denominador presenten los factores consecutivos de los productos de los pasos previos.

Puesto que el numero de combinaciones es un número natural (variaciones y permutaciones) la reducción total de esa fracción es obligatoria (completa desaparición del denominador).

Si encontramos que la fracción no puede ser reducida en su totalidad, eso es un signo de que ha ocurrido un error en los pasos previos y el cálculo debe hacerse de nuevo.

Partición de las combinaciones

Hagamos el ejercicio siguiente: desplegar todas las combinaciones de cuatro dígitos de los números (1, 2, 3, 4, 5, 6, 7). La cantidad total debe ser $C_7^4 = C_7^3 = 35$.

Este desarrollo no debe hacerse al azar porque se corre el riesgo de perder alguna combinación, y además, se puede escribir la misma más de una vez. Para hacer el desarrollo ordenadamente podemos usar el algoritmo siguiente: Se mantiene siempre el orden ascendente de los números de las combinaciones escritas (de izquierda a derecha), y se incrementa sucesivamente los dígitos empezando por la derecha. Cuando no sea posible seguir incrementando un dígito, se comienza a incrementar el dígito anterior de la combinación y se continúa el procedimiento hasta que no haya más capacidad de incrementar.

Elegir el orden ascendente no afecta al enfoque general de resolver el problema, porque el orden de los elementos no se tiene en cuenta en el problema. Este procedimiento asegura que todas las combinaciones, sin omisión estén consideradas y evita que se repita alguna de ellas (contar dos veces la misma).

Aquí se muestra como es el desarrollo en la práctica:

Se comienza con la combinación (1234). Sucesivamente se incrementa el número 4 que está en el último lugar (cuarto): (1235), (1236), (1237). No se puede incrementar más el número del último lugar. Incrementar el número 3 del tercer lugar, reemplazándolo con 4: (1245), (1246), (1247). Lo siguiente es reemplazar el 4 por un 5 en el tercer lugar: (1256), (1257).

Reemplazar el 5 por un 6 en el tercer lugar: (1267). Para continuar se pasa al segundo lugar: reemplazar el 2 por un 3 y comenzar con 4 en el tercer lugar: (1345), (1346), (1347).

Reemplazar el 4 por un 5 en el tercer lugar: (1356), (1357).

Reemplazar el 5 por un 6 en el tercer lugar: (1367). Otra vez hay que cambiar el segundo lugar por un 4 en vez del 3: (1456), (1457).

Reemplazar el 5 por un 6 en el tercer lugar: (1467).

Reemplazar el 4 por un 5 en el segundo lugar: (1567).

Ahora las combinaciones que tienen el número 1 en el primer lugar se han terminado. Reemplazar el 1 por el 2 en el primer lugar y empezar con el 3 en el segundo lugar y el 4 en el tercer lugar: (2345), (2346), (2347).

Poner un 5 en el tercer lugar: (2356), (2357).

Poner un 6 en el tercer lugar: (2367).

Reemplazar el 3 con un 4 en el segundo lugar, y comenzar con 5 en el tercer lugar: (2456), (2457).

Poner un 6 en el tercer lugar: (2467).

Reemplazar el 4 con un 5 en el segundo lugar: (2567). Ahora las combinaciones que tienen el número 2 en el primer lugar se han acabado. Poner el 3 en el primer lugar y 4 en el segundo lugar y 5 en el tercero: (3456), (3457).

Poner un 6 en el tercer lugar: (3467).

Reemplazar el 4 por un 5 en el segundo lugar: (3567). Ahora las combinaciones que tienen un 3 en el primer lugar están acabadas. Reemplazar el 3 por un 4 en el primer lugar: (4567). Esta es la última combinación que se cuenta.

Contando ahora las combinaciones desplegadas encontramos treinta y cinco combinaciones diferentes, luego el desarrollo es correcto.

Hemos realizado este proceso algorítmico para comprender el proceso efectivo de generar combinaciones de elementos de un conjunto dado y para ver por qué las multiplicaciones repetidas son las únicas operaciones elementales que conforman el proceso del recuento.

En el ejemplo anterior, observar que:

– Para contar las combinaciones de 4 elementos que contienen al número 1, fijamos ese número y desarrollamos todas las combinaciones de tres elementos que contienen el resto de los números (2, 3, 4, 5, 6,7), las que son $C_6^3 = 20$.

Ciertamente, en el recuento de las combinaciones que contienen el número 1, se encuentran veinte combinaciones.

La combinación que contiene al número 1 puede escribirse como $(1xyz)$, donde x, y, z son variables mutuamente diferentes con los valores del conjunto $\{2, 3, 4, 5, 6, 7\}$.

En un abuso de la notación, podríamos escribir $(1xyz) = (1)(xyz) = 1 \cdot C_6^3 = 20$, lo que significa: la cantidad de combinaciones de 4 elementos que contienen al número 1 es igual a la cantidad de combinaciones de un elemento que contienen al 1 (a saber, una única combinación) multiplicada por la cantidad de combinaciones de tres elementos que se forman con el conjunto de números que quedan (2, 3, 4, 5, 6, 7).

Obviamente el mismo resultado (veinte) es válido para la cantidad de combinaciones que contienen cualquier otro de los números 2, 3, 4, 5, 6 o 7.

Notar que la cantidad total de combinaciones de 4 elementos del conjunto dado no es igual a la suma de esos resultados parciales (la cantidad de combinaciones que contienen el 1 + la cantidad de combinaciones que contienen el número 2 + ... + la cantidad de combinaciones que contienen el número 7).

Esto se verifica en el acto ($35 \neq 20 \cdot 6$) y se explica por el hecho que mediante la adición presentada algunas combinaciones se cuentan más de una vez (una combinación que contiene al número 1 puede también contener al 2, etc.).

– Para contar las combinaciones de 4 elementos que contienen a los números 1 y 2, fijamos los números 1 y 2 y desarrollamos todas las combinaciones de 2 elementos del conjunto de números que quedan (3, 4, 5, 6, 7), que son: $C_5^2 = 10$.

Con el mismo abuso de notación podríamos escribir $(12xy) = (12)(xy) = 1 \cdot C_5^2 = 10$: la cantidad de combinaciones de 4 elementos que contienen a los números 1 y 2 es igual a la cantidad de combinaciones de 2 elementos que contienen a los números 1 y 2 (a saber, una única combinación) multiplicado por la cantidad de combinaciones de 2 elementos que hay en el conjunto de los números que quedan (3, 4, 5, 6, 7). Obviamente, vale el mismo resultado (10) para el número de combinaciones que contienen dos números dados cualesquiera (23), (35), (57), etc.

– Para contar la cantidad de combinaciones de 4 elementos que contienen a los números 1, 2 y 3, fijamos los número 1, 2 y 3 y desarrollamos todas las combinaciones de 1 elemento en el conjunto de los números que quedan (4, 5, 6, 7), que son: $C_4^1 = 4$.

Con el mismo abuso de notación podemos escribir $(123x) = (123)(x) = 1 \cdot 4 = 4$: el número de combinaciones de 4 elementos que contienen los números 1, 2 y 3 es igual a la cantidad de combinaciones de 3 elementos que contienen a los números 1, 2 y 3 (a saber, una sola combinación) multiplicado por el número de combinaciones de 1 elemento del conjunto de números que queda (4, 5, 6, 7). Obviamente, vale el mismo número (cuatro) para las combinaciones que contengan otros tres números cualesquiera (234), (357), (136), etc.

En el ejercicio anterior, el recuento de combinaciones que contienen los números dados con el formato $(1xyz)$, $(12xy)$ o $(123x)$ se cuenta entre los ejemplos clásicos de problemas que imponen condiciones adicionales a los elementos de las combinaciones.

Se usan en el planteo las representaciones gráficas $(1xyz) = (1)(xyz)$, $(12xy) = (12)(xy)$ y $(123x) = (123)(x)$, lo que simplifica el cálculo reduciendo las combinaciones a un tamaño menor.

Llamar a este procedimiento la *partición* de las combinaciones.

La generalización inmediata de este ejercicio es la siguiente:

Sea $E = A \cup B \cup C \cup D$ un conjunto, con A, B, C y D mutuamente excluyentes.

Si de todas las combinaciones de 4 elementos del conjunto E queremos contar las que contienen un elemento de A, escribimos:

$(abcd) = (a)(bcd)$, donde $a \in A$ (esto es una condición adicional impuesta en los elementos de las combinaciones); (a) es el número de elementos de A y (bcd) el número de combinaciones de 3 elementos de $B \cup C \cup D$; se multiplican estos dos números; observar que los conjuntos A y $B \cup C \cup D$ son disjuntos.

Si queremos contar las combinaciones que contienen dos elementos de la unión $A \cup B$, escribimos:

$(abcd) = (ab)(cd)$, donde $a, b \in A \cup B$; (ab) es el número de combinaciones de dos elementos de $A \cup B$ y (cd) el número de combinaciones de 2 elementos de $C \cup D$; observar que los conjuntos $A \cup B$ y $C \cup D$ son excluyentes (esta es una condición obligatoria para la aplicación de este procedimiento; si no, algunas combinaciones podrían contarse más de una vez).

El procedimiento vale para combinaciones de cualquier tamaño, sin considerar las condiciones de sus elementos. La generalización se hace de la manera siguiente:

Consideremos combinaciones de tamaño n $\left(a_1 a_2 ... a_n \right)$ de elementos de un conjunto finito A.

Sea $\left(k_1, k_2, ..., k_m \right)$ una partición de n (k_i son números naturales tales que $k_1 + k_2 + ... + k_m = n$) y $A_{k_1}, A_{k_2}, ..., A_{k_m}$ una partición del conjunto A (A_{k_i} son conjuntos mutuamente excluyentes tales que $\bigcup_{i=1}^{m} A_{k_i} = A$). Entonces:

$$\left(a_1 a_2 ... a_n \right) = \left(a_1 a_2 ... a_{k_1} \right) \left(a_{k_1+1} ... a_{k_1+k_2} \right) ... \left(a_{k_1+ ... +k_{m-1}+1} ... a_n \right)$$

Como afirmamos antes, esto es un abuso de la notación y representa un procedimiento antes que una fórmula. La partición de combinaciones es de hecho una representación gráfica que nos permite ver una propiedad y simplificar el cálculo.

Las representaciones gráficas y la notación literal, aún cuando las consideremos abusivas, son muy recomendadas en los problemas combinatorios.

Ayudan al planteo correcto de un problema con la aplicación de las propiedades correspondientes y a la realización correcta de los cálculos.

Los ejemplos siguientes muestran como funcionan esos procedimientos en las aplicaciones prácticas.

Aplicaciones

Problemas resueltos

1) Tenemos quince libros y debemos llenar un estante donde se pueden acomodar solamente once libros.

a) ¿De cuántas maneras podemos acomodar los once libros en el estante, si los elegimos de los quince?

b) ¿De cuántas maneras podemos elegir los once libros?

Solución:

a) Podemos aplicar directamente la fórmula de las variaciones; el número buscado es V_{15}^{11}; de acuerdo al algoritmo de cálculos mínimos para las variaciones encontramos que:

1) $15 - 11 = 4$

2) Hacer el producto de los números desde $4 + 1 = 5$ hasta 15:

$5 \cdot 6 \cdot 7 \cdot 8 \cdot 9 \cdot 10 \cdot 11 \cdot 12 \cdot 13 \cdot 14 \cdot 15 =$

$30 \cdot 56 \cdot 90 \cdot 132 \cdot 13 \cdot 14 \cdot 15 = 54486432000$.

$V_{15}^{11} = 54486432000$

b) La selección no tiene en cuenta el orden.

Trabajamos aquí solamente con combinaciones y el número buscado es C_{15}^{11}.

Podemos usar la propiedad $C_{15}^{11} = C_{15}^{15-11} = C_{15}^{4}$ para reducir el cálculo y entonces seguir el algoritmo de cálculos mínimos para las combinaciones:

1) $15 - 4 = 11$

2) Hacer el producto de los números desde 12 hasta 15:

$12 \cdot 13 \cdot 14 \cdot 15$

3) Hacer el producto de los números de 1 a 4: $2 \cdot 3 \cdot 4$

4) Hacer la división $\dfrac{12 \cdot 13 \cdot 14 \cdot 15}{2 \cdot 3 \cdot 4}$; luego de las reducciones,

tenemos $13 \cdot 7 \cdot 15 = 1365$.

$C_{15}^{11} = 1365$

2) ¿De cuántas maneras podemos ordenar las letras de la palabra MADUREZ?

Solución:
Las letras son diferentes y son un total de siete, entonces la cantidad de permutaciones es
$7! = 2 \cdot 3 \cdot 4 \cdot 5 \cdot 6 \cdot 7 = 24 \cdot 30 \cdot 7 = 24 \cdot 210 = 5040$.

3) En un sistema de lotería de 6/49 (se sacan seis números de un total de cuarenta y nueve, con una variante jugada que tiene seis números), calcular el número total de variantes posibles que pueden salir en la extracción.

Solución
La variante extraída representa una combinación de 6 elementos tomados de cuarenta y nueve números, así que el número buscado es C_{49}^6 :
1) $49 - 6 = 43$
2) Hacer el producto $44 \cdot 45 \cdot 46 \cdot 47 \cdot 48 \cdot 49$
3) Hacer el producto $2 \cdot 3 \cdot 4 \cdot 5 \cdot 6$
4) Hacer la división
$$\frac{44 \cdot 45 \cdot 46 \cdot 47 \cdot 48 \cdot 49}{2 \cdot 3 \cdot 4 \cdot 5 \cdot 6} = 44 \cdot 3 \cdot 46 \cdot 47 \cdot 48 \cdot 49 = 13983816 = C_{49}^6.$$
(¡Esperamos que los jugadores que normalmente juegan a pocas variantes no estén muy desalentados!)

4) En un sistema de lotería de 6/49, calcular cuántas variantes posibles existen que contengan los números 5 y 11.

Solución:
Fijando los dos números, las variantes que los contienen tendrán la forma (5 11 *xyzt*), donde *x*, *y*, *z* y *t* son los distintos números que pertenecen al conjunto $\{1, 2, ..., 49\} - \{5, 11\}$, que tiene $49 - 2 = 47$ elementos. Hacemos la partición (5 11 *xyzt*) = (5 11)(*xyzt*).

(5 11) representa una combinación y el número (*xyzt*) de combinaciones viene dado por la cantidad de conjuntos de 4 elementos que pueden formarse con los números restantes (47

números), a saber, C_{47}^4. Entonces el número buscado es

$$1 \cdot C_{47}^4 = C_{47}^4 = \frac{44 \cdot 45 \cdot 46 \cdot 47}{2 \cdot 3 \cdot 4} = 178365.$$

5) En un sistema de lotería de 6/49, calcular cuántas variantes existen que contengan los números 1, 2 y 3.

Solución:
Las variantes correspondientes tendrán la forma ($123xyz$) con x, y, z mutuamente diferentes, y diferentes de 1, 2 y 3. El conjunto de donde x, y, z pueden tomar valores tiene 46 elementos (49 – 3).
Con la partición tenemos ($123xyz$) = (123)(xyz).
Designando con C al número buscado, tenemos:

$$C = 1 \cdot C_{46}^3 = C_{46}^3 = \frac{44 \cdot 45 \cdot 46}{2 \cdot 3} = 15180 \quad (1 \text{ es el número de las}$$

combinaciones (123) y C_{46}^3 es el número de las combinaciones (xyz)).

6) En un sistema de lotería de 6/49, calcular: a) Las variantes que contienen solamente números pares. b) Las variantes que contienen solamente números impares.

Solución:
a) Los números pares son 2, 4, 6, 8, …, 48, 24 en total (tenemos $2 = 1 \cdot 2$, $4 = 2 \cdot 2$, $6 = 3 \cdot 2$, …, $48 = 24 \cdot 2$; la cuenta se hace siguiendo el primer factor de los productos).
El número de combinaciones de seis números pares es entonces
$$C_{24}^6 = \frac{19 \cdot 20 \cdot 21 \cdot 22 \cdot 23 \cdot 24}{2 \cdot 3 \cdot 4 \cdot 5 \cdot 6} = 134596.$$
b) Los números impares son 1, 3, 5, 7, …, 49, a saber: 49–24=25 (hemos restado el número de los números pares).
La cantidad de combinaciones de seis números impares es entonces $C_{25}^6 = \frac{20 \cdot 21 \cdot 22 \cdot 23 \cdot 24 \cdot 25}{2 \cdot 3 \cdot 4 \cdot 5 \cdot 6} = 177100.$

7) En un sistema de lotería de 6/49, encontrar el número de variantes posibles que contienen exactamente cuatro números pares.

Solución:

Designemos esa variable con (*PPPPxy*), donde *P* son los números pares menores de cuarenta y nueve y *x, y* son distintos e impares.

Esto es por supuesto un abuso de notación. La repetición de la misma letra *P* no significa que los números sean iguales (una combinación no puede contener elementos idénticos); solamente significa que son pares y mutuamente diferentes. Esta notación simplifica la partición y el cálculo mostrando los elementos en los que se han impuesto las condiciones adicionales.

(*PPPPxy*) = (*PPPP*)(*xy*)

La cantidad de (*PPPP*) combinaciones es la cantidad de combinaciones de 4 elementos de los de 24 (la cantidad de números pares); a saber, C_{24}^4, y la cantidad de combinaciones (*xy*) es la cantidad de combinaciones de 2 elementos de 25 (a saber, el resto de los números, los impares), a saber C_{25}^2.

Calculando:

$$C_{24}^4 \cdot C_{25}^2 = \frac{21 \cdot 22 \cdot 23 \cdot 24}{2 \cdot 3 \cdot 4} \cdot \frac{24 \cdot 25}{2} = 3187800.$$

8) En un sistema de lotería de 5/40 (se extraen seis números de un total de cuarenta, desde 1 a 40, con una sola variante apostada que tiene cinco números), calcular la cantidad total de variantes posibles que pueden extraerse.

Solución:

El número viene dado por la cantidad de conjuntos de 6 elementos que pueden formarse con los cuarenta números; a saber, $C_{40}^6 = 3838380$.

9) En un sistema de lotería de 5/40 encontrar el número posible de variantes jugadas que contienen exactamente dos números mayores que 17.

Solución

La variante jugada contiene cinco números. Usemos la notación (*NNxyz*) para designar una variante que responda a las condiciones del problema, donde *N* > 17 y *x, y, z* son mutuamente diferentes y toman valores del conjunto que son menores o iguales a 17 (entonces obviamente son diferentes de los dos primeros elementos de la combinación).

$(NNxyz) = (NN)(xyz)$

El conjunto de donde N toma valores tiene $40 - 17 = 23$ elementos y el conjunto de donde x, y, z toma valores tiene diez y siete elementos.

El número buscado es entonces

$$C_{23}^2 \cdot C_{17}^3 = \frac{22 \cdot 23}{2} \cdot \frac{15 \cdot 16 \cdot 17}{2 \cdot 3} = 172040.$$

10) En un sistema de lotería de 5/40, encontrar la cantidad de variantes posibles extraídas que contienen por lo menos tres números mayores que 21.

Solución:

Una variante extraída tiene seis números. Las combinaciones respectivas tienen la forma $(NNNxyz)$, con $N > 21$ (en un abuso de notación, NNN representa elementos distintos mayores que 21) y cualquier x, y, z (pueden tomar también valores mayores que 21).

En este nivel, no podemos hacer la partición $(NNNxyz) = (NNN)(xyz)$, porque los dos conjuntos asociados no son excluyentes (x, y, z pueden tomar valores del primer conjunto, a saber, números mayores que 21).

Esa partición, resuelta con la multiplicación es un error frecuente. Desarrollemos este cálculo incorrecto hasta finalizar:

La cantidad de combinaciones (NNN) es C_{19}^3, porque los números mayores que 21 son 22, 23, ..., 40, a saber 19 en total.

El número de combinaciones (xyz) es $C_{40-3}^3 = C_{37}^3$ (para cada combinación (NNN), quedan $40 - 3$ números de donde desarrollamos las combinaciones de 3 elementos).

El número buscado sería $C_{19}^3 \cdot C_{37}^3$.

Como dijimos, este procedimiento de cálculo es erróneo, porque la condición no se cumple para los conjuntos de valores asociados a esa partición que se suponen excluyentes.

La cantidad obtenida es mayor que el verdadero número porque algunas combinaciones se cuentan varias veces.

198

Por ejemplo, como resultado de la partición errónea las siguientes combinaciones

(25 22 35)(23 5 17)
(25 23 22)(35 5 17)
$\;\;N\;\;\;N\;\;\;N\;\;\;\;x\;\;\;y\;\;\;z$

se cuentan como distintas, cuando de hecho son exactamente las mismas.

El algoritmo correcto de cálculo consiste en separar el problema en varios problemas parciales: Calculamos la cantidad de combinaciones que contienen exactamente tres números N (mayores que 21), cuatro números N, cinco números N, y seis N, y luego sumamos los resultados.

1) Exactamente tres números N
Las combinaciones tienen la forma $(NNNxyz)$ con $x, y, z \neq N$ ($x, y, z \leq 21$).
La condición de que x, y, z son mutuamente distintos está implícita y no se expresa aquí para simplificar el texto.
$(NNNxyz) = (NNN)(xyz)$
Los números N pueden tomar diez y nueve valores (de 22 a 40) y x, y, z pueden tomar veintiún valores (de 1 a 21). Obviamente los dos conjuntos de valores son excluyentes.
El número buscado es entonces

$$C_{19}^3 \cdot C_{21}^3 = \frac{17 \cdot 18 \cdot 19}{2 \cdot 3} \cdot \frac{20 \cdot 21 \cdot 22}{2 \cdot 3} = 17 \cdot 3 \cdot 19 \cdot 10 \cdot 7 \cdot 22 = 1492260 .$$

2) Exactamente cuatro números N
Las combinaciones tienen una forma $(NNNNxy)$, con $x, y \neq N$.
$(NNNNxy) = (NNNN)(xy)$
N puede tomar diez y nueve valores mientras que x e y pueden tomar veintiún valores. El número de combinaciones es

$$C_{19}^4 \cdot C_{21}^2 = \frac{16 \cdot 17 \cdot 18 \cdot 19}{2 \cdot 3 \cdot 4} \cdot \frac{20 \cdot 21}{2} = 2 \cdot 17 \cdot 6 \cdot 19 \cdot 10 \cdot 21 = 813960 .$$

3) Exactamente cinco números N
Las combinaciones tienen la forma $(NNNNNx)$, con $x \neq N$.
$(NNNNNx) = (NNNNN)(x)$

N puede tomar diez y nueve valores y x puede tomar veintiún valores. El número de combinaciones es

$$C_{19}^5 \cdot C_{21}^1 = \frac{15 \cdot 16 \cdot 17 \cdot 18 \cdot 19}{2 \cdot 3 \cdot 4 \cdot 5} \cdot 21 = 2 \cdot 17 \cdot 18 \cdot 19 \cdot 21 = 244188 .$$

4) Seis números N

Las combinaciones tienen la forma ($NNNNNN$), la cantidad es

$$C_{19}^6 = \frac{14 \cdot 15 \cdot 16 \cdot 17 \cdot 18 \cdot 19}{2 \cdot 3 \cdot 4 \cdot 5 \cdot 6} = 14 \cdot 3 \cdot 2 \cdot 17 \cdot 19 = 27132 .$$

Ahora sumamos los resultados parciales de 1), 2), 3) y 4), con la seguridad de que ninguna combinación se ha contado más de una vez: 1492260 + 813960 + 244188 + 27132 = 2577540

El número de combinaciones extraídas posibles que contienen por lo menos tres números mayores que 21 es 2577540.

Este procedimiento de cálculos parciales, seguidos por la suma, se aplica en todas las situaciones similares (problemas en los que la condición impuesta a los elementos de las combinaciones es del tipo *por lo menos ...*).

Mediante este procedimiento se eliminan las duplicaciones del recuento.

11) En un juego de poker clásico con 52 naipes (en el que cada jugador recibe cinco cartas al comienzo, de las cuales retiene algunas y reemplaza el resto con otras nuevas en la segunda distribución), encontrar el número total posible de combinaciones que un jugador puede recibir en la primera distribución de cartas (de cuántas maneras cinco naipes pueden ser repartidos a un jugador).

Solución:

El jugador recibe una combinación arbitraria de cinco naipes de 52, entonces el número total de posibles combinaciones es

$$C_{52}^5 = \frac{48 \cdot 49 \cdot 50 \cdot 51 \cdot 52}{2 \cdot 3 \cdot 4 \cdot 5} = 2 \cdot 49 \cdot 10 \cdot 51 \cdot 52 = 2598960 .$$

12) De todas las combinaciones encontradas en el ejercicio previo encontrar cuántas de ellas contienen

a) exactamente dos tréboles;

b) un mínimo de dos tréboles;

c) cinco cartas del mismo palo (figuras) (tréboles ♣, picas ♠, diamantes ♦, corazones ♥); y

d) una pareja de reinas (*QQ*).

Solución:

a) Designar las cartas de tréboles con *C*. Una combinación que contenga exactamente dos tréboles tiene la forma de (*CCxyz*) con $x, y, z \neq C$.

(*CCxyz*) = (*CC*)(*xyz*); *C* puede tener trece valores (hay trece cartas de trébol); *x*, *y*, *z* pueden tomar 52 – 13 = 39 valores. El número buscado entonces es

$$C_{13}^2 \cdot C_{39}^3 = \frac{12 \cdot 13}{2} \cdot \frac{37 \cdot 38 \cdot 39}{2 \cdot 3} = 6 \cdot 13 \cdot 37 \cdot 19 \cdot 13 = 712842.$$

b) Encontramos sucesivamente la cantidad de combinaciones que contienen exactamente tres, cuatro y cinco tréboles y luego las sumamos todas juntas con la cantidad encontrada en a):

1) Exactamente tres tréboles

(*CCCxy*) = (*CCC*)(*xy*); *C* toma trece valores mientras que *x* e *y* toman treinta y nueve valores. El número de combinaciones es

$$C_{13}^3 \cdot C_{39}^2 = \frac{11 \cdot 12 \cdot 13}{2 \cdot 3} \cdot \frac{38 \cdot 39}{2} = 11 \cdot 2 \cdot 13 \cdot 19 \cdot 39 = 211926.$$

2) Exactamente cuatro tréboles

(*CCCCx*) = (*CCCC*)(*x*); *C* toma trece valores y *x* toma treinta y nueve valores. El número de combinaciones es

$$C_{13}^4 \cdot 39 = \frac{10 \cdot 11 \cdot 12 \cdot 13}{2 \cdot 3 \cdot 4} \cdot 39 = 5 \cdot 11 \cdot 13 \cdot 39 = 27885.$$

3) Cinco tréboles

El número de (*CCCCC*) combinaciones es

$$C_{13}^5 = \frac{9 \cdot 10 \cdot 11 \cdot 12 \cdot 13}{2 \cdot 3 \cdot 4 \cdot 5} = 9 \cdot 11 \cdot 13 = 1287.$$

En total (junto con el resultado de a)), tenemos

$712842 + 211926 + 27885 + 1287 = 953940$ combinaciones que tienen por lo menos dos tréboles.

c) Para un símbolo específico (Sea S el símbolo), la cantidad de combinaciones (*SSSSS*) es $C_{13}^5 = 1287$ (ver b)1)).

Tenemos cuatros símbolos (♣, ♠, ♦, ♥); por lo tanto, el número buscado es $4 \cdot C_{13}^5 = 4 \cdot 1287 = 5148$.

d) La frase *una pareja de reinas* puede querer decir *exactamente dos reinas* o *por lo menos dos reinas*.

Haremos el cálculo para los dos casos.

1) Exactamente dos reinas

La combinación tiene la forma (*QQxyz*) con $x, y, z \neq Q$; Q toma cuatro valores (Q♣, Q♠, Q♦, Q♥); x, y, z toman $52 - 4 = 48$ valores. La cantidad es

$$C_4^2 \cdot C_{48}^3 = \frac{3 \cdot 4}{2} \cdot \frac{46 \cdot 47 \cdot 48}{2 \cdot 3} = 6 \cdot 46 \cdot 47 \cdot 8 = 103776.$$

2) Exactamente tres reinas

Las combinaciones tienen la forma (*QQQxy*) con $x, y \neq Q$.

Su número es $C_4^3 \cdot C_{48}^2 = 4 \cdot \dfrac{47 \cdot 48}{2} = 4512$.

3) Cuatro reinas

Las combinaciones tienen la forma de (*QQQQx*), con $x \neq Q$, cuyo número es $C_4^4 \cdot 48 = 1 \cdot 48 = 48$.

El número de combinaciones que contienen por lo menos dos reinas es entonces $103776 + 4512 + 48 = 108336$.

13) El mismo problema para un juego de poker clásico con una baraja de 32 cartas (*para resolver*).

14) En un juego de poker Texas Hold'em (en el que cada jugador recibe al comienzo dos cartas de una baraja de 52 (llamadas cartas pocket o hole), después el repartidor pone cinco cartas comunes en la mesa en tres pasos (llamadas cartas comunitarias): 3 cartas (flop), 1 carta (turn) y 1 carta (river)); encontrar:

a) ¿De cuantas maneras pueden repartirse las cartas pocket a un jugador?

b) ¿De cuántas maneras pueden repartirse las cartas pocket a dos jugadores?

c) ¿De cuántas maneras pueden repartirse las cartas pocket a n jugadores?

Solución:

a) Obviamente, el número de todas las combinaciones es

$$C_{52}^2 = \frac{51 \cdot 52}{2} = 1326.$$

b) Para dos jugadores tenemos que contar combinaciones dobles de 2 elementos tomadas de 52 cartas. Tienen una forma $((xy)(zt))$, con x, y, z, t mutuamente distintas. Notar que en una combinación simple no importa el orden, mientras que en una combinación doble si. (El primer elemento (xy) representa las cartas servidas al primer jugador y el segundo elemento (zt) representa las cartas servidas al segundo). En otras palabras, la combinación doble $((ab)(cd))$ es diferente de la $((cd)(ab))$.

Para realizar un recuento correcto, vamos a desarrollar estas combinaciones fijando una combinación para el primer jugador y desarrollando todas las combinaciones posibles para el segundo con las cartas que quedan, que son C_{50}^2.

Para el primer jugador tenemos C_{52}^2 combinaciones posibles, por lo que el número de combinaciones dobles posibles es $C_{52}^2 \cdot C_{50}^2$ (como ejercicio, hacer el cálculo numérico).

c) Para n jugadores, la cuenta consiste también en multiplicaciones sucesivas similares. Observemos algunos resultados parciales:

– Para dos jugadores, hemos encontrado $C_{52}^2 \cdot C_{50}^2$.

– Para tres jugadores, tenemos $C_{52}^2 \cdot C_{50}^2 \cdot C_{48}^2$.

– Para cuatro jugadores, tenemos $C_{52}^2 \cdot C_{50}^2 \cdot C_{48}^2 \cdot C_{46}^2$.

En el último factor de cada resultado parcial se observa que:

$50 = 52 - 2 \cdot 1$ (para dos jugadores)

$48 = 52 - 2 \cdot 2$ (para tres jugadores)

$46 = 52 - 2 \cdot 3$ (para cuatro jugadores).

Generalizando, encontramos la fórmula de todas las combinaciones posibles de distribución para n jugadores:

$C_{52}^2 \cdot C_{50}^2 \cdot ... \cdot C_{52-2(n-1)}^2$ o, escrito de otra manera, $\displaystyle\prod_{i=1}^{n} C_{52-2(i-1)}^2$.

15) En Texas Hold'em; ¿de cuántas maneras pueden repartirse las cinco cartas comunitarias?

Solución:

Si miramos este problema desde el punto de vista de un observador neutral (alguien que no participa en el juego), las combinaciones se generan de todas las cartas de la baraja, y son

$$C_{52}^5 = \frac{48 \cdot 49 \cdot 50 \cdot 51 \cdot 52}{2 \cdot 3 \cdot 4 \cdot 5} = 4 \cdot 49 \cdot 5 \cdot 51 \cdot 52 = 2598960 .$$

Si consideramos el problema desde la perspectiva de un participante (un jugador que ya ha visto sus propias cartas) entonces las combinaciones se generan de 50 cartas, y son

$$C_{50}^5 = \frac{46 \cdot 47 \cdot 48 \cdot 49 \cdot 50}{2 \cdot 3 \cdot 4 \cdot 5} = 46 \cdot 47 \cdot 2 \cdot 49 \cdot 10 = 2118760 .$$

16) En Texas Hold'em, ¿de cuántas maneras pueden repartirse las cartas del flop?

Solución:

Desde el punto de vista de un observador neutral, las cartas del flop pueden distribuirse en . $C_{52}^3 = \dfrac{50 \cdot 51 \cdot 52}{2 \cdot 3} = 50 \cdot 17 \cdot 26 = 22100$ formas.

Desde la perspectiva de un participante (un jugador que ya a visto sus cartas), el número de combinaciones del flop es

$$C_{50}^3 = \frac{48 \cdot 49 \cdot 50}{2 \cdot 3} = 8 \cdot 49 \cdot 50 = 19600 .$$

17) En Texas Hold'em; ¿de cuántas maneras pueden repartirse las cartas pocket a un jugador para que tenga por lo menos un as?

Solución:

Representando al as con A (A puede ser A♣, A♠, A♦, A♥), podemos contar las combinaciones de la forma (Ax), con $x \neq A$ y la forma (AA), y sumar los resultados.

Para (Ax): A toma cuatro valores y x toma $52 - 4 = 48$ valores, y el número de combinaciones es $4 \cdot 48 = 192$.

Para (AA): el número de combinaciones es $C_4^2 = 6$.

Entonces, el número de combinaciones que contengan por lo menos un as es $192 + 6 = 198$.

18) En Texas Hold'em; ¿de cuantas maneras pueden repartirse las cartas pocket a un jugador para que reciba dos símbolos (palos) idénticos?

Solución:
Para un símbolo específico S, las combinaciones tienen la forma (SS) y la cantidad es $C_{13}^2 = \dfrac{12 \cdot 13}{2} = 78$. Tenemos cuatro palos, entonces la cantidad total de combinaciones es $4 \cdot 78 = 312$.

19) Un participante del juego Texas Hold'em recibe el 7♣ y el 8♦. ¿De cuantas maneras se pueden repartir las cartas del flop para que tengan: a) exactamente dos tréboles; b) un mínimo de dos tréboles?

Solución:
a) Una combinación del flop que contiene exactamente dos tréboles tiene la forma (CCx), con $x \neq C$ (C = tréboles); C toma $13 - 1 = 12$ valores (un trébol del total de 13 está en la mano servida); el conjunto de los valores que x puede tomar tiene $52 - 2 - 2 - 10 = 38$ elementos (hemos quitado las dos cartas pocket, las dos cartas CC de la combinación del flop y los diez tréboles que quedan). $(CCx)=(CC)(x)$

El número de combinaciones es $C_{12}^2 \cdot 38 = \dfrac{11 \cdot 12}{2} \cdot 38 = 2508$.

b) Calculemos el número de combinaciones que contienen tres tréboles. La forma es (CCC) y la cantidad $C_{12}^3 = \dfrac{10 \cdot 11 \cdot 12}{2 \cdot 3} = 220$.

En total tenemos $220 + 2508 = 2728$ combinaciones que contienen por lo menos dos tréboles.

20) En Texas Hold'em; ¿de cuántas maneras un jugador puede recibir una mano servida que contenga una pareja(cualquiera)?

Solución:
Para una pareja específica (PP) (PP son dos cartas diferentes del mismo valor), hay $C_4^2 = 6$ combinaciones posibles (P toma cuatro valores).

Tenemos trece valores para todas las cartas, por lo tanto la cantidad de combinaciones es $13 \cdot C_4^2 = 13 \cdot 6 = 78$.

21) En una máquina tragamonedas (una máquina con 3, 4 o 5 rodillos, cada rodillo tiene el mismo número de símbolos diferentes, con 1, 2 o 3 líneas ganadoras; después de un giro aleatorio de los rodillos aparece en la línea ganadora una combinación de símbolos que pueden ganar o no) con tres rodillos, siete símbolos y una línea ganadora:

a) ¿Cuántas combinaciones posibles de símbolos pueden aparecer en la línea ganadora?

b) ¿Cuántas de esas combinaciones contienen tres símbolos idénticos?

c) ¿Cuántas de esas combinaciones contienen dos símbolos idénticos?

Solución:
a) Puesto que hay siete símbolos en cada uno de los tres rodillos, tenemos $7 \cdot 7 \cdot 7 = 343$ combinaciones posibles.

b) Para un símbolo específico S, tenemos una sola combinación que contenga 3 símbolos S, a saber (SSS). En total tenemos $7 \cdot 1 = 7$ combinaciones.

c) Para un símbolo específico S, las combinaciones que se cuentan tienen la forma:

(SSx), $x \neq S$, a saber, $1 \cdot 1 \cdot 6 = 6$

(SxS), $x \neq S$, a saber, $1 \cdot 1 \cdot 6 = 6$

(xSS), $x \neq S$, a saber, $1 \cdot 1 \cdot 6 = 6$.

Obviamente, el orden de los elementos debe tenerse en cuenta.

No tenemos combinaciones comunes entre estas combinaciones (tal combinación tendría una forma (SSS), pero $x \neq S$), entonces podemos sumar los tres números y encontramos 18.

Tenemos siete símbolos, entonces, la cantidad buscada de combinaciones es $7 \cdot 18 = 126$.

22) ¿De cuántas maneras posibles pueden salir tres dados que se arrojan (con respecto a los números que aparecen en la cara superior)?

Solución:
El problema es similar al punto a) del problema anterior (usamos un dado en lugar de un rodillo y los números de los dados en lugar de los símbolos en los rodillos). Cada dado tiene seis números, entonces, al tirarlos, pueden salir en $6 \cdot 6 \cdot 6 = 216$ combinaciones posibles (un cierto número en cada dado – el orden se toma en cuenta).

23) ¿De cuántas maneras pueden salir al tirar tres dados para que la suma de los números que salen sea 15?

Solución:
El problema se transforma en la partición del número 15 en tres términos, tales que cada término es menor o igual a 6, tomando en cuenta el orden de los términos.

Entonces, para no omitir una partición y para evitar repeticiones vamos a incrementar progresivamente los términos de izquierda a derecha, comenzando con 1 en el primer lugar:
1 + 1 + 13 – no cumple (13 > 6)
1 + 2 + 12 – no cumple (12 > 6)
Ninguna combinación que contenga un 1 es conveniente, porque los catorce restantes no pueden repartirse en dos números que sean menores o iguales que 6. Se continúa con 2 en el primer lugar:
2 + 2 + 11 – no cumple
2 + 3 + 10 – no cumple
…
2 + 6 + 7 – no cumple
Se continúa con 3 en el primer lugar:
3 + 2 + 10 – no cumple
…
3 + 5 + 7 – no cumple
3 + 6 + 6 – cumple

Continuando con 4 en el primer lugar:

4 + 2 + 9 – no cumple

...

4 + 4 + 7 – no cumple

4 + 5 + 6 – cumple

4 + 6 + 5 – cumple

Continuando con 5 en el primer lugar:

5 + 2 + 8 – no cumple

5 + 3 + 7 – no cumple

5 + 4 + 6 – cumple

5 + 5 + 5 – cumple

5 + 6 + 4 – cumple

Finalmente, con 6 en el primer lugar:

6 + 2 + 7 – no cumple

6 + 3 + 6 – cumple

6 + 4 + 5 – cumple

6 + 5 + 4 – cumple

6 + 6 + 3 – cumple.

En total, tenemos diez combinaciones diferentes cuyos elementos suman un total de 15, a saber, 3-6-6, 4-5-6, 4-6-5, 5-4-6, 5-5-5, 5-6-4, 6-3-6, 6-4-5, 6-5-4, 6-6-3.

Como ya lo mencionamos en otra aplicación, el término *combinación* es abusivo en este caso, porque hay que tener en cuenta el orden.

24) En una carrera entre ocho competidores; ¿De cuántas maneras pueden ganarse los tres primeros puestos? ¿De cuántas maneras pueden ocho competidores quedar en el ranking?

Solución:

Se trata aquí de variaciones de tres elementos de un conjunto de ocho elementos, entonces el número posible de ganar los tres primeros puestos es $V_8^3 = 6 \cdot 7 \cdot 8 = 336$ (Observación: este número es el mismo para los tres últimos puestos o tres puestos cualesquiera). Los ocho competidores pueden ordenarse (permutaciones) de $V_8^8 = 8! = 40320$ maneras.

25) ¿De cuantas maneras puede llenar una boleta de apuestas de un deporte, si en la boleta hay cuatro partidos y los resultados de la apuesta son 1, X o 2 (1– gana el local, X – empate, 2 – gana el visitante)?

Solución:
El problema es similar al del tragamonedas o al de los dados.

Cuatro partidos de tres resultados generan $3^4 = 3\cdot3\cdot3\cdot3 = 81$ combinaciones (ordenadas) posibles.

Problemas sin resolver

1) Calcular: $C(8, 3)$, $C(11, 8)$, $C(17, 5)$, $C(19, 12)$, $C(25, 7)$, $C(41, 16)$, $C(52, 43)$, $V(7, 2)$, $V(11, 7)$, $V(15, 12)$, $V(23, 4)$, $V(31, 15)$, $V(40, 11)$, $V(47, 3)$.

2) En una lotería 6/49, encontrar:
a) el número de variantes extraídas posibles que contengan los números 5 y 17;
b) el número de variantes extraídas posibles que contengan los números 2, 7 y 10;
c) el número de variantes extraídas posibles que contengan exactamente tres números pares;
d) el número de variantes extraídas posibles que contengan un mínimo de tres números pares;
e) el número de variantes extraídas posibles que contengan solamente números mayores que 12;
f) el número de variantes extraídas posibles que contengan por lo menos tres números mayores que 15.

3) En una lotería 5/40, encontrar:
a) el número de variantes de jugadas posibles que contengan un mínimo de tres números pares;
b) el número de variantes extraídas posibles que tengan un mínimo de tres números pares;
c) el número de variantes de jugadas posibles que contengan exactamente dos números menores que 15;

d) el número de variantes extraídas posibles que contengan exactamente dos números menores que 15;

e) el número de variantes de jugadas posibles que contengan un mínimo de dos números menores que 17;

f) el número de variantes extraídas posibles que contengan un mínimo de dos números menores que 19.

4) En un juego de poker clásico de 52 cartas, encontrar:

a) el número de cartas repartidas posibles que un jugador puede recibir que contengan por lo menos un rey (*K*);

b) el número de cartas repartidas posibles que un jugador puede recibir que contengan por lo menos tres ♦ (diamantes);

c) el número de cartas repartidas posibles que contengan exactamente tres símbolos iguales (cualquier símbolo);

d) el número de cartas repartidas posibles que contengan dos pares (cualesquiera; no full servido, no cuatro del mismo valor, sino exactamente dos pares diferentes);

e) el número de cartas repartidas posibles que puede recibir un jugador, que contengan solamente cartas con valores mayores que 9.

5) El mismo problema para un juego clásico de poker con 32 cartas.

6) En el poker Texas Hold'em, encontrar el número de cartas posibles repartidas a un jugador que contengan:

a) un 2 y un 5;

b) por lo menos un 2 o por lo menos un 5;

c) una carta menor que 10 y una carta mayor que 10;

d) cartas que tengan símbolos diferentes (de distinto palo).

7) En Texas Hold'em, desde el punto de vista de un observador neutral, calcular de cuántas formas pueden repartirse las cinco cartas comunitarias tales que:

a) contengan exactamente tres diamantes (♦);

b) contengan un mínimo de tres diamantes;

c) contengan exactamente tres símbolos diferentes (cualquiera);

d) contengan un mínimo de tres símbolos idénticos;

e) contengan exactamente tres cartas del mismo valor;

f) contengan un mínimo de tres cartas del mismo valor (3 o 4);

g) Que sean todas consecutivas (por ejemplo: A 2 3 4 5 o 3 4 5 6 7);

h) que tengan exactamente cuatro cartas consecutivas.

8) En Texas Hold'em, un jugador que participa recibe en la repartición 2♦ y J♠. De cuántas maneras se pueden repartir las cartas del flop tales que contengan:

a) exactamente dos tréboles;

b) un mínimo de dos tréboles;

c) cartas del valor 2 o J (cualquier cantidad de ellas);

d) cartas del valor 2 y J (cualquier cantidad de ellas);

e) una pareja de 2 (no tres);

f) una pareja de J

g) una pareja de 2 o una pareja de J (no tres).

9) En una máquina tragamonedas con cinco rodillos, ocho símbolos y una línea ganadora:

a) ¿Cuántas combinaciones pueden ocurrir en la línea ganadora?

b) ¿Cuántas de ellas contienen exactamente tres símbolos idénticos (cualesquiera)?

c) ¿Cuántas de ellas contienen un mínimo de tres símbolos idénticos (cualesquiera)?

10) Se tiran cuatro dados; ¿de cuántas maneras pueden salir? Se tiran cuatro dados; ¿de cuántas maneras pueden salir tal que la suma de los números que salen sea 17?

11) ¿De cuántas maneras se puede llenar una boleta de apuestas de un deporte si en la boleta hay siete partidos y el objeto de la apuesta es el número de goles convertidos, agrupados en las categorías siguientes: 0 – 3, 4 – 6, 7 – 10 y >10 (cuatro variantes)?

GUÍA DE CÁLCULO
PARA EL PRINCIPIANTE

Introducción

Los capítulos anteriores presentaron la noción de la probabilidad en todas sus interpretaciones, en lenguaje común y también a nivel matemático y filosófico.

Como se puede ver en esas secciones, ninguna variante interpretativa puede ignorar el modelo matemático dado en la teoría de la probabilidad. Cuando hablamos sobre el cálculo de probabilidades, nos referimos estrictamente a las herramientas del cálculo matemático y excluimos otras interpretaciones subjetivas.

Aún cuando este cálculo supone a menudo consideraciones hipotéticas o cálculos puros, al final y también desde el comienzo, los resultados numéricos que se obtienen mediante el cálculo son mucho más importantes que otras estimaciones subjetivas basadas en la intuición o en interpretaciones no matemáticas de la probabilidad.

Este capítulo es una guía al cálculo de probabilidades numéricas y está estructurado de tal forma que pueden usarlo personas con una formación matemática mínima. Aunque teóricamente la guía puede estudiarse y usarse sin recorrer preliminarmente el capítulo de matemática, puesto que las fórmulas que se usan en las aplicaciones se presentan de nuevo como un repaso antes de que se apliquen y la presentación de soluciones es algorítmica, consideramos que es necesario un conocimiento mínimo de la definición clásica de probabilidad, campo de probabilidad, operaciones con eventos y relaciones entre eventos.

También el cálculo combinatorio representa una herramienta principal que se usa constantemente en las aplicaciones presentadas, y para entenderlas y aplicarlas se requiere una lectura del capítulo titulado *Combinatoria,* previo al estudio de las aplicaciones.

Además de ese conocimiento básico de la teoría de la probabilidad y la combinatoria, el único requerimiento al lector es que tenga un buen manejo de las cuatro operaciones aritméticas con números reales y los fundamentos del cálculo algebraico. Ese conocimiento limitado es suficiente para entender los problemas y solucionar las aplicaciones de esta guía que trata solamente sobre casos finitos o a veces discretos.

Muchas de las aplicaciones que se ofrecen aquí provienen de juegos de suerte, donde se manejan solamente campos finitos de probabilidades. Teóricamente, los problemas del cálculo de probabilidades, por más complejos que parezcan, pueden dividirse sucesivamente en aplicaciones elementales que usan fórmulas básicas. Ocurre a menudo en problemas complejos que la finalización de los cálculos es muy laboriosa o quizás imposible, con alto riesgo de cometer errores cuando hay una sucesión larga de operaciones. El uso de la combinatoria y también de las distribuciones clásicas de la probabilidad puede resolver tales problemas de manera simple y elegante; por el contrario, intentar en ellos una solución paso a paso es muy trabajoso y proclive a la introducción de errores.

Si confeccionáramos una lista de los conocimientos mínimos que se requieren de un lector que quiere resolver aplicaciones de probabilidad finitas mediante el estudio de esta guía, tendría que ser algo aproximado a la siguiente caracterización:

Formación previa (educación secundaria):
– Operaciones con números reales: suma, resta, multiplicación, división, potencia, orden de las operaciones, operaciones con fracciones, reducciones;
– Cálculo algebraico: manejo de paréntesis, multiplicación de expresiones entre paréntesis, elevar una expresión a una potencia, fórmulas de cálculo abreviadas, factoreo, reducción de fracciones algebraicas;
Conocimiento de la combinatoria (educación secundaria o el capítulo titulado Combinatoria*)*:
– Definición de permutaciones, variaciones y combinaciones;
– Fórmulas generales de permutaciones, variaciones y combinaciones;
– Procedimientos del cálculo combinatorio: propiedades (fórmulas), particiones;
– Modelos de aplicaciones resueltas;
– Práctica de resolver tantas aplicaciones como sea posible.

Conocimiento de los fundamentos de la teoría de la probabilidad
(educación secundaria o el capítulo titulado Fundamentos de la
Teoría de la Probabilidad*)*:
– Operaciones con conjuntos: intersección, unión, diferencia,
complemento;
– Eventos, operaciones con eventos como conjuntos;
– Eventos elementales, eventos incompatibles, eventos
independientes, eventos mutuamente excluyentes;
– Definición clásica de la probabilidad;
– Campo de probabilidad.

Por supuesto, la lista puede extenderse dependiendo de las
opciones de cada lector; por lo que recomendamos que cuanto más
amplio sea el panorama de las nociones y resultados, tanto estará
más seguro y a resguardo de los errores de cálculo.

En sentido inverso, la lista puede reducirse (aunque no mucho)
porque la solución de muchas aplicaciones (especialmente las del
principio) contienen explicaciones adicionales sobre las nociones
incorporadas en el planteo del problema y el los modelos
matemáticos usados.

Además de la lista del conocimiento matemático requerido, un
componente importante del conjunto de destrezas necesarias es la
capacidad de observación.

El planteo correcto del problema, la determinación del campo de
probabilidades para operar y las relaciones entre varios eventos son
componentes de la habilidad de observar.

Esta etapa previa al algoritmo de solución es esencial para
resolver una aplicación y encontrar el resultado numérico final.

Pero la habilidad de observar no es una capacidad innata y no
siempre resulta de la formación matemática previa. Pero se puede
adquirir en cualquier momento a través de intensa ejercitación.

Por esta razón se incluyen en esta guía una colección de
aplicaciones resueltas con explicaciones e instrucciones detalladas.

La complejidad y dificultad de las aplicaciones crece
progresivamente y las soluciones siguen exactamente el algoritmo
general de resolución presentado en la sección siguiente.

El objetivo didáctico de esta guía es preparar al lector para
resolver cualquier aplicación de probabilidad finita por sus propios
medios, o consultando con esta guía.

Para finalizar, recomendamos al lector los pasos siguientes para alcanzar mejores resultados en el aprendizaje:

– Leer las secciones que explican la noción de probabilidad en los capítulos titulados *¿Qué es la probabilidad?* (las secciones de *Probabilidad – la palabra*, *Probabilidad como un límite*, *El concepto de probabilidad*).

– Leer al menos una vez todas las definiciones de la lista presentada antes sobre los requerimientos de conocimiento matemático.

– Seguir exactamente el algoritmo general para resolver las aplicaciones sin saltear ningún paso, aún cuando alguna aplicación particular parezca fácil (no pasar directamente al cálculo numérico sin plantear el problema y establecer el campo de probabilidades).

– Revisar los cálculos largos y complejos; es ahí donde los errores ocurren a menudo.

– No tratar de aplicar un esquema anterior de solución de una aplicación similar a cualquier costo; los campos de probabilidad y los eventos a medir o las preguntas a contestar pueden ser distintos, aún cuando sus descripciones sean similares o idénticas.

– Con el tiempo, tratar de memorizar las fórmulas usadas para resolver las aplicaciones.

– Revisar los cálculos y el algoritmo de la solución completa siempre que el resultado numérico final parezca muy bajo o muy grande, pero no convierta esto en un criterio general para establecer la existencia de un error (la intuición puede hacer malas jugadas en la probabilidad).

– No intente plantear las aplicaciones no resueltas (con excepción de las recomendadas al final de las secciones) hasta que no haya terminado la guía completa y haya visto sus aplicaciones resueltas.

– No abandone el estudio si desde el comienzo le parece que resolver las aplicaciones está más allá de su comprensión; simplemente haga una pausa y retome más tarde, cuando su concentración esté más alta.

Si es necesario lea un párrafo varias veces y revise la información de los capítulos anteriores toda vez que lo considere necesario.

El algoritmo general de la solución

Toda solución de una aplicación de la probabilidad conduce a un algoritmo básico, que asegura fundamentalmente la corrección del planteo y el enfoque del problema de cálculo y también la aplicación de los principios teóricos.

Aunque los métodos de resolver un problema pueden ser múltiples, todos los procedimientos se aplican partiendo de un algoritmo general, que es válido para las aplicaciones de la probabilidad finita o discreta.

El algoritmo de solución consiste en tres etapas principales:

1) *Planteo del problema*
– Establecer el campo de probabilidad asociado a un experimento;
– Definir textualmente los eventos a medir;
– Establecer los eventos elementales que son igualmente posibles;
– Observar los eventos independientes, dependientes e incompatibles;
– Realizar las idealizaciones necesarias.

2) *Establecer el procedimiento teórico*
– Elegir el método de solución (paso a paso o condensado);
– Seleccionar las fórmulas que se van a usar.

3) *El cálculo*
– Operaciones numéricas;
– Cálculo combinatorio;
– Aproximaciones eventuales;
– Cálculo de probabilidades (aplicación de fórmulas).

Planteo del problema

Esta primera etapa del algoritmo de solución es muy importante.
Aunque no incluye el cálculo de probabilidades que se requiere
en cada aplicación, establece el marco para el cálculo mostrando el
modelo matemático óptimo que hace posible la aplicación correcta
de los principios teóricos y asegura que al final se obtengan
resultados numéricos relevantes.

Vimos que la probabilidad de un evento tiene sentido desde un
punto de vista matemático solamente si ese evento pertenece a una
estructura booleana, a saber, un campo de eventos.

Si consideramos el conjunto Ω de todos los resultados posibles o
el espacio muestral de un experimento, entonces el conjunto de
eventos asociados con ese experimento se incluye en o es igual a
$\mathcal{P}(\Omega)$ y se trata de un álgebra de Boole.

Si se especifica el conjunto Ω y ese conjunto es finito o discreto,
tenemos también especificado el campo de eventos asociado.

Ejemplos:

1) En el experimento de tirar una moneda, es espacio muestral es
$\Omega = \{H, T\}$ (H – cara, T – ceca), y el campo de los eventos es

$\mathcal{P}(\Omega) = \{\phi, \{H\}, \{T\}, \Omega\}$.

2) En el experimento de tirar dos monedas, el espacio muestral
puede ser $\Omega = \{(H, T), (T, H), (H, H), (T, T)\}$ si se toma como
resultado la salida de cada moneda (en este caso se trata de un
conjunto de pares ordenados), o puede ser
$\Omega' = \{(HT), (HH), (TT)\}$, si se toma en cuenta el resultado
acumulado de ambas monedas (es un conjunto de pares no
ordenados, a saber, combinaciones en las que el orden no importa).

Aunque el conjunto Ω' es considerado un conjunto de resultados
que cubren todas las posibilidades, no es correcto elegir el campo de
eventos $\mathcal{P}(\Omega')$ como una base para plantear una aplicación. Como
veremos más adelante, los eventos elementales de este campo no
pueden considerarse igualmente posibles.

Especificar el espacio muestral enumerando sus elementos no es absolutamente necesario en las aplicaciones, porque estamos más interesados en la cantidad de esos elementos que en su identificación.

3) Se eligen al azar tres personas de un grupo de 100 con ciertas características especificadas. Se requiere la probabilidad de que al menos una persona elegida tenga ciertas características.

En este problema es inútil identificar todos los resultados posibles del experimento, y desarrollar sus conjuntos. Tal conjunto solo tiene que ser imaginado. El número de sus elementos viene dado por todas las combinaciones de 3 elementos tomadas de 100 elementos, a saber, $C_{100}^{3} = 161700$.

A menudo el campo de eventos no es tan fácil de reconocer, como puede verse en el ejemplo siguiente. En esos casos el campo de eventos debe reconstruirse de manera que el evento que estamos observando pueda pertenecer a él.

4) Un ómnibus llega regularmente a su estación terminal cada veinte minutos, comenzando a las 8 a.m. y se detiene 1 minuto. Una persona que viene a la estación terminal desde una larga distancia debe llegar ahí en cualquier momento entre las 8 a.m. y las 9 a.m. ¿Cuál es la probabilidad de que esa persona encuentre el ómnibus durante el minuto que se detiene en la estación?

A diferencia de las aplicaciones de juego donde el espacio muestral completo puede visualizarse automáticamente, en este experimento debemos construir los eventos que estructuran este conjunto comenzando por el evento que debe medirse.

Puesto que el ómnibus se detiene 1 minuto, dividimos el intervalo de 1 hora (durante la que la persona puede llegar a la estación) en 60 minutos. Entonces el minuto pasa a ser la unidad que se tiene en cuenta cuando se establece el evento elemental:

e_i – la persona llega a la estación de ómnibus en el minuto i ($i = 1, ..., 60$) representa los elementos del conjunto Ω.

```
  1m        20 m        1m        20 m        1m        17 m
 |...|....................|...|....................|...|..............|
8 a.m.                                                          9 a.m.
```

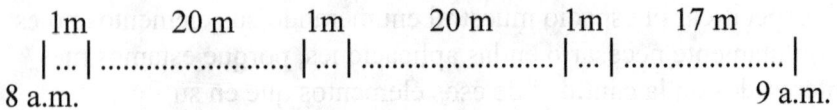

De acuerdo al diagrama de arriba (que divide el intervalo entre las 8 a.m. y las 9 a.m. en minutos, con elementos de 1 minuto que representan los tiempos de parada), el evento a medir es $e_1 \cup e_{22} \cup e_{43}$, que consiste en tres eventos elementales igualmente posibles (a saber, *la persona llega en el minuto 1, la persona llega en el minuto 22*, o *la persona llega en el minuto 43*).

5) Algunas situaciones son expresadas tan vagamente que el problema no puede resolverse aplicando la teoría de la probabilidad porque el campo de los eventos no puede configurarse o tal vez ni imaginarse.

Preguntas como "¿Cuál es la probabilidad que mañana no salga el sol?" o "¿Qué probabilidad hay que exista una base extraterrestre en el fondo del océano?" no pueden plantearse con respecto a un campo de eventos, porque la información que puede tenerse en cuenta no puede cuantificarse o falta completamente.

En estos casos falta el contexto experimental, y también la estructura booleana que pudiera incluirlos. La estimación de la probabilidad de eventos aislados de todo contexto matemático no puede fundamentarse en las herramientas de la teoría y entonces no puede ser objeto de una aplicación práctica de esta guía. Cualquier referencia cuantitativa o cualitativa al grado de creencia en la ocurrencia de tales eventos es puramente subjetiva y nada tiene que ver con la probabilidad matemática.

La probabilidad matemática está únicamente determinada por el campo de probabilidad asociado con un experimento, es decir, el trío (Ω, Σ, P), donde:

Ω es el conjunto de todos los resultados posibles;

Σ es el campo de los eventos (incluido en $\mathcal{P}(\Omega)$);

P es la función probabilidad definida en Σ.

Hemos visto en la sección titulada *Relatividad de la probabilidad* como podemos obtener valores numéricos diferentes de la función P

para el mismo evento si se lo encuadra en campos de posibilidad diferentes.

La determinación de un campo de probabilidad significa que se especifican todos sus componentes. En las aplicaciones finitas y discretas esto se traduce en especificar el conjunto de eventos elementales igualmente posibles, porque:

1) $\Sigma = \mathcal{P}(\Omega)$, entonces el campo de los eventos se genera con el espacio muestral;

2) El teorema de la unicidad de la medida asegura la unicidad de la función de probabilidad en el campo de eventos generado por un conjunto de eventos elementales igualmente posibles.

Por lo tanto, en todas las aplicaciones prácticas de esta guía, establecer el campo de probabilidad significa establecer el conjunto Ω de todos los resultados posibles, o el conjunto de los eventos elementales. Muchas veces estamos interesados en el número de elementos de este conjunto, y no en su visualización.

Elegir el campo de eventos cuando no se lo puede visualizar inmediatamente está ligado estrechamente con la definición textual del evento a medir. Por lo tanto, la descripción expresada en palabras del evento pasa a ser muy importante para plantear el evento dentro del campo de probabilidad apropiado. Toda definición vaga o que contenga información incoherente puede llevar a un planteo simplista o irrelevante. Se recomienda el uso de tantas palabras como sean necesarias para describir un evento a medir, aún cuando sea excesivamente largo o modifique la descripción hecha en la redacción inicial del problema.

Por ejemplo, en un juego de cartas, encontrar la probabilidad de que el oponente tenga un as, puede expresarse con las palabras siguientes, que no son distintas para el planteo del problema:

– el oponente tiene un as

– el oponente tiene un as, después de ver mis cartas o

– el oponente tiene un as después de ver mis cartas y otras tres cartas de la mesa.

Cada evento descrito en esas frases pertenece a diferentes campos de eventos, donde la descripción parcial *el oponente tiene un as* representa la manera más sencilla de expresar el evento final.

Y la diferencia está en la información inicial tenida en cuenta, que incide al elegir un cierto campo de eventos e implícitamente, un cierto campo de probabilidades.

Entre todas las descripciones de un evento, debemos elegir la que mejor corresponde al problema y contiene la información más relevante.

Ya hemos aclarado las dos primeras acciones para resolver una aplicación finita o discreta: establecer el conjunto de eventos elementales y definir textualmente los eventos a medir.

Lo ideal es que los eventos elementales sean igualmente posibles (en el sentido aceptado en general de este término: que ninguna ocurrencia de un evento particular esté favorecida por las condiciones en las que el experimento es realizado). La existencia de la cualidad de *igualmente posible* supone una idealización necesaria que permite que el cálculo de probabilidades sea aplicable. En las aplicaciones al juego, esta idealización está garantizada y aceptada unánimemente, y está justificada por las condiciones técnicas aleatorias sobre las que el juego se desarrolla.

En otras aplicaciones, este tipo de idealización se hace como una suposición adicional de la hipótesis.

En el ejemplo 4 anterior (la probabilidad de encontrar al ómnibus en la estación), consideramos los eventos *la persona llega a la estación de ómnibus en el minuto i* como eventos elementales igualmente posibles. De esa manera, supusimos que la persona podía llegar en cualquier minuto y que no había algún minuto entre los 60 minutos que tuviera una medida mayor que los demás; esto es que no había minutos favorables. De ese modo, hemos dejado de lado el hecho que la hora de partida, los medios de transporte usados y otros factores pueden influenciar en el minuto de llegada, lo cual es una simplificación ideal de la realidad.

En cuando a la posibilidad de elegir los eventos elementales, no es algo único. Podemos con el mismo derecho elegir segundos en lugar de minutos y considerar los eventos *la persona llega a la estación de ómnibus en el segundo i* (con $i = 1 ,..., 3600$) como elementales. Esta elección no es incorrecta y lleva al mismo resultado numérico final de la probabilidad del evento a medir.

Podemos elegir cualquier conjunto de eventos elementales, siempre que sean igualmente posibles.

Entre las aplicaciones varias más o menos complejas, puede aparecer la necesidad de otras idealizaciones además de la *igualmente posible* en suposiciones o aproximaciones que son necesarias para encuadrar el problema y permitir que se apliquen las fórmulas del cálculo.

Dependiendo de las búsquedas e hipótesis, en algunos problemas podemos considerar, en vez del espacio muestral, un sistema completo de eventos (una familia numerable o finita de eventos mutuamente excluyentes cuya unión cubre el conjunto de los resultados posibles).

Después de elaborar una imagen correcta del campo de probabilidades para operar en él (establecemos los eventos elementales, el espacio muestral o un sistema completo de eventos), es útil también observar las relaciones entre los eventos incluidos en la solución del problema:

– Relaciones de inclusión ($A \subset B$);

– Eventos incompatibles ($A \cap B = \phi$);

– Eventos independientes (eventos cuya ocurrencia no está influenciada mutuamente, de acuerdo a la definición,

$$P(A \cap B) = P(A) \cdot P(B));$$

– Eventos no independientes (eventos que no son independientes, esto es, su ocurrencia está influenciada al menos en una dirección).

Es importante observar como los eventos a medir pueden descomponerse (como $A = B \cup C$), para aplicar las propiedades de la probabilidad y las fórmulas del cálculo.

Algunas aplicaciones pueden contener eventos que son muy complejos para ser desagregados en eventos elementales y en esos casos la aplicación de las fórmulas básicas y la definición clásica de la probabilidad ya no resulta práctica si están basados únicamente en observaciones.

En tales aplicaciones, el planteo del problema consiste en encontrar el tipo de distribuciones clásicas de la probabilidad, distribuciones que se adapten a la hipótesis.

Presentamos ahora unos ejercicios resueltos para ejercitar el planteo correcto del problema, estableciendo el campo de probabilidad, los eventos que se incluyen y las relaciones entre ellos.

Ejercicios y problemas

1) En una ruleta europea (con treinta y siete números, de 0 a 36), encontrar la probabilidad de la ocurrencia de un número impar.

Respuesta:
El espacio muestral es $\{0, 1, 2, ..., 36\}$.

Los eventos $e_i = \{$ocurrencia del número $i\}$, $i = 0, ..., 36$, son los eventos elementales del experimento de hacer girar la rueda de la ruleta. Son igualmente posibles (esta es una idealización necesaria). Cada evento tiene la probabilidad de $1/37$.

El evento a medir es A – *ocurrencia de un número impar*.

Este es un evento compuesto, que puede ser descompuesto como $A = e_1 \cup e_3 \cup ... \cup e_{35}$ (en dieciocho eventos elementales).

Los eventos elementales son mutuamente excluyentes; por lo tanto tenemos

$$P(A) = P(e_1) + P(e_3) + ... + P(e_{35}) = 18 \cdot 1 / 37 = 18 / 37 = 0,48648.$$

En otras palabras, del total de treinta y siete resultados igualmente posibles dieciocho son favorables para la ocurrencia del evento A, lo que implica una probabilidad de $18/37$ de acuerdo con la definición clásica de probabilidad.

2) Se tiran dos dados simultáneamente. Calcular la probabilidad de que la suma de los números que salen en ambos dados sea mayor que 7.

Respuesta:
Un evento elemental se representa con la combinación de dos elementos de los números de los dos dados. El conjunto de eventos elementales es entonces

$\left\{ (a, b) \mid a \in \{1, 2, 3, 4, 5, 6\}, b \in \{1, 2, 3, 4, 5, 6\} \right\}$, que es un conjunto de combinaciones con 6 x 6 = 36 elementos.

a representa el número mostrado en el primer dado y b el número mostrado en el segundo. Cualquier combinación (a, b) es posible en la misma medida. El evento a medir es A: $a + b > 7$.

Todas las variantes favorables a esta desigualdad son:
2 + 6, 3 + 5, 3 + 6, 4 + 4, 4 + 5, 4 + 6, 5 + 3, 5 + 4, 5 + 5, 5 + 6,

6 + 2, 6 + 3, 6 + 4, 6 + 5, 6 + 6, en un total de 15.

Observar que se ha tenido en cuenta el orden (las combinaciones *a* + *b* y *b* + *a* se han contado como diferentes). Cada combinación favorable es un evento elemental y su unión es el evento *A*.

Tenemos entonces $P(A) = 15 \times 1/36 = 5/12 = 0,41667$.

Un planteo incorrecto de este problema sería considerar el conjunto de eventos elementales al conjunto de las sumas posibles de los números de los dados: {suma 2, suma 3, suma 4, suma 5, suma 6, suma 7, suma 8, suma 9, suma 10, suma 11, suma 12}, con once elementos.

El evento *A* sería la unión de los cinco eventos elementales (suma 8, suma 9, suma 10, suma 11 y suma 12).

Aunque pareciera ser una elección sencilla que no toma en cuenta el orden (sino el resultado acumulado de los dos dados), no es correcta porque los eventos respectivos no pueden considerarse igualmente posibles.

Por ejemplo, el evento *suma 2* puede ocurrir de una sola manera (1 + 1, el número 1 en ambos dados), mientras que el evento *suma 5* puede ocurrir de cuatro maneras (2 + 3, 3 + 2, 1 + 4, 4 + 1).

Esto hace imposible la idealización del tipo *igualmente posible* en estos eventos.

En tal campo de eventos, calcular la probabilidad del evento *A* como 5/11 es incorrecto porque la definición clásica de la probabilidad es válida solamente para eventos igualmente posibles. Tener en cuenta este ejemplo de cálculo erroneo y recordarlo.

3) En el juego de poker Texas Hold'em (se usa una baraja de 52 cartas y se reparte dos cartas a cada jugador), calcular la probabilidad de que se reparta una pareja a un jugador (dos cartas del mismo valor).

Respuesta:

Se desconocen las 52 cartas (no hay cartas que se vean en el momento del cálculo). Los eventos elementales son las ocurrencias de varias combinaciones de dos cartas tomadas de las 52.

Podemos aceptar sin reservas la consideración de que esos eventos son igualmente posibles (ninguna combinación es más favorable).

El número total de estas combinaciones es $C_{52}^2 = 1326$. Este es el número de elementos del espacio muestral.

Designar con A el evento *un jugador recibe una pareja*.

Si designamos con:

A_2 : el jugador recibe una pareja de 2

A_3 : el jugador recibe una pareja de 3

A_4 : el jugador recibe una pareja de 4

A_5 : el jugador recibe una pareja de 5

A_6 : el jugador recibe una pareja de 6

A_7 : el jugador recibe una pareja de 7

A_8 : el jugador recibe una pareja de 8

A_9 : el jugador recibe una pareja de 9

A_{10} : el jugador recibe una pareja de 10

A_J : el jugador recibe una pareja de J

A_Q : el jugador recibe una pareja de Q

A_K : el jugador recibe una pareja de K

A_A : el jugador recibe una pareja de A;

los eventos de arriba (que totalizan trece) son mutuamente excluyentes y tenemos: $A = A_2 \cup A_3 \cup ... \cup A_{10} \cup A_J \cup A_Q \cup A_K \cup A_A$.

La probabilidad de $P(A)$ es entonces la suma de las probabilidades de estos eventos.

Para calcular la probabilidad de A_2, debemos contar las combinaciones del tipo (2, 2) donde la primera carta es un 2 y la segunda un 2. Puesto que tenemos cuatro cartas con el valor 2 (a saber 2♠, 2♣, 2♥, 2♦), el número de esas combinaciones es $C_4^2 = 6$. La probabilidad de A_2 es entonces 6/1326 (el número de combinaciones favorables dividido el número de todas las combinaciones posibles).

De un modo semejante podemos calcular las probabilidades de los eventos restantes, que son lo mismo.

Tenemos entonces que $P(A) = 13 \times 6/1326 = 0,05882$.

4) Un jugador de poker Texas Hold'em juega con tres oponentes. Recibe un 2 y un 3 y las cartas del flop son A, 5, 7. Calcular la probabilidad de que por lo menos un oponente tenga un as.

Respuesta:

Poniendo la atención en un oponente, el primer problema a resolver es encontrar la probabilidad de que ese jugador tenga por lo menos un as.

Aquí también, los eventos elementales igualmente posibles son las ocurrencias de las varias combinaciones de dos en la mano del oponente.

Pero esas combinaciones ya no están generadas por las 52 cartas sino por 47 puesto que el jugador ha visto cinco (dos propias y las tres cartas del flop), las que no pueden estar en cualquier lugar.

Entonces el campo de probabilidades es diferente al que se vio en el ejercicio anterior. Naturalmente, no estamos interesados en los símbolos de las cartas, sino solamente en sus valores.

El conjunto de todos los resultados posibles tiene entonces $C_{47}^2 = 1081$ elementos.

El evento a medir (el oponente tiene por lo menos un as) puede escribirse como *A, el oponente tiene una combinación del tipo (Ax), donde x puede ser cualquier carta excepto las vistas.*

El paso siguiente es calcular el número de esas combinaciones y dividir ese número por 1081 para obtener $P(A)$.

El problema inicial busca la probabilidad del evento *B, por lo menos un oponente tiene un as*. El evento B es la unión de los siguientes eventos mutuamente excluyentes:

B_1 – un solo oponente tiene por lo menos un as;

B_2 – exactamente dos oponentes tienen por lo menos un as cada uno;

B_3 – los tres oponentes tienen por lo menos un as cada uno;

Luego de calcular las probabilidades de esos tres eventos, deben sumarse para obtener $P(B)$.

Una completa solución de estas aplicaciones se presenta en las secciones siguientes.

5) En un juego de poker clásico (cada jugador recibe cinco cartas) con una baraja de 32 cartas (desde el 7 en adelante), encontrar la probabilidad que un jugador reciba una escalera servida (las cinco cartas recibidas son consecutivas).

Respuesta:
El evento elemental que se considera son las ocurrencias de varias combinaciones de las 5 cartas en la mano de un jugador de las 32 de la baraja. Su número es $C_{32}^5 = 201376$. El evento a medir es A – *ocurrencia de una escalera*. Si designamos con:

A_1 – el jugador recibe la combinación del tipo (7 8 9 10 J)

A_2 – el jugador recibe la combinación del tipo (8 9 10 J Q)

A_3 – el jugador recibe la combinación del tipo (9 10 J Q K)

A_4 – el jugador recibe la combinación del tipo (10 J Q K A),

entonces A es la unión de esos eventos mutuamente excluyentes.

Cada uno de los eventos A_i es una composición (en el sentido de una unión) de eventos elementales que corresponden a las ocurrencias de las combinaciones respectivas. El número de esos eventos elementales viene dado por las combinaciones de ese tipo, a saber, 4 x 4 x 4 x 4 x 4 = 1024 para cada evento A_i.

Entonces tenemos $P(A) = (4 \times 1024)/201376 = 0,02034$.

6) Diez dispositivos se ponen en funcionamiento: tres vienen de la fábrica F_1, cinco de la fábrica F_2 y dos de la fábrica F_3. Los dispositivos se someten a un ensayo. Los tres de la primera fábrica tienen una probabilidad de 0,9 de pasar el ensayo; los cinco de la segunda fábrica tienen una probabilidad de 0,75 de pasar el ensayo y los dos de la tercera fábrica tienen una probabilidad de 0,85 de pasar el ensayo. Se elige un dispositivo al azar. ¿Cuál es la probabilidad de que el dispositivo pase la prueba?

Respuesta:
En este tipo de problema, no se requiere establecer los eventos elementales. Designamos con A_i – *el dispositivo viene de la fábrica* F_i, entonces $\{A_i\}_{i=1,2,3}$ es un sistema completo de eventos (cubre

mediante una unión disjunta el espacio muestral completo del experimento de elegir un dispositivo).

Tenemos $P(A_1) = 3/10$, $P(A_2) = 1/2$ y $P(A_3) = 1/5$.

Designar con A el evento a medir *el dispositivo pasa la prueba* y con $A|A_i$ los eventos *el dispositivo pasa la prueba si proviene de la fábrica* F_i, $i = 1, 2, 3$.

Los eventos A y A_i son no independientes para todo i.

De acuerdo con la hipótesis tenemos las probabilidades condicionales siguientes:

$P(A|A_1) = 0,9$, $P(A|A_2) = 0,75$, $P(A|A_3) = 0,85$.

Aplicamos la fórmula de la probabilidad total y encontramos

$$P(A) = \sum_{i=1}^{3} P(A_i) P(A|A_i) = 163/200 = 0,815.$$

7) Tres personas tiran la moneda, cada una en forma independiente. Encontrar la probabilidad de que las tres monedas salgan cara.

Respuesta:
Designando con A – *la primera moneda sale cara*, B – *la segunda moneda sale cara* y con C – *la tercera moneda sale cara*, observar que A, B y C son eventos mutuamente independientes.

El evento a medir es $A \cap B \cap C$. Entonces tenemos:
$$P(A \cap B \cap C) = P(A) \cdot P(B) \cdot P(C) = 1/2 \cdot 1/2 \cdot 1/2 = 1/8.$$

Este enfoque considera tres eventos independientes, cada uno con su espacio muestral $\{H, T\}$ (cara y ceca).

El problema puede también plantearse usando un solo campo de probabilidad si consideramos que tirar las tres monedas son un único experimento en el que el conjunto de eventos elementales está identificado con el conjunto de combinaciones (x, y, z), con $x, y, z \in \{H, T\}$. El número de sus elementos es $2^3 = 8$.

Tenemos una única combinación favorable correspondiente a los eventos *las tres monedas salen cara*, a saber (H, H, H), de donde su probabilidad es 1/8.

8) Se tira seis veces un par de dados. ¿Cuál es la probabilidad de obtener exactamente siete puntos, tres veces?

Respuesta:
Este tipo de aplicación supone la identificación de una distribución clásica de probabilidad que se adapta y se aplica en este caso. Se trata de la distribución de Bernoulli, que se debe aplicar para $n = 6$ y $m = 3$.

En un experimento individual de tirar dos dados, el evento A – *obtenemos un total de 7 puntos* tiene la probabilidad 6/36 (seis combinaciones favorables, correspondientes a las sumas 1 + 6, 2 + 5, 3 + 4, 4 + 3, 5 + 2, 6 + 1, de 6 x 6 = 36 posibles).

Tenemos entonces $p = 1/6$. De acuerdo a la distribución de Bernoulli, la probabilidad buscada es $P_{3,6} = C_6^3 \left(\dfrac{1}{6}\right)^3 \left(\dfrac{5}{6}\right)^3$.

Estas aplicaciones resueltas dan una idea del planteo del problema y no del cálculo de probabilidades como tal.

En las siguientes secciones se presentan aplicaciones con las soluciones y el detalle completo del cálculo.

A modo de ejercicio proponemos que se planteen los problemas siguientes (sin llegar a la solución completa):

1) Una persona elije al azar una carta de una baraja de 52 cartas. ¿Cuál es la probabilidad de que la carta sea un 7♥?

2) Una persona elige al azar una carta de una baraja mezclada de 52 cartas. Cuando se mezclaban las cartas una cae cara arriba y se puede ver que es una J♣. ¿Cuál es la probabilidad de que la carta elegida sea un 8♦?
¿Cual es la probabilidad de que la carta elegida sea un A? ¿Y que sea una J?

3) Se tiran cuatro dados. Hallar la probabilidad de que salgan cuatro números iguales.

4) Un participante de un juego de poker Texas Hold'em recibe un 5♠, y una Q♥ en la mano. Hallar la probabilidad de que las cartas del flop contengan una reina. Hallar la probabilidad de que un oponente específico tenga una reina.

5) Tenemos dos urnas. Una contiene tres bolas blancas y cuatro bolas negras. Una urna se elige al azar y de ella se saca una bola. ¿Cuál es la probabilidad de que la bola extraída sea blanca?

6) Se tira la moneda siete veces. Hallar la probabilidad de que por lo menos una vez salga cara.

7) En un sistema de lotería 6/49, hallar la probabilidad de que la variante extraída contenga cinco números previamente fijados.

Definición del procedimiento teórico

La determinación del procedimiento teórico mediante el cual se resuelve una aplicación incluye un método de resolución y la selección de las fórmulas matemáticas a usar en el propio cálculo de probabilidades.

Esta selección se hace siempre después de que el problema está debidamente planteado. Ninguna fórmula puede ser aplicada sin antes haber definido el conjunto de condiciones (hipótesis) que corresponden al modelo matemático que generó la fórmula respectiva. Esto explica que respetar el orden cronológico de las dos etapas (planteo del problema y determinación del procedimiento teórico) no es una simple recomendación, sino una necesidad lógica.

Métodos de resolución

Un problema de cálculo de probabilidades puede tener varios métodos de resolución que llevan al mismo resultado correcto. Esto ocurre por la coherencia de la teoría de la probabilidad y por el rigor teórico desde el punto de vista matemático.

Los numerosos métodos posibles de resolución basados en los principios teóricos básicos pueden agruparse en dos categorías principales: métodos paso por paso y métodos condensados.

En la solución de las aplicaciones del tipo finito se usan esos métodos de resolución, ya sea individualmente o combinados.

Obviamente, dependiendo de la aplicación, también pueden aparecer otros métodos específicos que usan cálculos teóricos complejos, y que no se encuadran en esas dos categorías mayores.

También podría una solución usar ambos métodos en las varias soluciones parciales que pueden constituir la aplicación respectiva.

El método paso por paso consiste en una descomposición sucesiva del procedimiento experimental en pruebas individuales más simples, aplicando los principios teóricos a cada una de las pruebas parciales y combinando esos resultados para obtener la probabilidad de los eventos a medir.

El método condensado consiste en tratar el experimento como una unidad total (una sola prueba), en la cual los eventos a medir se descomponen de acuerdo al campo de eventos asociado al experimento respectivo y los principios teóricos se aplican directamente a los eventos a medir.

Los métodos condensados se caracterizan por el uso de la combinatoria o las distribuciones clásicas de la probabilidad.

Para ver como funcionan los dos métodos, consideremos unas cuantas aplicaciones muy simples.

Ejercicios y problemas

1) Se tiran dos dados. Hallar la probabilidad de que el primer dado salga 3 y el segundo 5.

A. *Método paso por paso*

Considerar que tirar los dados son dos experimentos separados (pruebas): tirar el primer dado y tirar el segundo. Se supone que estas pruebas son independientes.

Asignar A – *el primer dado sale 3* y B – *el segundo dado sale 5*.

Los dos experimentos son del mismo tipo y tienen el mismo espacio muestral, entonces podemos suponer que los dos campos de eventos asociados son idénticos. Luego, en el evento – *el primer dado sale 3 y el segundo sale 5* es coherente usar la operación intersección $A \cap B$.

Tenemos que $P(A) = 1/6$, $P(B) = 1/6$ (se ha aplicado la definición clásica de probabilidad en cada parte de la prueba) y puesto que A y

B son eventos independientes, tenemos

$$P(A \cap B) = P(A) \cdot P(B) = \frac{1}{6} \cdot \frac{1}{6} = 1/36 \text{ (esa es la fórmula}$$

seleccionada y aplicada).

B. *Método condensado*
Consideramos que tirar los dos dados es un experimento único.
El espacio muestral asociado a este experimento es el conjunto de pares ordenados (a, b), con $a, b \in \{1, 2, 3, 4, 5, 6\}$. El número de esos pares es $6 \times 6 = 36$ y las ocurrencias son eventos elementales igualmente posibles, entre ellos, un único par es favorable para que ocurra un evento E – *el primer dado sale 3 y el segundo sale 5* a saber, el par $(3, 5)$. Entonces, de acuerdo con la definición clásica de la probabilidad, $P(E) = 1/36$.

Observar que en el método condensado no hay necesidad de añadir la fórmula de la probabilidad de la intersección de dos eventos independientes, y que la definición clásica de la probabilidad es suficiente.

2) Un jugador participa en un juego de cartas con una baraja de 52 cartas. Recibe dos cartas, pero hasta ese momento no hay cartas vistas. ¿Cuál es la probabilidad de que el jugador reciba un A♣ y un 7♥? ¿Cuál es la probabilidad de que reciba un A y un 7?

A. *Método paso por paso*
Consideramos la repartición de las cartas como dos experimentos distintos (se reparte la primera carta y se reparte la segunda).
Registrar los eventos siguientes:
A – el jugador recibe un A♣ en la primera carta
B – el jugador recibe un 7♥ luego de recibir el A♣
C – el jugador recibe un 7♥ en la primera carta
D – el jugador recibe un A♣ luego de recibir el 7♥
Los eventos A y C pertenecen al campo de los eventos que está asociado al primer experimento, mientras que B y D pertenecen al campo de eventos asociado al segundo experimento.
Aunque este problema tiene dos campos diferentes de probabilidades, al identificar los eventos con el conjunto de resultados a través de los cuales ocurren, vemos que todos esos

eventos son parte del espacio muestral del primer experimento, y consiguientemente, son coherentes las operaciones de intersección y unión entre ellos.

Sabemos que los eventos A y B son independientes, como también lo son C y D, siendo A y C incompatibles.

Por consiguiente, los eventos $A \cap B$ y $C \cap D$ son incompatibles. $P(A) = 1/52$, $P(B) = 1/51$, $P(C) = 1/52$, $P(D) = 1/51$ (por la definición clásica de probabilidad).

El evento a medir es *el jugador recibe A♣ y 7♥*, $(A \cap B) \cup (C \cap D)$ y tenemos:

$$P\big((A \cap B) \cup (C \cap D)\big) = P(A \cap B) + P(C \cap D) =$$

$$P(A)P(B) + P(C)P(D) = \frac{1}{52} \cdot \frac{1}{51} + \frac{1}{52} \cdot \frac{1}{51} = 1/1326 \,.$$

Hemos aplicado la fórmula de la probabilidad de la intersección de dos eventos independientes y la fórmula de la unión de las probabilidades de dos eventos incompatibles.

B. *Método condensado*

Consideramos un único experimento a saber, la distribución de dos cartas al jugador. El conjunto de eventos elementales asociados a este experimento puede identificarse con el conjunto de las combinaciones de dos cartas de las 52, que tiene $C_{52}^2 = 1326$ elementos. Entre todos ellos, una única combinación es favorable a la ocurrencia del evento a medir *el jugador recibe un A♣ y un 7♥*, entonces su probabilidad es $\dfrac{1}{C_{52}^2} = 1/1326$.

Para la segunda pregunta (la probabilidad de que el jugador reciba un A y un 7 cualquiera):

A. *Método paso por paso*

Consideramos la distribución de dos cartas como dos experimentos diferentes (el jugador recibe la primera carta y después recibe la segunda). Registre los eventos siguientes:

A – el jugador recibe un A en la primera carta

B – el jugador recibe un 7 después de recibir un A

C – el jugador recibe un 7 en la primera carta

D – el jugador recibe un A después de recibir un 7.
Tenemos aquí las mismas razones teóricas que en el primer problema.

Las probabilidades para esos eventos son las siguientes:
$P(A) = 4/52$, $P(B) = 4/51$, $P(C) = 4/52$, $P(D) = 4/51$ (por la definición clásica de la probabilidad).

El evento a medir es *el jugador recibe un A y un 7,*
$(A \cap B) \cup (C \cap D)$ y tenemos:

$$P\big((A \cap B) \cup (C \cap D)\big) = P(A \cap B) + P(C \cap D) =$$

$$P(A)P(B) + P(C)P(D) = \frac{4}{52} \cdot \frac{4}{51} + \frac{4}{52} \cdot \frac{4}{51} = 16/1326.$$

B. *Método condensado*
Consideramos un experimento, a saber, la distribución de dos cartas. El conjunto de los eventos elementales asociados a este experimento puede identificarse con el conjunto de combinaciones de dos elementos de tomados de 52, que tiene $C_{52}^2 = 1326$ elementos. Entre ellos, las combinaciones que son favorables a la ocurrencia del evento a medir *el jugador recibe un A y un 7* son los del tipo ($A7$) cuya cantidad es 4 x 4 = 16 (hay cuatro ases y cuatro sietes en la baraja que pueden ser repartidos), entonces su probabilidad es $\dfrac{16}{C_{52}^2} = 16/1326$.

Observar que la solución usando el método condensado es más corta e incluye el cálculo combinatorio.

3) Se tira cinco veces la moneda. ¿Cuál es la probabilidad de que salga cara exactamente dos veces?

A. *Método paso por paso*
Consideramos el experimento de tirar la moneda cinco veces repetidas. El espacio muestral es el mismo para todas las veces, a saber, $\{H, T\}$ (cara, ceca). Representando la distribución de los resultados de las cinco pruebas mediante una variación de cinco elementos (donde el orden se tiene en cuenta), hay diez de las variaciones que son favorables para la ocurrencia del evento a

medir, a saber: (*HHTTT*), (*HTHTT*), (*HTTHT*), (*HTTTH*), (*THHTT*), (*THTHT*), (*THTTH*), (*TTHHT*), (*TTHTH*) y (*TTTHH*) (se han generado con la regla de solamente permitir dos símbolos *H*). Cada uno de estos eventos tiene la probabilidad de

$$\frac{1}{2}\cdot\frac{1}{2}\cdot\frac{1}{2}\cdot\frac{1}{2}\cdot\frac{1}{2} = \frac{1}{2^5} = \frac{1}{32},$$ porque es una intersección de cinco

eventos independientes (por ejemplo, (*HHTTT*) = *cara en la primera vez AND cara en la primera vez y cara en la segunda vez AND cara en la primera vez y cara en la segunda vez y ceca en la tercera vez AND cara en la primera vez y cara en la segunda vez y ceca en la tercera vez y ceca en la cuarta vez AND cara en la primera vez y cara en la segunda vez y ceca en la tercera vez y ceca en la cuarta vez y ceca en la quinta vez*). Esos diez eventos son mutuamente excluyentes, y la probabilidad del evento a medir es la suma de sus probabilidades, o sea: 10 x (1/32) = 10/32.

Podemos condensar este cálculo entero si consideramos la distribución de los resultados de las cinco pruebas como las combinaciones (para las cuales no cuenta el orden) de los resultados, a saber el conjunto de combinaciones del tipo (*abcde*), con $a, b, c, d, e \in \{H, T\}$. Su cantidad es $2^5 = 32$, puesto que cada elemento puede tomar dos valores. Entre ellos, los que son favorables para el evento a medir son los que contienen exactamente 2 *H* elementos y su número es $C_5^2 = 10$. Entonces la probabilidad es 10/32.

Este enfoque transforma el método de solución y lo hace condensado.

B. *Método condensado*

Otro método para resolver este problema es usar una distribución clásica de probabilidades. Podemos observar que la hipótesis del problema corresponde a la distribución de Bernoulli (experimentos repetidos donde se busca la probabilidad de ocurrencia del mismo evento de entre una cantidad fija de veces). Solamente tenemos que aplicar la fórmula de la probabilidad correspondiente a esta distribución, a saber, $P_{m,n} = C_n^m p^m q^{n-m}$, y reemplazar los valores numéricos específicos. En este caso debemos calcular:

$$P_{2,5} = C_5^2 \cdot \frac{1}{2^2} \cdot \frac{1}{2^3} = \frac{C_5^2}{2^5} = 10 / 32 \,.$$

Ya de estos pocos ejemplos podemos sacar las conclusiones siguientes sobre las diferencias entre los dos métodos de resolución:
 – El método condensado consigue una solución más corta que la del método de paso por paso;
 – El método de paso por paso supone cálculos aritméticos más simples, pero repetidos muy a menudo;
 – El uso del método de paso por paso requiere una gran atención para definir los eventos y para aplicar las fórmulas;
 – El uso del método condensado supone generalmente mayor conocimiento (de la teoría y cálculo combinatorio).

Como lo dijimos antes, un problema de aplicación puede ser resuelto de varias maneras usando uno, otro u ambos métodos.
 Elegir un método o el otro o un procedimiento que combine los dos es una opción que debería tener en cuenta el tipo de aplicación, el nivel de conocimiento del calculista, su experiencia y su aprestamiento en el cálculo.
 Si bien el cálculo paso por paso se recomienda a personas con una formación matemática mínima o sin experiencia en el cálculo combinatorio, nosotros recomendamos sin reservas que se use el método condensado toda vez que sea posible, porque el método de paso por paso está mucho más expuesto a los errores de observación, aplicación y cálculos.
 Como ejercicio, tratar de solucionar los problemas de aplicación siguientes y enfocarse en el planteo y en la selección del método de resolución:

1) Dos personas por separado eligen aleatoriamente un número de 1 a 10. Encontrar la probabilidad de:
 a) Que la primera persona elija el número 5 y la segunda el 7;
 b) Que se elijan los números 5 y 7, sin importar en que orden;
 c) Que se elijan dos números pares;
 d) Que ambas personas elijan el mismo número.

2) Se tiran simultáneamente tres dados. Hallar la probabilidad de que:

    a) Salgan tres números impares;

    b) Que salga el 4 exactamente en dos dados;

    c) Que salgan tres números consecutivos (sin importar en que orden).

3) Se sacan tres cartas aleatoriamente de una baraja de 52 cartas. Calcular la probabilidad de:

    a) Sacar tres A;

    b) Las tres cartas contienen una pareja de 8;

    c) Las tres cartas contienen al menos un trébol (♣).

4) Se tiran dos dados ocho veces. Calcular la probabilidad de:

    a) Un par (dos números idénticos) sale en la primera vez;

    b) Un par sale exactamente tres veces;

    c) Un par sale por lo menos cuatro veces.

5) Se separan dos personas de una multitud, en forma aleatoria. Hallar la probabilidad de que esas personas no tengan el mismo día de cumpleaños.

Selección de las fórmulas a usar

Luego del planteo del problema y de la selección del método de resolución, debemos encontrar las fórmulas que se van a usar en el cálculo de la probabilidad de los eventos a medir. Esas fórmulas pueden representar las propiedades básicas de la probabilidad, los teoremas o resultados de las distribuciones de probabilidad estudiados anteriormente y que pueden revisarse exhaustivamente en el capítulo de matemática.

El cálculo de probabilidades significa en realidad la aplicación práctica de la teoría de la probabilidad en casos específicos, incluidos allí los cálculos numéricos.

Aunque estas fórmulas pueden cubrir el rango completo de las aplicaciones finitas y discretas y en teoría pudieran ser empleadas mecánicamente mediante analogías, no recomendamos a nadie que esté aprendiendo el cálculo de probabilidades que reduzca todo el capítulo de matemática a este grupo de fórmulas de cálculo, porque su aplicación correcta, como así el planteo del problema requiere por lo menos una visión de conjunto de la teoría.

Una vez seleccionadas las fórmulas a usar, se aplican reemplazando los valores numéricos y los eventos específicos del problema y entonces se realiza el cálculo aritmético o algebraico.

Ahora presentaremos la lista completa de esas fórmulas, comenzando con las operaciones booleanas. Las fórmulas del cálculo combinatorio también están incluidas. A cada fórmula se le adjunta un número identificatorio. En las aplicaciones siguientes nos referiremos a esos números.

Lista de las fórmulas a usar

Operaciones booleanas, aplicables a los conjuntos de partes (correspondientes a los operadores $\cup, \cap, {}^C$) y a los eventos (correspondientes a los operadores OR, AND, NOT):

(F1) $\begin{cases} A \cap (B \cup C) = (A \cap B) \cup (A \cap C) \\ A \cup (B \cap C) = (A \cup B) \cap (A \cup C) \end{cases}$ (distributividad)

(F2) $\begin{cases} (A \cup B)^C = A^C \cap B^C \\ (A \cap B)^C = A^C \cup B^C \end{cases}$ (relaciones de De Morgan)

Se aplican a aquellos problemas donde es necesario descomponer ciertos eventos compuestos.

Propiedades de la probabilidad

(F3) $P = m/n$ (la probabilidad de un evento es la razón entre el número de casos favorables para que ocurra ese evento y el número de casos igualmente posibles) (la clásica definición de probabilidad)

(F4) $P(\Omega) = 1$ (probabilidad de un evento seguro)

(F5) $P(A \cup B) = P(A) + P(B)$, para todo $A, B \in \Sigma$ con $A \cap B = \phi$.

(F6) $P\left(\bigcup_{i=1}^{n} A_i\right) = \sum_{i=1}^{n} P(A_i)$, para toda familia finita de eventos

mutuamente excluyentes $\left(A_i\right)_{i=1}^{n}$ (aditividad finita en condición de incompatibilidad)

(F7) $P(A^C) = 1 - P(A)$ (probabilidad del evento contrario)

(F8) $P(\phi) = 0$ (probabilidad del evento imposible)

(F9) $P(A - B) = P(A) - P(A \cap B)$ (probabilidad de la diferencia de dos eventos)

(F10) $P(A \cup B) = P(A) + P(B) - P(A \cap B)$ (fórmula general de la probabilidad de la unión de dos eventos)

(F11) $P(A_1 \cup A_2 \cup \ldots A_n) = \sum_{i=1}^{n} P(A_i) - \sum_{j<i} P(A_i \cap A_j) +$

$\sum_{i<j<k} P(A_i \cap A_j \cap A_k) + \ldots + (-1)^{n-1} P(A_1 \cap A_2 \cap \ldots \cap A_n)$

(principio de inclusión-exclusión o fórmula general de la probabilidad de la unión finita de eventos)

Esta fórmula es una generalización de (F10) y se aplica de la manera siguiente:

Tenemos n eventos y queremos calcular la probabilidad de su unión. Consideramos sucesivamente todas las combinaciones de 1 elemento, las combinaciones de 2 elementos y así sucesivamente hasta las combinaciones de n elementos de los n eventos (tenemos una única combinación de 1 elemento y una única combinación de n elementos). Agregamos las probabilidades de las uniones de cada grupo de combinaciones del mismo tamaño. Para grupos de combinaciones que tengan dimensión de número par, el resultado total se suma con el signo cambiado (sustracción) y para grupos de combinaciones que tengan dimensión de número impar el resultado total se suma con signo positivo (adición).

(F12) $P(A \cap B) = P(A) \cdot P(B)$, si los eventos A y B son independientes (la definición de eventos independientes).

(F13) $P(A_1 \cap A_2 \cap \dots \cap A_n) = P(A_1) \cdot P(A_2) \cdot \dots \cdot P(A_n)$, si los eventos A_i, $i = 1, \dots, n$ son completamente independientes en P (la fórmula general de la probabilidad de la intersección de eventos totalmente independientes).

(F14) $P_B(A) = P(A|B) = \dfrac{P(A \cap B)}{P(B)}$ (definición de la probabilidad condicional)

(F15) $P(A) = \sum_{i \in I} P(A_i) P(A|A_i)$, si $(A_i)_{i \in I} \subset \Sigma$ es un sistema de eventos completo con $P(A_i) \neq 0, \forall i \in I$ (la fórmula de la probabilidad total)

(F16) $P(A_i|A) = \dfrac{P(A_i) \cdot P(A|A_i)}{\sum\limits_{i \in I} P(A_i) \cdot P(A|A_i)}$, si $(A_i)_{i \in I} \subset \Sigma$ es un sistema completo de eventos con $P(A_i) \neq 0, \forall i \in I$ (teorema de Bayes).

Estas son las fórmulas básicas del cálculo de probabilidades para casos finitos y discretos. El método de resolución paso por paso en su totalidad y la mayoría de los métodos condensados pueden ser reducidos a sucesivas aplicaciones directas de estas fórmulas.

Fórmulas de la estadística

Sea X una variable aleatoria discreta que toma valores x_i, con probabilidades $p_i, i \in I$.

(F17) $M(X) = \sum_{i \in I} x_i p_i$ (valor esperado o media de X)

(F18) $\alpha_r(x) = M\left(X^r\right) = \sum_k x_k^r p_k$ (el momento r-esimo de X)

(F19) $\beta_r(X) = M\left(\left|X\right|^r\right) = \sum \left|x_k\right|^r p_k$ (momento absoluto r-esimo de X)

(F20) $\mu_r(X) = \alpha_r(X - M(X))$ (momento centrado r-esimo de X)

(F21) $D^2(X) = \sigma^2 = \mu_2(X)$ (dispersión o varianza de X)

(F22) $D(X) = \sigma = \sqrt{\mu_2(X)}$ (desviación estándar de X)

(F23) $D^2(X) = M\left(X^2\right) - \left[M(X)\right]^2$ (la relación entre el valor esperado y la dispersión)

Fórmulas de las distribuciones clásicas de la probabilidad:

Distribución (binomial) de Bernoulli
Se realizan n experimentos independientes. En cada uno ocurre un evento A con una probabilidad p y no ocurre con una probabilidad $q = 1 - p$.
La probabilidad de que ocurra A exactamente m veces en los n experimentos es:

(F24) $P_{m,n} = C_n^m p^m q^{n-m}$

(F25) $M(X) = np$ (valor esperado de una variable aleatoria obtenida binomialmente)

(F26) $D^2(X) = npq$ (dispersión de una variable aleatoria obtenida binomialmente).

Distribución de Poisson
Se realizan n experimentos independientes. En cada uno ocurre el evento A con una probabilidad $p_i, (i = 1, 2, ..., n)$ y no ocurre con una probabilidad $q_i = 1 - p_i$. La probabilidad de que ocurra el evento A exactamente m veces en los n experimentos ($P_{m,n}$) es el coeficiente de z^m de

(F27) $\varphi_n(z) = \prod_{i=1}^{n}(p_i z + q_i)$ (función generadora de probabilidad $P_{m,n}$)

La probabilidad de que ocurra A por lo menos m veces en los n experimentos es:

(F28) $P(C_m) = \sum_{k=m}^{n} P_{k,n}$

Distribución polinomial

Una urna contiene bolas de color $c_1, c_2, ..., c_s$, y p_i es la probabilidad de extraer una bola de color $c_i, i = 1, ..., s$.

Se realizan n extracciones de una bola cada vez, teniendo el cuidado que la urna tenga el mismo contenido para todas las extracciones.

La probabilidad de que ocurran las bolas α_i de color $c_i, i = 1, ..., s$ en las extracciones realizadas es:

(F29) $P(n; \alpha_1, ..., \alpha_s) = \dfrac{n!}{\alpha_1! \alpha_2! ... \alpha_s!} p_1^{\alpha_1} ... p_s^{\alpha_s}$

Distribución hipergeométrica

Una urna tiene los contenidos siguientes: a_1 bolas de color c_1, a_2 bolas de color c_2, ..., a_s bolas de color c_s.

Se realizan n extracciones sin reponer la bola extraída (o una extracción de n bolas).

La probabilidad de la ocurrencia de α_k bolas de color $c_k, k = 1, ..., s$ en el grupo de n bolas extraídas donde

$\alpha = (\alpha_1, ..., \alpha_s)$, $0 \leq \alpha_k \leq a_k$, $\sum_{k=1}^{s} \alpha_k = n$, es:

(F30) $P(n; \alpha_1, ..., \alpha_s) = \dfrac{C_{a_1}^{\alpha_1} C_{a_2}^{\alpha_2} ... C_{a_s}^{\alpha_s}}{C_{a_1 + ... a_s}^{n}}$.

Ejercicios y problemas

Presentamos ahora unos cuantos problemas de aplicación refiriéndonos a las fórmulas usadas con su número de identificación.

1) Dos tiradores disparan cada uno un tiro al blanco. La probabilidad del primer tirador de dar en el blanco es 0,7 y la probabilidad del segundo de dar en el blanco es 0,8. ¿Cuál es la probabilidad de que ambos tiradores yerren el blanco?

Respuesta:
Designando con A el evento *primer tirador da en el blanco* y con B el evento *segundo tirador da en el blanco* el evento a medir es $(A \cup B)^C$. De acuerdo a (F2), tenemos $(A \cup B)^C = A^C \cap B^C$.

Los eventos A y B son independientes, entonces los eventos A^C y B^C son independientes. Usando (F12) y después (F7) dos veces, tenemos:

$$P\big((A \cup B)^C\big) = P\big(A^C \cap B^C\big) = P\big(A^C\big)P\big(B^C\big) = [1 - P(A)] \cdot [1 - P(B)]$$

Reemplazando los valores numéricos de $P(A)$ y $P(B)$, obtenemos $0,3 \times 0,2 = 0,06 = 6\%$.

2) En una máquina tragamonedas con tres rodillos y siete símbolos, encontrar la probabilidad de obtener el mismo símbolo en todos los rodillos accionando el giro una sola vez.

Respuesta:
Sean $S_1, S_2, S_3, S_4, S_5, S_6, S_7$ los siete símbolos y sea la notación de los siguientes los eventos:

A_i – el símbolo S_i ocurre en el primer rodillo;

B_i – el símbolo S_i ocurre en el segundo rodillo;

C_i – el símbolo S_i ocurre en el tercer rodillo;

El evento a medir es entonces $D = \bigcup_{i=1}^{7} \left(A_i \cap B_i \cap C_i \right)$.

Los eventos $(A_i \cap B_i \cap C_i)$, $i = 1, ..., 7$ son mutuamente excluyentes, entonces tenemos de acuerdo con (F6):

$$P(D) = \sum_{i=1}^{7} P(A_i \cap B_i \cap C_i).$$

Los eventos A_i, B_i, C_i son totalmente independientes para toda i, entonces tenemos, de acuerdo a (F13):

$$P(A_i \cap B_i \cap C_i) = P(A_i) P(B_i) P(C_i) = \frac{1}{7} \cdot \frac{1}{7} \cdot \frac{1}{7} = \frac{1}{7^3}, \forall i = 1, ..., 7$$

Resultado $P(D) = 7 \cdot \dfrac{1}{7^3} = 1/49$.

Esta solución puede compactarse con el razonamiento siguiente: Fijando un rodillo y un símbolo, la probabilidad de que ocurra ese símbolo en ese rodillo es 1/7. Tenemos girando tres rodillos en forma independiente, por lo tanto la probabilidad de que ocurra ese símbolo en los tres rodillos es 1/7 x 1/7 x 1/7. Tenemos 7 símbolos, entonces la probabilidad final es 7 x (1/7 x 1/7 x 1/7) = 1/49.

Ejercicio:
El mismo problema para una máquina tragamonedas con 4 rodillos y 8 símbolos.

3) Una urna contiene nueve bolas blancas y quince bolas negras. Se extraen dos bolas de la urna. ¿Cuál es la probabilidad de extraer dos bolas del mismo color?

Respuesta:

Solución 1 – método de paso por paso

Registrar los eventos siguientes:
A – una bola blanca se extrae primero, sin reposición;
B – una bola blanca se extrae en segundo lugar;
C – una bola negra se extrae primero, sin reposición;
D – una bola negra se extrae en segundo lugar;
El evento a medir es E – *2 bolas blancas o 2 bolas negras* son extraídas y tenemos $E = (A \cap B) \cup (C \cap D)$.

245

Los eventos $(A \cap B)$ y $(C \cap D)$ son incompatibles.

El evento B está condicionado por A y el evento D está condicionado por C. Tenemos, de acuerdo a (F14):

$$P(A \cap B) = P(A) \cdot P_A(B) = \frac{9}{24} \cdot \frac{8}{23};$$

$$P(C \cap D) = P(C) \cdot P_C(D) = \frac{15}{24} \cdot \frac{14}{23}.$$

Usando (F5) y (F12), tenemos que

$$P(E) = P(A \cap B) + P(C \cap D) = 282 / 552 = 0,51086.$$

Solución 2 – método condensado

Consideramos el campo de eventos en el que los eventos elementales igualmente posibles son las ocurrencias de las combinaciones de 2 elementos de bolas de entre las veinticuatro bolas. Su cantidad es C_{24}^2. Las combinaciones favorables para el evento a medir son del tipo (NN) y (BB) (N – bola negra, B – bola blanca), con un total de $C_{15}^2 + C_9^2$.

De acuerdo a (F3), tenemos que $P(E) = \dfrac{C_{15}^2 + C_9^2}{C_{24}^2} = 282 / 552$.

Si el problema hubiera sido sobre la probabilidad de que las dos bolas extraídas sean de diferente color, las combinaciones favorables serían del tipo (NB) y (BN), en un total de $2 \times (9 \times 15) = 270$, y la probabilidad hubiera sido $P(E) = \dfrac{270}{C_{24}^2} = 270 / 552 = 0,48913$.

Hacer la prueba siguiente para controlar si el cálculo es correcto: puesto que *dos bolas del mismo color* y *dos bolas de distinto color* son las únicas posibilidades, la suma de las posibilidades tiene que dar 1, de acuerdo a (F4). Tenemos $282/552 + 270/552 = 1$.

Ejercicio:
Si una urna contiene siete bolas rojas y ocho bolas verdes y se extraen dos bolas, encontrar la probabilidad de que las bolas que salen tengan: a) el mismo color; b) diferentes colores.

4) Se presentan tres candidatos para un examen. Pasan el examen si conocen bien el tema de una boleta extraída. El primer candidato aprendió el 70 por ciento del temario del examen, el segundo el 55 por ciento y el tercero el 80 por ciento. ¿Cuál es la probabilidad de que los tres candidatos pasen el examen?

Respuesta:
Haciendo las siguientes simplificaciones: las boletas del examen cubren uniformemente el temario completo del examen, un tema que pertenece al temario se expone completa y correctamente, el examinador es imparcial, y no se producen errores de análisis o de comunicación; entonces estamos en el caso de una distribución clásica de Poisson con $p_1 = 70/100$, $p_2 = 55/100$, $p_3 = 80/100$ y $q_1 = 30/100$, $q_2 = 45/100$, $q_3 = 20/100$ y tenemos que calcular $P_{3,3}$.

De acuerdo a (F27), $P_{3,3}$ es el coeficiente de z^3 en el desarrollo

de $\varphi_3(z) = \left(\dfrac{70}{100}z + \dfrac{30}{100} \right)\left(\dfrac{55}{100}z + \dfrac{45}{100} \right)\left(\dfrac{80}{100}z + \dfrac{20}{100} \right)$, o sea,

$$\frac{70}{100} \cdot \frac{55}{100} \cdot \frac{80}{100} = 0,308 \,.$$

Ejercicio:
En iguales condiciones, encontrar la probabilidad de que exactamente dos candidatos pasen el examen y la probabilidad de que por lo menos un candidato pase el examen.

5) En un juego de poker Texas Hold'em un jugador participante que tiene dos oponentes recibe dos cartas de corazones (♥) y las cartas del flop contienen exactamente dos corazones. Calcular la probabilidad de que al menos un oponente tenga dos cartas de corazones.

Respuesta:

Solución 1
Estamos en la suposición de que el jugador ha visto cinco cartas (las de su mano y las tres cartas del flop), entre las cuales cuatro son

corazones. Quedan cuarenta y siete cartas de las cuales nueve son corazones (13 – 4). Esta es la información que genera el campo de probabilidades y el resultado numérico final de la probabilidad. Los eventos elementales igualmente posibles son las ocurrencias en las cartas que los oponentes tienen en la mano, combinaciones de dos elementos de las cartas que no han sido vistas.

Designando al evento A – *el primer oponente tiene 2 corazones* y evento B – *el segundo oponente tiene 2 corazones,* el evento a ser medido, *por lo menos uno de los oponentes tiene 2 corazones,* es $A \cup B$.

Para calcular $P(A \cup B)$ usando (F10), tenemos primero que calcular $P(A)$, $P(B)$ y $P(A \cap B)$.

Puesto que se tiene en cuenta la misma información inicial y la distribución de las cartas es aleatoria, tenemos que $P(A) = P(B)$.

Entonces ponemos fijo un oponente (llamémosle el primero), y hagamos el cálculo para éste, y el resultado será el mismo para el otro. Los eventos elementales igualmente posibles que son favorables para que ocurra el evento A son las ocurrencias de las combinaciones del tipo (CC) en la mano del oponente (C – corazones). La cantidad es C_9^2 (todas las combinaciones de dos elementos de las nueve cartas de corazones que no han sido vistas).

La cantidad total de combinaciones posibles de cartas que el oponente pudo recibir es C_{47}^2 (todas las combinaciones de 2 elementos de las cuarenta y siete cartas que no han sido vistas). De acuerdo a (F3), tenemos que $P(A) = \dfrac{C_9^2}{C_{47}^2}$.

El mismo valor numérico tiene entonces $P(B)$. Esta sería la respuesta final si el problema buscara un oponente específico que tenga dos cartas de corazones. Calculemos ahora $P(A \cap B)$:

El evento $A \cap B$ ocurre si los dos oponentes tienen una combinación (CC). Esto significa la ocurrencia de una doble combinación (CC) (CC) en las manos de los dos oponentes. Contemos esas combinaciones dobles (CC) (CC) = (CC) x (CC).

El primer oponente pudo recibir C_9^2 combinaciones de cartas (dos cartas de corazones de las nueve restantes). Y el segundo oponente pudo recibir C_7^2 combinaciones de cartas (dos cartas de las 9 – 2 = 7 restantes después de haber contado las del primero). En total, tenemos $C_9^2 \cdot C_7^2$ combinaciones dobles que son favorables para que el evento $A \cap B$ ocurra.

Contemos ahora el número total de dobles combinaciones posibles que reciben los dos oponentes. Estas son del tipo $(xy)(zt)$, donde x, y, z, t son cartas diferentes de las cinco cartas vistas.

$$(xy)(zt) = (xy) \times (zt)$$

Tenemos C_{47}^2 combinaciones posibles para las cartas en las manos del primer oponente (xy) y C_{45}^2 combinaciones posibles en las manos del segundo (zt), entonces tenemos un total de $C_{47}^2 \cdot C_{45}^2$ combinaciones dobles posibles. Ahora aplicamos (F3) para encontrar la probabilidad de $A \cap B$ (en el campo de probabilidad en que los eventos elementales igualmente posibles son las ocurrencias de las combinaciones dobles en las manos de los dos oponentes):

$$P(A \cap B) = \frac{C_9^2 \cdot C_7^2}{C_{47}^2 \cdot C_{45}^2}.$$

Retornando a (F10) y reemplazando los valores numéricos encontrados, tenemos que

$$P(A \cup B) = 2 \cdot \frac{C_9^2}{C_{47}^2} - \frac{C_9^2 \cdot C_7^2}{C_{47}^2 \cdot C_{45}^2} = \frac{C_9^2}{C_{47}^2}\left(2 - \frac{C_7^2}{C_{45}^2}\right).$$

Ejercicio:
Hacer el cálculo combinatorio y expresar la probabilidad encontrada como un porcentaje.

Solución 2
Analizando con mayor detalle el experimento de las cartas repartidas a los dos oponentes, podemos observar que corresponde a la distribución de probabilidad hipergeométrica para dos pruebas y dos colores de las bolas.

La urna esta representada por las cuarenta y siete cartas no vistas, las bolas están representadas por las combinaciones de 2 elementos de las cuarenta y siete, y la extracción de una bola de un cierto color está representada por la ocurrencia de una combinación (CC).

La distribución de las combinaciones de dos cartas es equivalente a la extracción sucesiva de dos bolas de la urna sin retorno de la primera bola extraída. Para aplicar (F30), observemos las analogías siguientes con la distribución de probabilidad hipergeométrica, para $n = 2$ (el número de pruebas) y $s = 2$ (el número de colores):

a_1 bolas de color c_1 tienen la misma cantidad que las $C_9^2 = 36$ combinaciones del tipo (CC);

a_2 bolas de color c_2 tienen la misma cantidad que las

$C_{47}^2 - C_9^2 = 1045$ combinaciones del tipo NOT (CC), (esto es las combinaciones en las que por lo menos una carta no es de corazones).

Con la notación de la fórmula (F30), el evento a medir es $A_{1,1} \cup A_{2,0}$ (una bola de color (CC) o dos bolas de color (CC) extraídas como resultado de las dos pruebas).

Los dos eventos son incompatibles; por lo tanto,

$P\left(A_{1,1} \cup A_{2,0}\right) = P\left(A_{1,1}\right) + P\left(A_{2,0}\right)$, de acuerdo a (F5).

Aplicando (F30) dos veces, tenemos:

$$P\left(A_{1,1}\right) = P(2; 1, 1) = \frac{C_{36}^1 \cdot C_{1045}^1}{C_{1081}^2} = \frac{36 \cdot 1045}{C_{1081}^2}$$

$$P\left(A_{2,0}\right) = P(2; 2, 0) = \frac{C_{36}^2 \cdot C_{1045}^0}{C_{1081}^2} = \frac{C_{36}^2}{C_{1081}^2}.$$

Sumando los dos resultados, encontramos que la probabilidad del evento a medir es $\dfrac{36 \cdot 1045 + C_{36}^2}{C_{1081}^2}$.

Ejercicio:
Realizar estos cálculos para corroborar que hemos llegado al mismo resultado que se obtuvo en la solución 1.

Ambos métodos de resolución son del tipo condensado.

Aunque el segundo es más corto, recomendamos a los principiantes que usen el primer método para resolver estos problemas de aplicación, porque la aplicación de las distribuciones de la probabilidad clásica supone la identificación correcta de varias equivalencias y analogías, y esta acción puede generar errores si el calculista no tiene una práctica matemática suficiente.

Además, la solución 2 es más exigente porque no puede prescindir del uso del cálculo combinatorio.

El cálculo

El cálculo es de hecho, la etapa final del algoritmo de resolución del problema de aplicación, y no puede preceder a las otras etapas. Una vez hecho el planteo, se pueden aplicar las fórmulas seleccionadas reemplazando con los valores numéricos de la hipótesis o con valores que de allí se deducen. Después viene el trabajo de hacer los cálculos para obtener el resultado.

El cálculo de probabilidades significa realmente aplicar ciertas fórmulas seleccionadas y obtener un resultado final al reemplazar con los valores numéricos en las fórmulas y realizar los cálculos.

El cálculo propiamente dicho puede ser estrictamente aritmético o también combinacional.

Como lo dijimos antes, los usuarios de esta guía deben dominar el cálculo aritmético y algebraico básico antes de poder completar las operaciones: números reales, orden de las operaciones, operaciones con fracciones, reducciones, manejo de paréntesis, potencias, factoreo y otras operaciones semejantes.

El cálculo combinatorio está presente en la solución de numerosos problemas de aplicación, por lo que se debe tener un buen manejo de esta herramienta. En muchos problemas de probabilidades en donde se maneja el cálculo combinatorio, la aplicación de fórmulas se traduce en el manejo de permutaciones, variaciones o combinaciones y en resolver las operaciones aritméticas que se generan.

Por eso recomendamos a los lectores el estudio del capítulo titulado *Combinatoria* y la práctica en la resolución de ejercicios y problemas, tanto como sea posible, antes de entrar de lleno en las aplicaciones de la probabilidad.

El conocimiento de las fórmulas generales de permutaciones, variaciones y combinaciones es importante, pero no suficiente: la práctica tiene un rol decisivo para llegar al planteo correcto de un problema de combinatoria y para la aplicación correcta de las fórmulas.

La preparación práctica es también útil para el cálculo aritmético, porque desarrolla la capacidad de observación que tanto se necesita para evitar errores, simplificar los cálculos y adoptar hipótesis simplificatorias adecuadas.

Dichas hipótesis simplificatorias pueden usarse cuando la aplicación de las fórmulas a menudo largas y tediosas requiere un cálculo extremadamente largo, siempre y cuando dichas simplificaciones no cambien en mucho el resultado exacto requerido. Tales aproximaciones se realizan quitando de las fórmulas aquellos términos y expresiones cuyo valor numérico es insignificante en las condiciones y requerimientos del problema de aplicación.

La probabilidad a favor y en contra

El resultado final de un problema de aplicación puede expresarse de tres maneras: como una fracción, como un porcentaje o como la probabilidad del hecho contrario.

La probabilidad en cuanto subunidad de los números reales, es una fracción. Convertirla en porcentaje es simplemente un problema de operaciones y notación.

Por ejemplo, expresar la probabilidad 1/8 como un porcentaje, dividamos 1 : 8, y obtenemos 0,125, que se expresa también con la notación de un porcentaje, como 12,5%.

Esta última acción consistió en mover la coma decimal dos posiciones hacia la derecha y agregar el signo %.

Y a la inversa, expresar un porcentaje como una fracción supone escribir en el numerador de una fracción el número obtenido después de quitar al porcentaje la coma decimal y el signo %; y poner como denominador de esa fracción a una potencia de 10 cuyo exponente es $q + 2$, donde q es la cantidad de cifras decimales que tenía el número del porcentaje original.

Escribamos el número 12,5% como una fracción. Tenemos en el porcentaje una sola cifra decimal (1). Se quita la coma decimal y el signo %, y queda: 125. Calcular: $10^{1+2} = 1000$. La fracción con los números obtenidos es: 125/1000. Si reducimos hasta el final esta fracción obtenemos 1/8.

Pasemos el número 0,153% a la forma fraccionaria: Tenemos tres cifras decimales (3). Al quitar la coma decimal y el signo % queda: 153. Calculando: $10^{3+2} = 100000$. La fracción encontrada es 153/100000.

Consideremos ahora la probabilidad expresada como relación entre la probabilidad del evento y la probabilidad de lo contrario, relacionados entre si. Buscamos entonces expresar la probabilidad del evento contrario relacionada a la probabilidad del evento dado.

El porcentaje relativo del evento contrario es:

probabilidad del evento / (1 – probabilidad del evento)

Por ejemplo dado el evento A con probabilidad de 1/3, la probabilidad del evento contrario es $(1/3)/(1 – 1/3) = (1/3)/(2/3) = 1/2$.

Entonces se designa la relación del evento contrario con el evento dado como 2 : 1 y se dice *las probabilidades de que ocurra A son 2 a 1, uno a favor (A) y dos en contra (A^C).*

La expresión de la probabilidad a favor y en contra usa normalmente números enteros, por lo que, en caso de ser necesario, se hacen aproximaciones.

Por ejemplo si la fracción que resulta de aplicar la fórmula de arriba nos diera $3/7 = 1/2,333...$, lo podemos expresar como 3 : 1, 1 a favor, 3 en contra.

Para la conversión inversa se usa la fórmula siguiente:

probabilidad = probabilidad del evento contrario / (1 + probabilidad del evento contrario)

Por ejemplo en una relación 3 : 2, dos a favor de un evento, tres en contra, la probabilidad del evento es:

$(2/3) / (1 + 2/3) = (2/3) / (5/3) = 2/5$ o 40% como porcentaje.

Presentamos en esta sección algunos problemas de aplicación resueltos, en los que hemos incluido el desarrollo y el cálculo aritmético y combinatorio.

Ejercicios y problemas

1) Un jugador que participa en una partida de poker clásico con una baraja de 52 cartas tiene tres oponentes; en la mano recibe (A♥ A♣ J♣ 7♣ 2♣). ¿Cuál es la probabilidad de que al menos un oponente tenga un as (calculando antes de la segunda distribución de cartas)? ¿Cuál es la probabilidad de que el jugador reciba un trébol si descarta el A♥? ¿Cuál es la probabilidad de que reciba por lo menos un as en la segunda distribución, si descarta J♣ 7♣ 2♣?

Respuesta:

Un as significa por lo menos un as, o uno o dos ases (teniendo en cuenta que el jugador ya tiene dos ases de los cuatro existentes).

Designar con A el evento a medir *por lo menos un oponente tiene un as*. Si usamos la notación A_i para el evento *el oponente número i tiene por lo menos un as*, $i = 1, 2, 3$, tenemos que $A = A_1 \cup A_2 \cup A_3$. Obviamente, los A_i tienen la misma probabilidad dentro del campo de probabilidades en que operamos (en el que los eventos elementales igualmente posibles son las ocurrencias de combinaciones de cinco elementos de las cartas de las $52 - 5 = 47$ cartas no vistas en las manos de los oponentes). Calculemos $P(A_i)$ de un oponente i arbitrario.

Las combinaciones favorables para el evento A_i son las del tipo $(Axyzt)$, donde x, y, z, t toman cualquier valor diferente de las cinco cartas vistas (que incluyen el as). Para contar estas combinaciones las dividimos en dos grupos diferentes: los que contienen exactamente un A (as) y los que contienen exactamente dos A (no existen combinaciones que contengan más de dos ases, porque ya el jugador tiene dos en la mano y hay cuatro en la baraja). Usamos la notación $(Axyzt)$ y $(AAxyz)$ para los grupos, con $x, y, z, t \neq A$. Obviamente, no hay combinaciones comunes entre los dos grupos, y podemos sumar las cantidades que les corresponden a cada grupo.

Calculemos el número de combinaciones $(Axyzt)$ haciendo la partición: $(Axyzt) = (A)(xyzt)$.

Quedaron dos ases en juego, por lo que el número de combinaciones de un elemento (A) es dos. Para calcular la cantidad de combinaciones de cuatro elementos $(xyzt)$ contamos el número de cartas que representa el conjunto de donde se generan estas combinaciones: 52 de la baraja menos las cinco en mano del jugador, menos los dos ases en juego (porque x, y, z, t son distintas de A). Entonces tenemos $52 - 5 - 2 = 45$, entonces tenemos C_{45}^4 combinaciones del tipo $(xyzt)$. Por consiguiente las combinaciones $(Axyzt)$ son $2C_{45}^4$.

Calculemos ahora la cantidad de combinaciones $(AAxyz)$, también haciendo una partición: $(AAxyz) = (AA)(xyz)$.

La cantidad de combinaciones del tipo (AA) es $C_2^2 = 1$ (la única combinación con los dos ases que quedan). Las combinaciones de tres elementos (xyz) se generan del conjunto que tiene $52 - 5 - 2 = 45$ elementos (de las 52 cartas iniciales se restan las cinco en la mano del jugador y los dos ases que quedan), entonces la cantidad es C_{45}^3. La cantidad de combinaciones $(AAxyz)$ resultante es

$$1 \cdot C_{45}^3 = C_{45}^3.$$

Sumando estos resultados parciales, obtenemos en número de combinaciones que por lo menos contienen un A. A saber $2C_{45}^4 + C_{45}^3$. Este es el número de combinaciones que son favorables al evento a medir A_i.

El número de todas las combinaciones posibles que un oponente puede tener es C_{47}^5 ($52 - 5 = 47$ cinco son las cartas que el jugador tiene en la mano).

Aplicamos ahora (F3) para encontrar la probabilidad de A_i:

$$P(A_i) = \frac{2C_{45}^4 + C_{45}^3}{C_{47}^5}, \text{ para todo } i = 1, 2, 3.$$

Haciendo un paréntesis, revisemos la cuenta de las combinaciones favorables a A_i:

La razón por la que las combinaciones se dividen en dos grupos es para evitar un error frecuente del cálculo en el que algunas combinaciones se cuentan más de una vez.

Muchos dejan esas combinaciones en la forma $(Axyzt)$, con x, y, z, t que toman cualquier valor (menos las cinco cartas en la mano del jugador) y las cuentan de la manera siguiente: $(Axyzt) = (A)(xyzt)$.

Las combinaciones de (A) son 2 (los dos ases que quedan) y las combinaciones del tipo $(xyzt)$ son $C_{52-5-1}^4 = C_{46}^4$ (el número de cartas del conjunto que genera las combinaciones de cuatro elementos se obtiene al sustraer de 52 las cinco cartas de la mano del jugador y un as contado en la primera combinación (A)). Y se encuentra el número $2C_{46}^4$. Este razonamiento es incorrecto porque permite que algunas combinaciones se cuenten dos veces:

Al permitir que los elementos x, y, z, t puedan tomar el valor A, una combinación del tipo $(AAyzt)$ se contaría dos veces, a saber, una vez como (A♠ A♦ *yzt*) y otra vez como (A♦ A♠ *yzt*), cuando de hecho, representan una misma combinación.

Ejercicio: Realizar el cálculo combinatorio de los dos razonamientos (el correcto y el erróneo) y controlar si el resultado del erróneo es mayor que el del correcto.

Guardar en la memoria este error de partición de las combinaciones.

La regla para el cálculo correcto en los problemas con condiciones del tipo *por lo menos n elementos de un cierto tipo en una combinación* es: dividir las combinaciones a contar en dos o más grupos incompatibles, donde cada uno contiene exactamente 1, 2, ..., *n* elementos de ese tipo.

Volvamos ahora al problema inicial. Hemos calculado $P(A_i)$.

Para calcular $P(A)$, aplicamos (F11). Tenemos tres eventos A_i y debemos calcular las probabilidades de las intersecciones de dos y tres eventos entre ellos:

Las intersecciones de dos eventos

Tenemos $C_3^2 = 3$ intersecciones de ese tipo. Todas con la misma probabilidad. Dejamos fijos dos oponentes, por ejemplo los oponentes 1 y 2.

El evento $A_1 \cap A_2$ es *los oponentes 1 y 2 tienen por lo menos un as cada uno*.

El número de las posibilidades de cartas recibidas por los dos oponentes viene dado por la cantidad de combinaciones dobles (*xyztv*)(*mpqrs*) que tengan todos los elementos mutuamente diferentes y diferentes de las 5 cartas vistas. Ese número es $C_{47}^5 C_{42}^5$ (tenemos $C_{52-5}^5 = C_{47}^5$ combinaciones (*xyztv*) y por cada combinación (*xyztv*) existen $C_{52-5-5}^5 = C_{42}^5$ combinaciones (*mpqrs*), y los resultados deben multiplicarse).

Contemos ahora las combinaciones dobles que son favorables al evento $A_1 \cap A_2$, donde podemos aplicar (F3). Son del tipo

($Ayztv$)($Apqrs$), con y, z, t, v, p, q, r, s diferentes de A (no existen ases sin contar).

($Ayztv$)($Apqrs$) = (A)($yztv$)(A)($pqrs$)

Tenemos dos combinaciones (A) (los dos ases que quedaron en juego); tenemos C_{45}^4 combinaciones ($yztv$) (las combinaciones de 4 elementos de las 52 cartas de las que hemos restado las cinco cartas vistas, un as contado en la combinación anterior y un as que queda sin contar: $52 - 5 - 1 - 1 = 45$); tenemos una combinación (A) (un as que queda sin contar); tenemos C_{41}^4 combinaciones ($pqrs$) (las combinaciones de 4 elementos de las 52 cartas, de las que hemos restado las cinco cartas vistas y las seis cartas de las combinaciones anteriores; no queda un as sin contar: $52 - 5 - 6 = 41$).

Multiplicando los resultados parciales, obtenemos $2C_{45}^4 C_{41}^4$.

Aplicamos (F3) y encontramos: $P\left(A_1 \cap A_2\right) = \dfrac{2C_{45}^4 C_{41}^4}{C_{47}^5 C_{42}^5}$.

Las intersecciones de tres eventos:

Tenemos $C_3^3 = 1$, o una única intersección de tres eventos. Una combinación triple que es favorable para el evento $A_1 \cap A_2 \cap A_3$ debería tener la forma ($Axyzt$)($Avpqr$)($Abcde$), lo que es imposible, porque solo quedaron dos ases en juego y tal combinación triple debe contener tres ases. Entonces $P\left(A_1 \cap A_2 \cap A_3\right) = 0$. Aplicamos ahora (F11) para encontrar la probabilidad buscada:

$$P(A) = \left[P\left(A_1\right) + P\left(A_2\right) + P\left(A_3\right)\right] -$$
$$-\left[P\left(A_1 \cap A_2\right) + P\left(A_1 \cap A_3\right) + P\left(A_2 \cap A_3\right)\right] + P\left(A_1 \cap A_2 \cap A_3\right).$$

Reemplazando los valores numéricos deducidos, obtenemos:

$$P(A) = 3 \cdot \frac{2C_{45}^4 + C_{45}^3}{C_{47}^5} - 3 \cdot \frac{2C_{45}^4 C_{41}^4}{C_{47}^5 C_{42}^5} - 0 = \frac{3}{C_{47}^5}\left(2C_{45}^4 + C_{45}^3 - \frac{2C_{45}^4 C_{41}^4}{C_{42}^5}\right).$$

Al tratar con combinaciones de números grandes, es útil no desarrollar el cálculo combinatorio hasta el final, para permitir el factoreo y las reducciones eventuales.

Este tipo de problemas se ve frecuentemente en aplicaciones correspondientes a juegos de cartas en los que las búsquedas son las probabilidades de varios eventos relacionados con los oponentes.

Como se habrá notado, el problema se reduce a contar las combinaciones y a la aplicación directa de la fórmula (F11).

Contestemos ahora la segunda pregunta del problema.

El evento a medir es B – *el jugador recibe un trébol en el segundo reparto de cartas*. Ya están vistos cuatro tréboles, entonces todavía quedan 13 – 4 = 9 tréboles en juego de un total de 47 cartas sin ver. De acuerdo a (F3), la probabilidad de B es $P(B) = 9/47$.

Contestemos ahora la última pregunta del problema.

El evento a medir es C – *el jugador recibe por lo menos un A en el segundo reparto de cartas.*

Los eventos elementales igualmente posibles son las ocurrencias de las combinaciones de tres elementos de las 47 cartas no vistas. Son un total de C_{47}^3. Las combinaciones que son favorables para que ocurra el evento C son las que contienen por lo menos un as. Para contarlas las dividimos en dos grupos distintos:

(Axy), con $x, y \neq A$ (las que contienen exactamente un A), y

(AAx), con $x \neq A$ (las que contienen exactamente dos ases A).

En el primer grupo: $(Axy) = (A)(xy)$; tenemos dos combinaciones (A) y C_{45}^2 combinaciones (xy) (dos cartas de los 52, de las que se han sustraído las cinco cartas vistas, el as contado en la combinación y el as que queda sin contar: 52 – 5 – 1 – 1 = 45); la cantidad de combinaciones (Axy) es entonces $2C_{45}^2$.

En el segundo grupo: $(AAx) = (AA)(x)$; tenemos una combinación (AA) (solamente quedan dos ases en juego) y 52 – 5 – 2 = 45 combinaciones (de una carta) (x); la cantidad de combinaciones (AAx) es entonces 1 x 45 = 45. Sumando los dos resultados parciales encontramos $2C_{45}^2 + 45$ combinaciones que son favorables para el evento C de las C_{47}^3 posibles, por lo tanto tenemos

$$P(C) = \frac{2C_{45}^2 + 45}{C_{47}^3}.$$

Observar que una decisión de juego puede hacerse solamente sobre la base de las tres probabilidades calculadas en cada etapa del juego.

Ejercicio: Realizar los cálculos finales y comparar los valores de las probabilidades buscadas. Escribir los resultados como fracciones, como porcentajes y como probabilidades del evento contrario.

2) Se compra una boleta (una variante) de una lotería 6/49. ¿Cuál es la probabilidad de que exactamente tres números de la boleta salgan en el sorteo?

Respuesta:

Solución 1
Sea (*abcdef*) la variante jugada (*a, b, c, d, e, f* son números naturales distintos de 1 al 49).
Designamos los eventos:
A_{abc} – exactamente tres números de la boleta salen como primero, segundo y tercer número, a saber, *a, b, c*;
A_{abd} – exactamente tres números de la boleta salen como primero, segundo y cuarto número, a saber, *a, b, d*; y así sucesivamente;
...
A_{def} – exactamente tres números de la boleta salen como cuarto, quinto y sexto, a saber, *d, e, f*;

Tenemos $C_6^3 = \dfrac{4 \cdot 5 \cdot 6}{2 \cdot 3} = 20$ eventos del tipo A_{ijk} y el evento a medir es la unión de ellos $\bigcup\limits_{\substack{i,j,k \in \{a,b,c,d,e,f\} \\ i<j<k}} A_{ijk}$. La cantidad total de combinaciones posibles que pueden salir en el sorteo es C_{49}^6.

La probabilidad del evento A_{ijk} puede calcularse muy simplemente: las combinaciones que son favorables al evento A_{ijk} tienen la forma (*ijkxyz*), con *x, y, z* distintos y diferentes de *a, b, c, d, e, f*.

(*ijkxyz*) = (*ijk*)(*xyz*) Su cantidad es $1 \cdot C_{49-6}^3 = C_{43}^3$ (una combinación (*ijk*) y *x, y, z* puede tomar 49 – 6 = 43 valores).

De acuerdo a (F3), tenemos: $P\left(A_{ijk}\right) = \dfrac{C_{43}^3}{C_{49}^6}$, para todo *i, j, k*.

Observar que los eventos A_{ijk} son mutuamente excluyentes; por lo tanto, podemos aplicar (F6):

$$P\left(\bigcup_{\substack{i,j,k\in\{a,b,c,d,e,f\}\\i<j<k}} A_{ijk}\right) = 20\cdot P\left(A_{ijk}\right) = \frac{20C_{43}^3}{C_{49}^6}.$$

Ejercicio: Realizar los cálculos y expresar la probabilidad como un porcentaje.

Solución 2
Este experimento corresponde a la distribución hipergeométrica, con las equivalencias siguientes:
– extracción de una bola = extracción de un número; el experimento se repite para $n = 6$ veces, sin reposición de la bola;
– tenemos dos colores ($s = 2$): los números de la boleta (a, b, c, d, e, f) representan el primer color, c_1, y las $49 - 6 = 43$ bolas representan el segundo color, c_2;
– tenemos $a_1 = 6$ bolas de color c_1 y $a_2 = 43$ bolas de color c_2;
El problema pregunta la probabilidad de que se extraigan $\alpha_1 = 3$ bolas de color c_1 y $\alpha_2 = 3$ bolas de color c_2.
Aplicando (F30), encontramos que la probabilidad buscada es

$$P(6; 3, 3) = \frac{C_6^3 C_{43}^3}{C_{49}^6}.$$

3) Se tiran cuatro dados en forma independiente. Hallar la probabilidad de sacar un par o tres números idénticos o cuatro números idénticos (es decir, por lo menos dos números idénticos).

Respuesta:

Solución 1
Los eventos elementales igualmente posibles son las ocurrencias de las combinaciones de 4 elementos (xyzt) de los cuatro dados (x,y,z,t son números naturales de 1 al 6).
La cantidad total de esas combinaciones es $6\times6\times6\times6 = 6^4$.

Designemos los eventos:

A_N – ocurrencia de una combinación ($NNxy$), $x, y \neq N$, $N = 1, ..., 6$

B_N – ocurrencia de una combinación ($NNNx$), $x \neq N$, $N = 1, ..., 6$

C_N – ocurrencia de una combinación ($NNNN$), $N = 1, ..., 6$.

Si D_N – ocurrencia de una combinación ($NNxy$), con x, y cualesquiera, entonces $D_N = A_N \cup B_N \cup C_N$ y el evento a medir es $\bigcup_{N=1}^{6} D_N$. Para un N fijo, calculemos $P(A_N)$.

Debemos contar las combinaciones favorables a A_N: ($NNxy$) = $(N)(N)(x)(y) = 1 \times 1 \times 5 \times 5 = 5^2$ (N toma 1 valor y x, y toman $6 - 1 = 5$ valores cada uno).

Tenemos entonces $P(A_N) = \dfrac{5^2}{6^4}$, para todo N (de acuerdo a (F3)). Las combinaciones favorables a B_N:

($NNNx$) = $(N)(N)(N)(x) = 1 \times 1 \times 1 \times 5 = 5$ (N toma 1 valor y x toma $6 - 1 = 5$ valores). Tenemos entonces $P(B_N) = \dfrac{5}{6^4}$.

Las combinaciones que son favorables a C_N:

($NNNN$) = $(N)(N)(N)(N) = 1 \times 1 \times 1 \times 1 = 1$. Tenemos entonces $P(C_N) = \dfrac{1}{6^4}$.

Los eventos A_N, B_N, C_N son mutuamente excluyentes para todo N; por lo tanto, de acuerdo a (F6), tenemos:

$$P(D_N) = P(A_N) + P(B_N) + P(C_N) = \frac{5^2}{6^4} + \frac{5}{6^4} + \frac{1}{6^4} = \frac{31}{6^4}.$$

Para calcular $P\left(\bigcup_{N=1}^{6} D_N\right)$, aplicamos (F11).

Calculamos las probabilidades de $D_1, ..., D_6$ y luego calculamos las probabilidades de las intersecciones de esos conjuntos (eventos).

Tomemos por ejemplo, $D_1 \cap D_2$: un evento que pertenece a esta intersección es la ocurrencia de una combinación ($11xy$) y de una combinación ($22zt$); es decir la ocurrencia de la combinación (1122).

Por lo tanto, esta intersección tiene un único elemento. Podemos escribir esquemáticamente: $(11xy) \cap (22zt) = (1122)$.

El razonamiento es válido para cualquier intersección de dos conjuntos D_N, así que tenemos $P\left(D_i \cap D_j\right) = \dfrac{1}{6^4}$ para todo $i \neq j$ (una combinación favorable de 6^4 posibles).

En total, tenemos C_6^2 intersecciones de dos conjuntos.

Cualquier combinación de tres o más conjuntos D_N es vacía.

Por ejemplo, si no fuera vacía la intersección $(11xy) \cap (22zt) \cap (33uv)$ contendría combinaciones que tengan 112233, y esto es imposible (una combinación tiene solamente cuatro elementos). Obviamente, las intersecciones de cuatro o más conjuntos también serán vacías. Ahora podemos aplicar (F11):

$$P\left(\bigcup_{N=1}^{6} D_N\right) = \sum_{N=1}^{6} P(D_N) - \sum_{\substack{i,j \in \{1,2,3,4,5,6\} \\ i<j}} P\left(D_i \cap D_j\right) + 0 = \frac{6 \cdot 31}{6^4} - \frac{C_6^2}{6^4} =$$

$$= \frac{186 - 15}{6^4} = \frac{171}{1296} = 0{,}13194 = 13{,}194\%.$$

Solución 2

Aplicamos la distribución de Bernoulli tres veces para $n = 4$, $p = 1/6$, $q = 5/6$: para $m = 2$, $m = 3$ y $m = 4$. De acuerdo a (F24), tenemos

$$P_{2,4} = C_4^2 \left(\frac{1}{6}\right)^2 \left(\frac{5}{6}\right)^2 = \frac{6 \cdot 5^2}{6^4} = \frac{150}{6^4}$$

$$P_{3,4} = C_4^3 \left(\frac{1}{6}\right)^3 \left(\frac{5}{6}\right) = \frac{4 \cdot 5}{6^4} = \frac{20}{6^4}$$

$$P_{4,4} = C_4^4 \left(\frac{1}{6}\right)^4 = \frac{1}{6^4}.$$

Sumando los resultados obtenemos:

$$P\left(\bigcup_{N=1}^{6} D_N\right) = P_{2,4} + P_{3,4} + P_{4,4} = \frac{171}{6^4}.$$

4) Doce competidores de tres ciudades (cuatro competidores de cada ciudad) participan en una carrera. Encontrar la probabilidad de que por lo menos dos competidores de la misma ciudad entren entre los cuatro primeros.

Respuesta:

La cantidad de maneras posibles en que los competidores pueden integrar las cuatro posiciones es C_{12}^4 (puesto que estamos interesados en la cantidad acumulada de competidores de un cierto tipo en las cuatro primeras posiciones, el orden no cuenta).

Suponiendo que todos los competidores están igualmente entrenados y tienen la misma fortaleza física, su origen no ejerce influencia en su rendimiento, ninguno de ellos hace trampa, etc., podemos considerar las ocurrencias de las combinaciones de 4 elementos como eventos elementales igualmente posibles.

Designar con a al competidor de la primera ciudad, con b al competidor de la segunda ciudad y con c al competidor de la tercera ciudad. Designar los eventos:

A – ocurrencia de una combinación ($aaxy$), con cualquier x, y;

B – ocurrencia de una combinación ($bbxy$), con cualquier x, y;

C – ocurrencia de una combinación ($ccxy$), con cualquier x, y.

El evento a medir es $A \cup B \cup C$.

Obviamente, los eventos A, B, C no son mutuamente excluyentes (las cuatro primeras posiciones pueden llenarse con cuatro competidores de dos ciudades diferentes, dos competidores de cada ciudad).

Calculemos $P(A)$. Para hacer la cuenta correcta de las combinaciones favorables a A, las dividimos en tres grupos incompatibles, de la manera siguiente:

($aaxy$), con x, y diferentes de a;

($aaax$), con x, y diferentes de a;

($aaaa$).

($aaxy$) = (aa)(xy) = $C_4^2 \cdot C_{12-2-2}^2 = C_4^2 C_4^8$ (tenemos cuatro elementos con el valor a, por lo tanto C_4^2 combinaciones (aa), y para toda combinación (aa) consideramos doce elementos, de los que restamos los dos elementos de (aa) y los dos elementos restantes de valor a de los cuatro iniciales);

$(aaax) = (aaa)(x) = C_4^3(12 - 3 - 1) = 8C_4^3$ (tenemos cuatro elementos que tienen valor a, por lo tanto C_4^3 combinaciones (aaa), y para toda combinación (aaa) quedan doce elementos, de los que restamos los tres elementos (aaa) y otro restante de valor a de los cuatro iniciales);

$(aaaa) = C_4^4 = 1$.

Si sumamos esos resultados parciales (no hay combinaciones comunes entre los tres grupos ni entre dos de ellas cualesquiera), obtenemos:

$$C_4^2 C_8^2 + 8C_4^3 + 1 = 6 \cdot \frac{7 \cdot 8}{2} + 8 \cdot 4 + 1 = 3 \cdot 7 \cdot 8 + 32 + 1 = 201$$

combinaciones favorables al evento A. De acuerdo a (F3), tenemos,

$P(A) = \dfrac{201}{C_{12}^4}$. Los eventos B y C tienen la misma probabilidad, por lo

tanto $P(A) = P(B) = P(C) = \dfrac{201}{C_{12}^4}$.

Para aplicar (F11), primero estudiamos las intersecciones de los conjuntos A, B y C.

Las intersecciones de dos conjuntos

Tenemos $C_3^2 = 3$ intersecciones de dos conjuntos, con la misma probabilidad. La intersección $A \cap B$, $(aaxy) \cap (bbzt) = (aabb)$.

La cantidad de esas combinaciones es $(aabb) = (aa)(bb) =$

$C_4^2 C_4^2 = 36$. Tenemos entonces $P\left(A \cap B\right) = \dfrac{36}{C_{12}^4}$ y este valor

también es válido para las otras dos intersecciones.

La intersección de tres conjuntos

La intersección de $A \cap B \cap C$ es vacía. Si existiera una combinación de estos tres conjuntos, contendría $aabbcc$, lo que es imposible (la combinación solamente tiene cuatro elementos).

Por lo tanto, $P\left(A \cap B \cap C\right) = 0$. Aplicamos ahora (F11):

$$P\left(A \cup B \cup C\right) = 3P(A) - 3P\left(A \cap B\right) + 0 = 3 \cdot \frac{201}{C_{12}^4} - 3 \cdot \frac{36}{C_{12}^4} = 165 \cdot \frac{3}{C_{12}^4}$$

Ejercicio: Realizar los cálculos completos y escribir el resultado como porcentaje.

5) Un jugador participa en una partida de poker Texas Hold'em con nueve oponentes y recibe una pareja de 9. Calcular la probabilidad de que por lo menos un oponente tenga una pareja más alta (antes del flop).

Respuesta:
Los pares mayores que (99) son del tipo (10 10), (*JJ*), (*QQ*), (*KK*) y (*AA*).

Calculamos primero la probabilidad de que un oponente dado (uno fijo) tenga uno de esos pares. Sea *A* ese evento.

Las combinaciones que son favorables a *A* son las presentadas arriba, un total de $6C_4^2 = 36$ (seis tipos de pares, cada uno con C_4^2 combinaciones). La cantidad total de combinaciones que puede tener un oponente es $C_{50}^2 = 1225$ (las combinaciones de 2 elementos de las 52 menos las dos cartas vistas).

Tenemos entonces $P(A) = 36/1225$ y este valor es válido para todos los oponentes.

Hay nueve oponentes. Designando con A_i al evento *oponente numero i tiene una pareja mayor que (99)*, $i = 1, ..., 9$, vemos que el evento a medir es $B = \bigcup_{i=1}^{9} A_i$.

Para calcular la probabilidad de *B*, aplicamos (F11).
La intersección de dos eventos A_i :

Tenemos $C_9^2 = 36$ intersecciones de dos eventos. Tales intersecciones contienen combinaciones dobles del tipo (*CC*)(*DD*), con *C* y *D* que toman los valores 10, *J*, *Q*, *K* o *A* (cinco valores). La cantidad de ellas es $5C_4^2\left(5C_4^2 - 1\right) = 5 \cdot 6 (5 \cdot 6 - 1) = 30 \cdot 29$ (el número de combinaciones (*CC*) es $5C_4^2$, porque *C* puede tomar cinco valores y para cada valor hay cuatro cartas en juego; por cada combinación (*CC*), hay $5C_4^2$ combinaciones (*DD*) menos una; a saber, la combinación (*CC*) anterior.

La cantidad de todas las combinaciones dobles posibles (*xy*)(*zt*) que pueden tener los dos oponentes es $C_{50}^2 C_{48}^2$ (el primer oponente puede recibir dos cartas cualesquiera de las 50 cartas no vistas y por cada combinación (*xy*) el segundo oponente puede recibir dos cartas

cualesquiera de las 50, menos las dos cartas del primer oponente).
La probabilidad de una intersección de dos eventos $A_i \cap A_j$ es

entonces $P\left(A_i \cap A_j\right) = \dfrac{30 \cdot 29}{230300}$.

La intersección de tres eventos A_i

Tenemos $C_9^3 = 84$ intersecciones de tres eventos.

Tales intersecciones contienen combinaciones triples del tipo
$(CC)(DD)(EE)$, con C, D y E que toman los valores 10, J, Q, K o A
(cinco valores). Su cantidad es:

$$5C_4^2\left(5C_4^2-1\right)\left(5C_4^2-2\right) = 5\cdot 6(5\cdot 6-1)(5\cdot 6-2) = 30\cdot 29\cdot 28$$

(la cantidad de combinaciones (CC) es $5C_4^2$, porque C puede tomar
cinco valores y por cada valor hay cuatro cartas en juego; por cada
combinación (CC), hay $5C_4^2$ combinaciones (DD) menos una
combinación, a saber, la combinación anterior (CC); por cada
combinación (DD) hay $5C_4^2$ combinaciones (EE) menos las dos
combinaciones previas).

La cantidad de todas las combinaciones triples posibles
$(xy)(zt)(uv)$ que pueden tener los tres oponentes es
$C_{50}^2 C_{48}^2 C_{46}^2 = 238360500$ (el primer oponente puede recibir dos cartas
cualesquiera de las 50 cartas no vistas; por cada combinación (xy) el
segundo oponente puede recibir dos cartas cualesquiera de las 50
menos las dos cartas del primer oponente; por cada combinación (zt)
el tercer oponente puede recibir dos cartas cualesquiera de las 50
menos las cuatro cartas de los primeros dos oponentes).

La probabilidad de la intersección de los tres eventos
$A_i \cap A_j \cap A_k$ es entonces $P\left(A_i \cap A_j \cap A_k\right) = \dfrac{30 \cdot 29 \cdot 28}{238360500}$.

Mediante un razonamiento similar para la intersección de cuatro
eventos (un total de $C_9^4 = 126$), encontramos que

$$P\left(A_i \cap A_j \cap A_k \cap A_r\right) = \dfrac{30 \cdot 29 \cdot 28 \cdot 27}{225489033000}.$$

Este valor es aproximadamente 0,0000029. Multiplicado por 126
(como surge de la aplicación de la fórmula (F11)), resulta
aproximadamente 0,000367.

Si continuamos el cálculo de las probabilidades de las intersecciones de 5, 6, 7, 8 y 9 eventos, obtendríamos resultados numéricos más bajos, porque el producto en el denominador crece más rápidamente que el del numerador.

Este cálculo se vuelve tedioso porque estamos ahora tratando con números muy grandes.

En estas circunstancias, podemos hacer una aproximación quitando de la fórmula (F11) todos los términos que contienen las probabilidades de intersecciones de cinco o más eventos.

Esta aproximación se justifica porque no solamente los valores de los términos que se quitan son muy bajos, sino también porque sus signos se alternan con más y menos dentro de la fórmula (F11).

Al aplicar (F11) y escribir los términos hasta incluir las probabilidades de intersección de cuatro eventos, obtenemos:

$$P(B) = \frac{9 \cdot 36}{1225} - \frac{36 \cdot 30 \cdot 29}{230300} + \frac{84 \cdot 30 \cdot 29 \cdot 28}{238360500} - \frac{126 \cdot 30 \cdot 29 \cdot 28 \cdot 27}{225489033000} + \ldots$$

Ejercicio: Realizar los cálculos completos con la ayuda de una calculadora y escribir la probabilidad encontrada como un porcentaje.

Ya que la destreza en el cálculo de probabilidades y en la aplicación correcta de los principios de la teoría solamente se adquiere mediante el ejercicio de resolver estos problemas, el capítulo siguiente contiene una colección de problemas presentados con y sin resolución que cubre la mayoría de los problemas clásicos de la probabilidad.

El lector que ha estudiado la *Guía de Cálculo para el Principiante* puede practicar el conocimiento adquirido estudiando las soluciones a los problemas y resolviendo tantos problemas de aplicación como le sea posible.

Los problemas propuestos abarcan problemas de aplicación del cálculo de la probabilidad en casos finitos. Su dificultad aumenta progresivamente desde lo simple hasta un nivel intermedio.

Recomendamos a los lectores que quieren mejorar su habilidad para resolver los problemas y manejar con solvencia el cálculo de probabilidades que no se limiten a las secciones de este libro, sino que busquen también otros libros de problemas específicos.

PROBLEMAS DE APLICACIÓN DEL CÁLCULO DE PROBABILIDADES

Problemas resueltos

1) Determinar $\mathcal{P}(\Omega)$ si:

a) $\Omega = \{1, 2\}$;

b) $\Omega = \{A\}$;

c) $\Omega = \{\{0, 1\}, \{2, 3\}, \{4\}\}$.

Solución:

a) $\mathcal{P}(\Omega) = \{\phi, \{1\}, \{2\}, \{1, 2\}\}$;

b) $\mathcal{P}(\Omega) = \{\phi, \{A\}\}$;

c) $P(\Omega) =$

$\{\phi, \{\{0, 1\}\}, \{\{2, 3\}\}, \{\{4\}\}, \{\{0, 1\}, \{2, 3\}\}, \{\{0, 1\}, \{4\}\}, \{\{2, 3\}, \{4\}\}, \Omega\}$

2) Encontrar el espacio muestral de los experimentos siguientes:

a) extraer una bola de una urna que tiene siete bolas;

b) extraer dos bolas de dos urnas (una bola de cada una), donde la primera tiene tres bolas verdes y la segunda dos bolas rojas;

c) extraer una carta de una baraja de 24 cartas (desde el 9 en adelante);

d) tirar dos dados;

e) elegir tres números de los números 1, 2, 3, 4, 5;

f) elegir siete letras de las letras a, b, c, d, e, f, g, h;

Solución:

a) Numerando las bolas tenemos:

$\Omega = $ {bola 1, bola 2, bola 3, bola 4, bola 5, bola 6, bola 7}, o algo equivalente, $\Omega = \{1, 2, 3, 4, 5, 6, 7\}$.

b) Numerando las bolas de las dos urnas y designando con v una bola verde y con r una bola roja, el espacio muestral es el conjunto de pares ordenados siguiente:

$$\Omega = \{(1v, 1r), (1v, 2r), (2v, 1r), (2v, 2r), (3v, 1r), (3v, 2r)\}.$$

c) $\Omega = \{9\spadesuit, 9\clubsuit, 9\heartsuit, 9\diamondsuit, 10\spadesuit, 10\clubsuit, 10\heartsuit, 10\diamondsuit, J\spadesuit, J\clubsuit, J\heartsuit, J\diamondsuit, Q\spadesuit, Q\clubsuit, Q\heartsuit, Q\diamondsuit, K\spadesuit, K\clubsuit, K\heartsuit, K\diamondsuit, A\spadesuit, A\clubsuit, A\heartsuit, A\diamondsuit\}$.

d) El espacio muestral es el conjunto siguiente de pares ordenados:

$\Omega = \{(1, 1), (1, 2), (1, 3), (1, 4), (1, 5), (1, 6), (2, 1), (2, 2), (2, 3),$
$(2, 4), (2, 5), (2, 6), (3, 1), (3, 2), (3, 3), (3, 4), (3, 5), (3, 6), (4, 1),$
$(4, 2), (4, 3), (4, 4), (4, 5), (4, 6), (5, 1), (5, 2), (5, 3), (5, 4), (5, 5),$
$(5, 6), (6, 1), (6, 2), (6, 3), (6, 4), (6, 5), (6, 6)\}$.

e) El espacio muestral es el conjunto de todas las combinaciones de tres números de los cinco señalados:

$\Omega = \{(1, 2, 3), (1, 2, 4), (1, 2, 5), (1, 3, 4), (1, 3, 5), (1, 4, 5),$
$(2, 3, 4), (2, 3, 5), (2, 4, 5), (3, 4, 5)\}$.

f) El espacio muestral es el conjunto de todas las combinaciones de siete letras de las 8 señaladas:

$\Omega = \{(a, b, c, d, e, f, g), (a, b, c, d, e, f, h), (a, b, c, d, e, g, h),$
$(a, b, c, d, f, g, h), (a, b, c, e, f, g, h), (a, b, d, e, f, g, h),$
$(a, c, d, e, f, g, h), (b, c, d, e, f, g, h)\}$.

3) Encontrar la cantidad de todos los resultados posibles de los experimentos siguientes:

a) tirar tres dados; generalización: tirar n dados;

b) hacer girar una máquina tragamonedas que tiene cuatro rodillos con 8 símbolos cada uno; generalización: hacer girar una máquina tragamonedas con n rodillos de m símbolos cada uno;

c) repartir tres cartas a un jugador de una baraja de 52 cartas;

d) repartir dos cartas de 50 cartas a cada uno de dos jugadores;

e) una carrera de nueve competidores.

Solución:

a) Tirar un dado tiene seis resultados posibles, y tirar tres dados tiene $6 \times 6 \times 6 = 216$ soluciones posibles.

b) Hacer girar un rodillo tiene ocho resultados posibles y hacer girar cuatro rodillos tiene $8 \times 8 \times 8 \times 8 = 4096$ resultados posibles.

Generalización: tenemos $\underbrace{m \times m \times ... \times m}_{n} = m^n$ resultados posibles.

c) El resultado viene dado por la cantidad de combinaciones de tres elementos de 52, a saber, $C_{52}^3 = \dfrac{50 \cdot 51 \cdot 52}{2 \cdot 3} = 22100$.

d) Los dos jugadores reciben una combinación doble de cartas $(xy)(zt)$ de las 50 cartas. El resultado viene dado por la cantidad de esas combinaciones, que son $C_{50}^2 C_{48}^2 = \dfrac{49 \cdot 50}{2} \cdot \dfrac{47 \cdot 48}{2} = 1381800$.

e) El resultado viene dado por el la cantidad de permutaciones de nueve elementos, a saber, $9! = 2 \cdot 3 \cdot 4 \cdot 5 \cdot 6 \cdot 7 \cdot 8 \cdot 9 = 362880$.

4) Encontrar el campo de eventos asociado a los experimentos siguientes:
   a) tirar la moneda;
   b) extraer una bola de una urna con tres bolas;
   c) extraer dos bolas de una urna con tres bolas.

<u>Solución:</u>
   a) El espacio muestral es $\Omega = \{H, T\}$ (H – cara, T – ceca), y el campo de eventos es $\Sigma = \mathcal{P}(\Omega) = \{\phi, \{H\}, \{T\}, \{H, T\}\}$.

   b) Designando a las tres bolas con a, b, c, tenemos $\Omega = \{a, b, c\}$ y $\Sigma = \mathcal{P}(\Omega) = \{\phi, \{a\}, \{b\}, \{c\}, \{a, b\}, \{a, c\}, \{b, c\}, \{a, b, c\}\}$.

   c) Usando la misma notación que en el punto b), tenemos:
$\Omega' = \{(a, b), (a, c), (b, c\}$ y $\Sigma' = \mathcal{P}(\Omega') =$
$\{\phi, \{(a,b)\}, \{(a,c\}, \{(b,c)\}, \{(a,b),(a,c)\}, \{(a,b),(b,c)\}, \{(a,c),(b,c)\}, \Omega'\}$

5) Una urna contiene treinta bolas numeradas del 1 al 30. Relacionado al experimento de extraer una bola; ¿qué puede afirmar sobre los eventos siguientes (elementales, compuestos, relaciones entre ellos)?
   A – el número de bolas extraídas es par;
   B – el número de bolas extraídas es múltiplo de 4;
   C – el número de bolas extraídas es 5;
   D – el número de bolas extraídas es múltiplo de 5;
   E – el número de bolas extraídas es una potencia de 5.

Solución:

El único evento elemental es C; los otros eventos son compuestos. Los pares de eventos siguientes son incompatibles: A y C, B y C. Tenemos las inclusiones siguientes: $B \subset A$, $E \subset D$, $C \subset D$, $C \subset E$.

6) Se extraen dos cartas de una baraja de 52 cartas. Considerar los eventos:

A – se sacan dos ases;

B – se sacan dos cartas más altas que una Q;

C – se sacan un 5♦ y una J.

Descomponer estos eventos en eventos elementales y especificar su cantidad.

Solución:

Los eventos elementales asociados a este experimento son las ocurrencias de las combinaciones de dos elementos (pares) de las 52 cartas.

$A = \{(AA)\} = \{(A\spadesuit A\clubsuit), (A\spadesuit A\clubsuit), (A\spadesuit A\blacklozenge), (A\clubsuit A\heartsuit), (A\clubsuit A\blacklozenge),$ $(A\heartsuit A\heartsuit)\}$. El conjunto tiene $C_4^2 = 6$ elementos (eventos elementales).

$B = \{(xy),$ con x, y que representan una K o un $A\} = \{(A\spadesuit A\clubsuit),$ $(A\spadesuit A\clubsuit), (A\spadesuit A\blacklozenge), (A\spadesuit A\heartsuit), (A\clubsuit A\blacklozenge), (A\heartsuit A\heartsuit), (K\spadesuit K\clubsuit), (K\spadesuit K\clubsuit),$ $(K\spadesuit K\blacklozenge), (K\clubsuit K\heartsuit), (K\clubsuit K\blacklozenge), (K\heartsuit K\heartsuit), (K\spadesuit A\spadesuit), (K\spadesuit A\clubsuit), (K\spadesuit A\heartsuit),$ $(K\spadesuit A\blacklozenge), (K\clubsuit A\spadesuit), (K\clubsuit A\clubsuit), (K\clubsuit A\heartsuit), (K\clubsuit A\blacklozenge), (K\heartsuit A\spadesuit), (K\heartsuit A\clubsuit),$ $(K\heartsuit A\heartsuit), (K\heartsuit A\blacklozenge), (K\blacklozenge A\spadesuit), (K\blacklozenge A\clubsuit), (K\blacklozenge A\heartsuit), (K\blacklozenge A\blacklozenge)\}$.

El conjunto B es la unión de los conjuntos mutuamente excluyentes $\{(KK)\}$, $\{(AA)\}$ y $\{(AK)\}$ y tiene $C_4^2 + C_4^2 + 4 \cdot 4 = 28$ elementos. C $= \{(5\blacklozenge\, J)\} = \{(5\blacklozenge\, J\spadesuit), (5\blacklozenge\, J\clubsuit), (5\blacklozenge\, J\heartsuit), (5\blacklozenge\, J\blacklozenge)\}$. C tiene cuatro elementos.

7) Hallar la probabilidad de tirar un dado y obtener un múltiplo de 2.

Solución:

La cantidad de resultados que son favorables al evento respectivo es tres (son: $\{2\}$, $\{4\}$, $\{6\}$).

El número de resultados igualmente posibles es seis, entonces la probabilidad es $3/6 = 1/2 = 50\%$.

8) Una urna contiene cinco bolas blancas y tres bolas negras. Encontrar la probabilidad de los eventos siguientes:
a) A – extraer una bola blanca;
b) B – extraer una bola negra.

Solución:
a) El número de casos favorables al evento A es cinco (extraer cualquiera de las cinco bolas blancas) y el número de casos igualmente posibles es ocho. Por lo tanto $P(A) = 5/8$.
b) Similarmente, $P(B) = 3/8$.

9) En una canasta hay tres pares de medias de diferente color. Se sacan de la canasta dos medias al azar.
¿Cuál es la probabilidad de sacar dos medias del mismo color?

Solución:
El número de casos igualmente posibles es el número de todas las combinaciones de 2 medias, a saber, $C_6^2 = 15$. El número de casos favorables es tres, porque tenemos tres pares de medias del mismo color. Entonces, la probabilidad es $3/15 = 1/5 = 20\%$.

10) Una urna contiene bolas en las que se inscribió un número de cuatro dígitos en cada una, usando los dígitos 1, 2, 3, 4, cada dígito usado una vez en cada bola (no se repite un digito en la misma bola). ¿Cual es la probabilidad de extraer una bola con un número que tenga un 1 en la primera posición?

Solución:
Tenemos 4! bolas (este es el número que se forma usando cuatro dígitos, cada uno una vez). El número de casos igualmente posibles es entonces 4!.
Los números que tienen el dígito 1 en la primera posición tienen la forma $1xyz$, distintos, que pueden tomar los valores 2, 3, 4. Su número es 3!. El número de casos favorables es 3!.
La probabilidad del evento a medir es
$3!/4! = 1 \times 2 \times 3 / (1 \times 2 \times 3 \times 4) = 1/4 = 25\%$.

11) Una urna contiene cuatro bolas blancas y seis bolas negras. Se extraen simultáneamente dos bolas. Hallar la probabilidad de los eventos:

a) A – extraer dos bolas blancas;

b) B – extraer dos bolas negras;

c) C – extraer dos bolas del mismo color.

Solución:

El número de casos posibles es C_{10}^2.

a) El número de casos posibles favorables al evento A es C_4^2; por lo tanto, $P(A) = \dfrac{C_4^2}{C_{10}^2} = 6/45 = 2/15$.

b) Similarmente, $P(B) = \dfrac{C_6^2}{C_{10}^2} = 15/45 = 1/3$.

c) Tenemos que $C = A \cup B$. Los eventos A y B son incompatibles, entonces

$$P(C) = P(A \cup B) = P(A) + P(B) = \frac{6+15}{45} = 21/45 = 7/15.$$

12) Se tiran dos dados, uno rojo y el otro azul. Considerar los eventos:

A – ocurrencia de un número menor que 4 en el dado rojo;

B – ocurrencia de un número menor que 3 en el dado azul.

Encontrar $P(A \cup B)$.

Solución:

Los casos favorables a A son $\{1\}$, $\{2\}$ y $\{3\}$; por lo tanto, $P(A) = 3/6$. Los casos favorables a B son $\{1\}$ y $\{2\}$; por lo tanto, $P(B) = 2/6$.

Los casos favorables a $A \cap B$ corresponden a los pares ordenados (1, 1), (1, 2), (2, 1), (2, 2), (3, 1), (3, 2), y son en total seis, en un campo de probabilidades en el que el número de casos igualmente posibles es 6 x 6 = 36. Tenemos entonces $P(A \cap B) = 6/36$. La probabilidad buscada es

$$P(A \cup B) = P(A) + P(B) - P(A \cap B) = \frac{3}{6} + \frac{2}{6} - \frac{6}{36} = 24/36 = 2/3.$$

13) Se extraen cinco cartas de una sola vez, de una baraja de 32 cartas. ¿Cuál es la probabilidad que entre las cinco cartas haya por lo menos una reina (Q)?

<u>Solución:</u>
Designando con A el evento a medir *las cinco cartas extraídas contienen por lo menos una reina (Q),* calculamos la probabilidad del evento contrario A^C – *las cinco cartas extraídas no contienen una reina (Q).*
Los eventos elementales igualmente posibles son la ocurrencia de las combinaciones de 5 elementos de las 32 cartas, que son C_{32}^5.

Las combinaciones favorables al evento A^C tienen la forma ($xyztv$), con x, y, z, t, v que pueden tomar cualquier valor excepto las cuatro cartas Q. Estas son $C_{32-4}^5 = C_{28}^5$. Tenemos entonces:

$$P(A) = 1 - P(A^C) = 1 - \frac{C_{28}^4}{C_{32}^5} = 1 - \frac{25 \cdot 13 \cdot 9 \cdot 7}{28 \cdot 29 \cdot 31 \cdot 8} = 0,89832$$

El problema podría también solucionarse de esta manera:
Considerar los eventos A_i – *las cinco cartas extraídas contienen exactamente i cartas Q,* $i = 1, 2, 3, 4$.
Esos eventos son mutuamente excluyentes. Debemos calcular la probabilidad de cada uno de ellos (contando las combinaciones favorables) y después se las suma.

14) Tenemos dos urnas, la primera contiene tres bolas blancas, y cuatro bolas negras y la segunda tres bolas blancas y cinco bolas negras. Se extrae una bola de una urna elegida al azar.
Encontrar la probabilidad de que la bola extraída sea blanca.

<u>Solución:</u>
Designar los eventos:
A – la urna elegida es la primera;
B – la urna elegida es la segunda;
C – la bola extraída es blanca.
A y B forman un sistema completo de eventos y
$P(A) = P(B) = 1/2$. Tenemos que $P_A(C) = 3/7$ y $P_B(C) = 3/8$.
De acuerdo a la fórmula de la probabilidad total, tenemos:

$$P(C) = P(A)P_A(C) + P(B)P_B(C) = \frac{1}{2} \cdot \frac{3}{7} + \frac{1}{2} \cdot \frac{3}{8} = 45/112 = 0,40178$$

15) Hay tres urnas. La primera contiene cuatro bolas verdes y dos bolas amarillas, la segunda contiene tres bolas verdes y tres amarillas, y la tercera contiene cinco bolas verdes y una bola amarilla. Se elige al azar una urna y se extrae una bola.

Hallar la probabilidad de extraer una bola verde.

Solución:

Designar los eventos siguientes:

A_i – se elige la urna numero i, i = 1, 2, 3; A – la bola extraída es verde. Los eventos A_i forman un sistema de eventos completo.

Tenemos: $P(A_1) = P(A_2) = P(A_3) = 1/3$, $P_{A_1}(A) = 4/6$,

$P_{A_2}(A) = 3/6$, $P_{A_3}(A) = 5/6$. Aplicando la fórmula de la probabilidad total, encontramos que

$$P(A) = P(A_1)P_{A_1}(A) + P(A_2)P_{A_2}(A) + P(A_3)P_{A_3}(A) =$$

$$= \frac{1}{3} \cdot \frac{4}{6} + \frac{1}{3} \cdot \frac{3}{6} + \frac{1}{3} \cdot \frac{5}{6} = 2/3.$$

16) En un lote de 100 piezas, hay seis piezas con defectos de fabricación reparables, y cuatro son de descarte. Se selecciona aleatoriamente 10 piezas del lote. ¿Cuál es la probabilidad de que siete de las diez piezas sean buenas, dos sean reparables y una sea de descarte?

Solución:

Aplicando la distribución hipergeométrica para $n = 10$ y

$s = 3$, encontramos $P(10; 7, 2, 1) = \dfrac{C_{90}^7 C_6^2 C_4^1}{C_{100}^{10}} = 0,02589$.

17) Una urna contiene cinco bolas blancas y cinco bolas negras. Se extraen dos bolas, una después de la otra, sin reponer ninguna de las dos bolas en la urna. ¿Cuál es la probabilidad de obtener como resultado cada una de las tres combinaciones posibles ((BB), (BN), (NN))?

Aplicamos la distribución hipergeométrica para $n = 2$ y $s = 2$. La probabilidad de extraer dos bolas blancas es

$P(2; 2, 0) = \dfrac{C_5^2 C_5^0}{C_{10}^2} = 2/9$. La probabilidad de extraer una bola

blanca y la otra negra es $P(2; 1, 1) = \dfrac{C_5^1 C_5^1}{C_{10}^2} = 5/9$. La probabilidad de

extraer dos bolas negras es $P(2; 0, 2) = \dfrac{C_5^0 C_5^2}{C_{10}^2} = 2/9$.

18) Tres tiradores disparan al blanco una vez. El primero acierta con una probabilidad de 3/4, el segundo con una probabilidad de 4/5 y el tercero con una probabilidad de 5/6.

a) ¿Que probabilidad hay de que se de en el blanco tres veces?

b) ¿Qué probabilidad hay de que se de en el blanco dos veces?

c) ¿Qué probabilidad hay de que se de en el blanco por lo menos una vez?

Solución:

Estamos en el caso de una distribución de Poisson, con $n = 3$, $p_1 = 3/4$, $q_1 = 1/4$, $p_2 = 4/5$, $q_2 = 1/5$, $p_3 = 5/6$, $q_3 = 1/6$.

$$\varphi_3(z) = \left(\frac{3}{4}z + \frac{1}{4}\right)\left(\frac{4}{5}z + \frac{1}{5}\right)\left(\frac{5}{6}z + \frac{1}{6}\right).$$

a) La probabilidad del evento a medir es el coeficiente de z^3 del desarrollo de $\varphi_3(z)$, a saber, $P_{3,3} = \dfrac{3}{4}\cdot\dfrac{4}{5}\cdot\dfrac{5}{6} = 1/2 = 50\%$.

b) La probabilidad del evento a medir es el coeficiente de z^2 del desarrollo de $\varphi_3(z)$, a saber,

$$P_{2,3} = \frac{3}{4}\cdot\frac{4}{5}\cdot\frac{1}{6} + \frac{3}{4}\cdot\frac{5}{6}\cdot\frac{1}{5} + \frac{4}{5}\cdot\frac{5}{6}\cdot\frac{1}{4} = 47/120 = 39{,}166\%.$$

c) La probabilidad del evento contrario (nadie da en el blanco) es el término independiente del desarrollo de $\varphi_3(z)$, a saber,

$P_{0,3} = \dfrac{1}{4}\cdot\dfrac{1}{5}\cdot\dfrac{1}{6} = 1/120$. Entonces la probabilidad buscada es

$1 - P_{0,3} = 1 - 1/120 = 119/120 = 99{,}166\%$.

19) Se tira un dado ocho veces. ¿Cuál es la probabilidad de obtener un 5 exactamente cinco veces?

<u>Solución:</u>
Estamos aquí en el caso de una distribución de Bernoulli, con $n = 8$ y $m = 5$. Tenemos que $p = 1/6$, $q = 5/6$ y entonces

$$P_{5,8} = C_8^5 \left(\frac{1}{6}\right)^5 \left(\frac{5}{6}\right)^3 = \frac{56 \cdot 125}{6^8} = 0,00416.$$

20) Se tira un par de dados siete veces. ¿Cuál es la probabilidad de obtener un total de cinco puntos exactamente dos veces?

<u>Solución:</u>
La probabilidad de obtener un total de cinco puntos al tirar dos dados es $4/36 = 1/9$ porque tenemos cuatro casos favorables (a saber, los pares ordenados $(1, 4)$, $(4, 1)$, $(2, 3)$, $(3, 2)$) de $6 \times 6 = 36$ casos igualmente posibles.
Estamos en el caso de una distribución de Bernoulli con $n = 7$ y $m = 2$. Tenemos $p = 1/9$, $q = 8/9$ y entonces

$$P_{2,7} = C_7^2 \left(\frac{1}{9}\right)^2 \left(\frac{8}{9}\right)^5 = \frac{21 \cdot 8^5}{9^7} = 0,14387.$$

21) Una urna contiene once bolas: tres bolas blancas, cinco bolas verdes y tres bolas rojas. Se realizan siete extracciones, reponiendo cada bola en la urna. Encontrar la probabilidad de sacar dos bolas blancas, cuatro verdes y una roja en las siete extracciones.

<u>Solución:</u>
Estamos aquí en el caso de una distribución polinomial, con $n = 7$ y $s = 3$. Tenemos $p_1 = 3/11$, $p_2 = 5/11$, $p_3 = 3/11$ y la probabilidad buscada es

$$P(7; 2, 4, 1) = \frac{7!}{2! \cdot 4! \cdot 1!} \left(\frac{3}{11}\right)^2 \left(\frac{5}{11}\right)^4 \left(\frac{3}{11}\right)^1 = \frac{105 \cdot 3^3 \cdot 5^4}{11^7} = 0,09092.$$

22) Se tiran tres dados. Calcular la probabilidad de obtener por lo menos un par (por lo menos dos números idénticos en los tres dados)

Para calcular la probabilidad de que al tirar los dados salga un número específico por lo menos en dos dados, consideremos el número 1 y los eventos:

B_1 – el número 1 sale en los dados primero y segundo,

B_2 – el número 1 sale en los dados segundo y tercero,

B_3 – el número 1 sale en los dados primero y tercero.

Tenemos $P(B_i) = 1/36$ $(i = 1, 2, 3)$. Tenemos tres intersecciones de dos conjuntos B_i. Cada intersección tiene un único elemento, a saber, la variante $(1, 1, 1)$, que tiene la probabilidad $1/(6 \times 6 \times 6) = 1/216$, entonces $P(B_1 \cap B_2) = P(B_2 \cap B_3) = P(B_1 \cap B_3) = 1/216$.

La intersección $B_1 \cap B_2 \cap B_3$ también tiene un único elemento y $P(B_1 \cap B_2 \cap B_3) = 1/216$.

De acuerdo al principio de inclusión-exclusión, tenemos
$P(B_1 \cup B_2 \cup B_3) = 3 \cdot 1/36 + 3 \cdot 1/216 + 1/216 = 22/216$.

El mismo razonamiento es válido para cualquier otro número que se elija. Los eventos *el número i sale por lo menos en dos dados* $(i = 1, ..., 6)$ son mutuamente excluyentes, y la probabilidad de obtener cualquier par es $P = 6 \cdot 2/27 = 4/9$.

23) En una máquina tragamonedas que tiene cuatro rodillos y siete símbolos, calcular la probabilidad de obtener un par (exactamente dos símbolos idénticos en los cuatro rodillos).

Solución:
Calculemos primero la probabilidad de obtener un par específico. Sea el símbolo s y consideremos entonces los eventos:

C_1 – s solamente aparece en los rodillos 1 y 2 – variantes $(ssxy)$;

C_2 – s solamente aparece en los rodillos 1 y 3 – variantes $(sxsy)$;

C_3 – s solamente aparece en los rodillos 1 y 4 – variantes $(sxys)$;

C_4 – s solamente aparece en los rodillos 2 y 3 – variantes $(xssy)$;

C_5 – s solamente aparece en los rodillos 2 y 4 – variantes $(xsys)$;

C_6 – s solamente aparece en los rodillos 3 y 4 – variantes $(xyss)$,

con $x, y \neq s$.

$$P(C_i) = \frac{6 \cdot 6}{7 \cdot 7 \cdot 7 \cdot 7}, \quad \text{para todo } i = 1, \ldots, 6.$$ Las intersecciones de

los conjuntos C_i son vacías; por lo tanto,

$$P(C_1 \cup \ldots \cup C_6) = 6 \cdot \frac{6 \cdot 6}{7 \cdot 7 \cdot 7 \cdot 7} = \frac{6^3}{7^4}.$$

Veamos cual es la probabilidad de sacar un par.

Designando a los símbolos como $s_1, \ldots, s_7$ y a los eventos

D_i – *sacar un par* s_i, $i = 1, \ldots, 7$, observamos que las intersecciones

de 3, 4, …, y 7 conjuntos D_i son vacías (si tres conjuntos D_i

tuvieran un elemento común, la variante respectiva tendría

3 x 2 = 6 símbolos, lo que es imposible).

Tenemos C_7^2 intersecciones de dos conjuntos D_i y cada uno

tiene seis elementos (usando la notación simbólica de 1 y 2 para dos

símbolos diferentes, las variantes que pertenecen a la intersección

son (1122), (1221), (1212), (2112), (2121) y (2211), un total de 6).

Entonces tenemos $P(D_i \cap D_j) = \dfrac{6}{7^4}$, para todo

$i, j = 1, \ldots, 21, i \neq j$.

De acuerdo al principio de inclusión-exclusión, tenemos:

$$P(D_1 \cup \ldots \cup D_7) = 7 \cdot \frac{6^3}{7^4} - 21 \cdot \frac{6}{7^4} = 0.57725 = 57.725\%.$$

24) En un juego de blackjack, calcular la probabilidad de que un
jugador tenga un total de veinte puntos con las dos primeras cartas
(supuesto que no se han mostrado las otras cartas), en dos casos: a)
se usa una baraja de 52 cartas; b) se usan dos barajas de 52 cartas.

Solución:

a) con una baraja

Las variantes que suman veinte puntos son del tipo $A + 9$ o
$10 + 10$ (como valor, es decir, cualquier combinación de dos cartas
de 10, J, Q, K). Tenemos dieciséis variantes $A + 9$ (4 ases y 4
nueves) y $C_{16}^2 = 120$ variantes $10 + 10$ (todas las combinaciones de 2
cartas de las dieciséis cartas con valor 10). La cantidad de todas las

variantes de distribución posibles de dos cartas es $C_{52}^2 = 1326$. La

probabilidad es entonces $P = \dfrac{16+120}{1326} = 68/663$.

b) con dos barajas

La cantidad de variantes del tipo $A + 9$ son sesenta y cuatro y las del tipo $10 + 10$ (como valor) son $C_{32}^2 = 496$. La cantidad de todas las variantes de distribución posibles es $C_{104}^2 = 5356$. La

probabilidad es entonces $P = \dfrac{64+496}{5356} = 140/1339$.

25) Un jugador participa en una partida de poker Texas Hold'em con siete oponentes y recibe ($K3$) en la distribución. Calcular la probabilidad de que los oponentes no tengan una K (antes de ver el flop).

Solución:

Calculamos la probabilidad del evento contrario

A – *por lo menos un oponente tiene una K.*

Calculamos primero la probabilidad de que un oponente fijo tenga por lo menos una K. Las combinaciones que son favorables para este evento son de la forma (Kx), con x diferente de las cartas que el jugador tiene en las manos. Para contarlas las dividimos en dos grupos:

(Kx), x diferente de K – y son $3 \times (52 - 2 - 1 - 2) = 3 \times 47 = 141$;

(KK) – que son $C_3^2 = 3$.

En total tenemos $141 + 3 = 144$ combinaciones favorables, de $C_{50}^2 = 1225$ posibles, y la probabilidad es $144/1225$.

Designando con A_i los eventos *el oponente número i tiene por lo menos una K* ($i = 1, ..., 7$), tenemos $P(A_i) = 144/1225$ y podemos estudiar las intersecciones de 2, 3, 4, 5, 6 y 7 conjuntos A_i:

Hay tres cartas K en juego, por lo que no más de tres oponentes pueden tener por lo menos una K. Entonces, las intersecciones de más de tres conjuntos A_i son vacías. Tenemos $C_7^2 = 21$ intersecciones en dos conjuntos A_i. Tales intersecciones contienen las combinaciones dobles del tipo $(Kx)(Ky)$, con x e y diferentes de las cartas en manos del jugador. Las dividimos en tres grupos:

$(Kx)(Ky)$, con x e y diferentes de K, y son
$$3 \times (52 - 2 - 1 - 2) \times 2 \times (52 - 2 - 2 - 1 - 1) = 12972;$$

$(KK)(Ky)$, con y diferente de K, y son $C_3^2 \times 1 \times (52 - 2 - 2) = 144$;

$(Kx)(KK)$, con x diferente de K, y son
$$3 \times (52 - 2 - 1 - 1) \times C_2^2 = 144.$$

En total tenemos $12972 + 144 + 144 = 13260$ combinaciones que son favorables de las $C_{50}^2 C_{48}^2$ posibles, entonces

$$P\left(A_i \cap A_j\right) = \frac{13260}{C_{50}^2 C_{48}^2}, \text{ para todo } i, j = 1, ..., 21, i \neq j.$$

Tenemos $C_7^3 = 35$ intersecciones de tres conjuntos A_i.

Tales intersecciones contienen combinaciones triples del tipo $(Kx)(Ky)(Kz)$, con x, y, z diferentes de K, y son
$$3 \times (52 - 2 - 1 - 2) \times 2 \times (52 - 2 - 2 - 1 - 1) \times 1 \times$$
$$\times (52 - 2 - 2 - 2 - 1) = 583740.$$

La cantidad de todas las combinaciones triples posibles es $C_{50}^2 C_{48}^2 C_{46}^2$, entonces tenemos $P\left(A_i \cap A_j \cap A_k\right) = \frac{583740}{C_{50}^2 C_{48}^2 C_{46}^2}$, para todo $i < j < k$, $i, j, k = 1, ..., 35$.

Podemos ahora aplicar el principio de inclusión-exclusión:
$$P(A) = 7 \cdot \frac{144}{1225} - 21 \cdot \frac{13260}{C_{50}^2 C_{48}^2} + 35 \cdot \frac{583740}{C_{50}^2 C_{48}^2 C_{46}^2} = 0,63562$$

La probabilidad del evento contrario buscada (la pregunta del problema) es $1 - P(A) = 0,36438$.

26) Un jugador participa en una partida de poker Texas Hold'em y se sirven las cartas del flop. Hallar la probabilidad de que el jugador consiga una mano de cuatro del mismo tipo con las cartas en la mano, las del flop y el resto de las cartas comunitarias, calculada antes de las dos últimas cartas comunitarias.

Solución:
Una mano con cuatro cartas del mismo tipo se puede designar con $(CCCCx)$, donde C es el tipo.

Usemos la notación A para el evento: *el jugador consigue una formación de cuatro del mismo tipo (CCCCx) después de que se sirven todas las cartas comunitarias, sin importar de donde provienen.*

A es igual a *las dos últimas cartas comunitarias que salen le permite al jugador obtener la formación de cuatro del mismo tipo.*

Calculamos la probabilidad $P(A)$, después que en el juego se han servido las cartas del flop. La única variable de la que depende la probabilidad es c = cantidad de cartas C vistas (que están en la mano del jugador y en las cartas comunitarias vistas). Esta variable debe cumplir las condiciones iniciales siguientes: c es un número natural y $0 \le c \le 4$.

Para conseguir al final una formación cuatro del mismo tipo ($CCCCx$), la condición mínima es que las cartas vistas tengan por lo menos dos cartas tipo C. Tenemos cinco casos para considerar:

1) $c = 0$. Entonces $P(A) = 0$ (no cumple la condición inicial).

2) $c = 1$. Entonces $P(A) = 0$ (por la misma razón que en caso1)).

3) $c = 2$. Las cartas vistas ($CCxyz$), con x, y, z diferentes de C.

Las dos últimas cartas que se juegan (turn y river) son combinaciones de 2 elementos de las cuarenta y siete cartas no vistas. Las combinaciones favorables para que ocurra A son (CC), y suman $C_{4-c}^2 = (3-c)(4-c)/2$. La cantidad de todas las combinaciones posibles para las cartas turn y river es $C_{47}^2 = 1081$.

Por lo tanto, la probabilidad es $P(A) = (3-c)(4-c)/2162 = 1/1081$.

4) $c = 3$. Las cartas vistas son ($CCCxy$), con x, y diferentes de C.

Las combinaciones favorables son (Cx), que son $(4-c)[47-(4-c)] = (4-c)(43+c)$.

La probabilidad es $P(A) = (4-c)(43+c)/1081 = 46/1081$.

5) $c = 4$. Las cartas vistas son ($CCCCx$). Todas las combinaciones son favorables (la formación de cuatro del tipo ya ha sido conseguida); por lo tanto la probabilidad es $P(A) = 1$.

27) En un juego de poker Texas Hold'em, calcular la probabilidad de obtener con el flop una pareja (dos cartas del mismo valor), habiendo recibido dos cartas de diferente valor.

Solución:

Calculamos la probabilidad de conseguir exactamente una pareja (no un trío, tres cartas iguales).

Designemos con (CD) las cartas de la mano (C tiene valor diferente de D). Las combinaciones favorables del flop son:

(Cxy), con x, y diferentes de C y D; x diferente de y, que son $3(C^2_{50-3-3} - 11C^2_4)$;

(Dxy), con x, y diferentes de C y D, x diferente de y, que son: $3(C^2_{50-3-3} - 11C^2_4)$.

En total tenemos 5280 combinaciones de las $C^3_{50} = 19600$ posibles. La probabilidad del evento a medir es $5280/19600 = 26{,}938\%$.

28) En un juego de poker Texas Hold'em, calcular la probabilidad de que las cartas del flop sean desparejas (tengan distinto valor).

Solución:

– Desde el punto de vista imparcial (sin ver las cartas de un jugador):

Las combinaciones favorables son (ABC), con A, B y C mutuamente diferentes (en su valor), y son $C^3_{13} \times 4 \times 4 \times 4$ (tres tomadas de trece valores, cuatro cartas tiene cada valor), de las C^3_{52} posibles. La probabilidad entonces es

$C^3_{13} \times 4 \times 4 \times 4 / C^3_{52} = 18304 / 22100 = 82{,}823\%$.

– Desde el punto de vista de un jugador, que tiene en cuenta sus propias cartas:

Si ya tiene una pareja, sea (EE), las combinaciones favorables son (BCD), con B, C y D mutuamente diferentes (B, C, o D pueden tomar también el valor E). Se pueden hacer las particiones siguientes:

(BCD), con B, C, D diferentes de E, que son $C^3_{13} \times 4 \times 4 \times 4$, y

(EBC), con B, C diferentes de E, que son $2 \times C^2_{12} \times 4 \times 4$.

En total tenemos 9008 combinaciones favorables de las 22100 posibles. La probabilidad es entonces $9008/22100 = 40{,}760\%$.

Si el jugador tiene dos cartas desparejas, sean (AB), las combinaciones favorables del flop son (CDE), con C, D y E mutuamente diferentes. Pueden particionarse de la manera siguiente:

(CDE), con C, D, E diferentes de A y B, que son $C_{13}^3 \times 4 \times 4 \times 4$;

(ACD), con C, D diferentes de A y B, que son $3 \times C_{11}^2 \times 4 \times 4$;

(BCD), con C, D diferentes de A y B, que son $3 \times C_{11}^2 \times 4 \times 4$;

(ABC), con C diferente de A y B, que son $3 \times 3 \times 11 \times 4$.

En total tenemos 16104 combinaciones favorables de las 22100 posibles. La probabilidad es entonces $16104/22100 = 72,868\%$.

29) Un jugador participa en una partida de poker Texas Hold'em con n oponentes, y recibe dos cartas del mismo palo y el flop sale con tres cartas del mismo palo.

Encontrar la fórmula general de la probabilidad de que ninguno de los oponentes tenga dos cartas del mismo palo que el suyo.

Solución:
Tenemos $52 - 2 - 3 = 47$ cartas no vistas.

Hay también $13 - 2 - 3 = 8$ cartas de ese palo entre las cartas no vistas. Asignemos una S al palo que se ha mostrado.

Encontraremos primero la probabilidad de que un oponente específico tenga (SS) (y a este evento lo designamos con A):

El número total de combinaciones de dos elementos posibles que puede tener un oponente es $C_{47}^2 = 1081$. El número de combinaciones favorables (SS) es $C_8^2 = 28$. La probabilidad es entonces $P(A) = C_8^2 / C_{47}^2 = 28/1081$.

Designemos con A_i el evento *el oponente número i tiene (SS)*,

$i = 1, ..., n$. El evento a medir es $\bigcup_{i=1}^{n} A_i$.

Tenemos $C_n^2 = n(n-1)/2$ intersecciones de dos eventos A_i.

Tales intersecciones contienen las combinaciones dobles (SS)(SS), y son $C_8^2 C_6^2$. El número de todas las combinaciones dobles que un oponente puede recibir es $C_{47}^2 C_{45}^2$.

Entonces, $P\left(A_i \cap A_j\right) = \dfrac{C_8^2 C_6^2}{C_{47}^2 C_{45}^2}$, para todo $i \neq j$, $i, j = 1, ..., n$.

Tenemos $C_n^3 = n(n-1)(n-2)/6$ intersecciones para cada uno de los eventos A_i. Tales intersecciones contienen las combinaciones triples $(SS)(SS)(SS)$, y son $C_8^2 C_6^2 C_4^2$.

La cantidad de todas las combinaciones triples que los oponentes pueden recibir es $C_{47}^2 C_{45}^2 C_{43}^2$.

Entonces, $P\left(A_i \cap A_j \cap A_k\right) = \dfrac{C_8^2 C_6^2 C_4^2}{C_{47}^2 C_{45}^2 C_{43}^2}$, para todo $i < j < k$,

$i, j, k = 1, ..., n$.

Tenemos $C_n^4 = n(n-1)(n-2)(n-3)/24$ intersecciones de cuatro eventos A_i. Tales intersecciones contienen las combinaciones cuádruples $(SS)(SS)(SS)(SS)$, que son $C_8^2 C_6^2 C_4^2 C_2^2 = C_8^2 C_6^2 C_4^2$.

La cantidad de todas las combinaciones cuádruples que pueden recibir cuatro oponentes es $C_{47}^2 C_{45}^2 C_{43}^2 C_{41}^2$.

Entonces, $P\left(A_i \cap A_j \cap A_k \cap A_h\right) = \dfrac{C_8^2 C_6^2 C_4^2}{C_{47}^2 C_{45}^2 C_{43}^2 C_{41}^2}$, para todo

$i < j < k < h$, $i, j, k, h = 1, ..., n$.

El máximo de oponentes con (SS) son cuatro, porque solamente hay 8 cartas S en juego; por lo tanto las intersecciones de más de cuatro eventos A_i son vacías.

Podemos ahora aplicar el principio de inclusión-exclusión:

$$P\left(\bigcup_{i=1}^{n} A_i\right) = \frac{n C_8^2}{C_{47}^2} - \frac{C_n^2 C_8^2 C_6^2}{C_{47}^2 C_{45}^2} + \frac{C_n^3 C_8^2 C_6^2 C_4^2}{C_{47}^2 C_{45}^2 C_{43}^2} - \frac{C_n^4 C_8^2 C_6^2 C_4^2}{C_{47}^2 C_{45}^2 C_{43}^2 C_{41}^2}, \text{ ésta es}$$

la fórmula buscada.

Ejercicio: Hacer el cálculo combinacional completo y el cálculo algebraico para poner la expresión de arriba en la forma polinomial.

Problemas sin resolver

1) Determinar $\mathcal{P}(\Omega)$ si:

a) $\Omega = \{0, 1, 2\}$;

b) $\Omega = \{A, B\}$;

c) $\Omega = \{\{a, b\}, \{c, d\}, \{a, b, c\}, \{e\}\}$.

2) Encontrar el espacio muestral de los experimentos siguientes:

a) extraer una bola de una urna que contiene ocho bolas;

b) extraer una bola de dos urnas (una bola de cada una) teniendo la primera cuatro bolas amarillas y la segunda tres bolas negras;

c) sacar una carta de una baraja de 32 cartas (desde el 7 en adelante);

d) tirar tres dados;

e) elegir cuatro números de entre los números 5, 7, 9, 11, 13, 15;

f) elegir ocho letras de entre las letras $m, n, o, p, q, r, s, t, u, v$.

3) Encontrar todos los resultados posibles de los experimentos siguientes:

a) tirar cinco monedas; generalización: tirar n monedas;

b) hacer girar una máquina tragamonedas con cinco rodillos y diez símbolos;

c) repartir a un jugador cuatro cartas de una baraja de 52 cartas;

d) repartir a dos jugadores dos cartas de una baraja de 52 cartas;

e) repartir a tres jugadores tres cartas de una baraja de 52 cartas;

f) una carrera con diez competidores.

4) Encontrar el campo de eventos asociado a los experimentos siguientes:

a) elegir una carta de una baraja de 24 cartas;

b) extraer una bola de una urna con cinco bolas;

c) extraer cinco bolas de una urna con siete bolas.

5) Una urna contiene cincuenta bolas numeradas de 1 a 50.

Relacionar con el experimento de extraer una bola; qué se puede decir sobre los eventos siguientes (elemental, compuesto, relaciones entre ellos):

A – el número de bolas extraídas es par;

B – el número de bolas extraídas es un múltiplo de 4;

C – el número de bolas extraídas es 5;

D – el número de bolas extraídas es un múltiplo de 5;

E – el número de bolas extraídas es una potencia de 5;

F – el número de bolas extraídas es un múltiplo de 10;

G – el número de bolas extraídas es un múltiplo de 3;

H – el número de bolas extraídas es una potencia de 3;

I – el número de bolas extraídas es 11.

6) Se extraen dos cartas de una baraja de 52 cartas. Considerar los eventos:

A – se sacan dos tréboles;

B – se sacan dos cartas cuyo valor es menor que 5;

C – se sacan un 7 y una Q.

Descomponer esos eventos en eventos elementales y especificar la cantidad de ellos.

7) Encontrar la probabilidad de obtener un múltiplo de 3 al tirar un dado.

Encontrar la probabilidad de sacar un total de 5 puntos al tirar dos dados. Hallar la posibilidad de sacar un total de 10 puntos al tirar tres dados.

8) Una urna contiene nueve bolas blancas y cuatro bolas negras. Hallar la probabilidad de obtener los eventos siguientes:

a) A – extraer una bola blanca;

b) B – extraer una bola negra.

9) En una caja de lápices hay cinco pares de lápices del mismo largo (cinco largos distintos). Se sacan de la caja dos lápices aleatoriamente. ¿Cuál es la probabilidad de sacar un par de lápices del mismo largo?

10) En el portafolio de un estudiante hay siete libros de matemática, dos de inglés y dos de dibujo. ¿Cuál es la probabilidad que un libro elegido al azar sea de matemática?

11) Cinco personas, *A, B, C, D* y *E*, quieren ir a un concierto, pero tienen solamente tres entradas. Deciden elegir aleatoriamente quién va. ¿Cuál es la probabilidad de las opciones siguientes?
  a) *A* sea elegido
  b) *B* no sea elegido
  c) *C* y *D* sean elegidos.

12) Una urna tiene bolas en las que se han inscripto números de 5 dígitos usando los números 1, 2, 3, 4, 5, 6, 7, sin repetir ninguno (cada bola tiene cinco dígitos diferentes). ¿Cuál es la probabilidad de sacar una bola que tenga el dígito 2 en la primera posición? ¿Cuál sería la probabilidad de sacar una bola que tenga el dígito 5 en la última posición?

13) Una urna contiene siete bolas blancas y diez bolas negras. Se extraen simultáneamente tres bolas. Hallar la probabilidad de los eventos:
  a) *A* – extraer exactamente dos bolas blancas;
  b) *B* – extraer exactamente dos bolas negras;
  c) *C* – extraer tres bolas del mismo color.

14) Se tiran dos dados, uno verde y uno blanco. Considerar los eventos:
  A – ocurrencia de un número menor que 5 en el dado verde;
  B – ocurrencia de un número menor que 4 en el dado blanco.
  Hallar $P(A \cup B)$.

15) Se sacan cinco cartas al mismo tiempo de una baraja de 52 cartas. Cuál es la probabilidad de que las cinco cartas contengan:
  a) por lo menos un rey (*K*);
  b) por lo menos tres corazones (♥);
  c) exactamente tres cartas del mismo valor;
  d) dos ases y dos *J* (*AAJJ*);
  e) por lo menos dos cartas del mismo valor (una pareja).

16) Tenemos 3 urnas, la primera contiene 4 bolas blancas y 5 bolas negras; la segunda 2 bolas blancas y 7 bolas negras; y la tercera 3 bolas blancas y 4 bolas negras. Se saca una bola de una urna elegida aleatoriamente. Hallar la probabilidad que la bola extraída sea blanca.

17) Tenemos 4 urnas, la primera contiene 5 bolas verdes y tres bolas amarillas; la segunda contiene 4 bolas verdes y 4 amarillas; la tercera contiene 6 bolas verdes y 2 amarillas; y la cuarta contiene 3 bolas verdes y 5 bolas amarillas. Se elige una urna aleatoriamente y se extrae una bola. Hallar la probabilidad de sacar una bola amarilla.

18) En un lote de 200 piezas, ocho piezas tienen defectos de fabricación reparables y siete irreparables son de descarte. Se toman aleatoriamente veinte piezas de este lote. ¿Cuál es la probabilidad de que quince piezas resulten buenas, tres tengan defectos reparables y dos sean de descarte?

19) Una urna contiene siete bolas blancas y once bolas negras. Se eligen dos bolas aleatoriamente, una detrás de la otra, sin reposición de ninguna de las dos a la urna. ¿Cuál es la probabilidad para cada uno de los tres resultados posibles?

20) Tres tiradores disparan al blanco. El primero da en el blanco con una probabilidad de 0,85, el segundo con una probabilidad de 0,75 y el tercero con una probabilidad de 0,90. ¿Cuál es la probabilidad que se de en el blanco tres veces? ¿Cuál es la probabilidad que se de en el blanco exactamente dos veces? ¿Cuál es la probabilidad que se de en el blanco por lo menos una vez?

21) Se tira un dado doce veces. ¿Cuál es la probabilidad de sacar un 6 exactamente tres veces? ¿Cuál es la probabilidad de sacar un número impar exactamente cinco veces?

22) Se tiran dos dados ocho veces. ¿Cuál es la probabilidad de obtener un total de siete puntos exactamente tres veces? ¿Cuál es la probabilidad de sacar dos números mayores que 4 exactamente cuatro veces?

23) Se escribe cada uno de los siete primeros números en unas fichas. Las fichas se mezclan y se colocan una al lado de la otra. ¿Cuál es la probabilidad de que el número 4 quede colocado inmediatamente después del número 3? ¿Cuál es la probabilidad de que los siete números queden colocados en orden ascendente?

24) Si nacen con la misma probabilidad varones y mujeres; ¿Cual es la probabilidad que en una familia con tres hijos exactamente uno sea mujer?

25) Hallar la probabilidad de que si se escribe aleatoriamente un número de tres dígitos, ese número sea un cuadrado perfecto.

26) Cuál es la probabilidad de que al abrir aleatoriamente un libro de 75 páginas, encontremos una página numerada con un número primo (suponiendo que la primera página está numerada con el 1). ¿Cuál es la probabilidad de encontrar una página numerada con un cuadrado perfecto?

27) Dado el conjunto $A = \{1, 2, 3, 4, 5, 6, 7\}$ y $B = \{2, 3, 5, 7, 8\}$, encontrar la probabilidad de que, eligiendo aleatoriamente un número de cada conjunto los dos números sean iguales.

28) Se tira la moneda tres veces. ¿Cuál es la probabilidad de que salgan estos eventos?
a) exactamente dos veces cara;
b) cara, por lo menos una vez;
c) no salga cara dos veces consecutivas.

29) Se tiran dos dados. Hallar la probabilidad de:
a) la suma de los números que salen da 6;
b) la suma de los números que salen es menor que 6;
c) salen dos números pares;
d) sale un 6 en por lo menos un dado;
e) el primer dado sale con un número mayor que el segundo.

30) Se obtiene un número de 7 dígitos ordenando aleatoriamente los números 1, 2, 3, 4, 5, 6, 7. ¿Cuál es la probabilidad de que el número obtenido cumpla estas consignas? a) tenga un 2 en la última posición; b) sea un múltiplo de 5; c) sea un múltiplo de 3.

31) Se sientan aleatoriamente doce personas en una mesa redonda. ¿Cuál es la probabilidad que un par de ellas se sienten una al lado de la otra?

32) Un partido de fútbol puede tener estos resultados: gana el local (1), gana el visitante (2) paridad (X). Una persona predice los resultados de cuatro partidos escribiendo aleatoriamente 1, 2, y X.
Suponiendo que los resultados de todos los partidos son igualmente probables; ¿Cuál es la probabilidad de lo siguiente?
a) las cuatro predicciones son correctas;
b) ninguna de las predicciones es correcta;
c) exactamente una predicción es correcta.

33) Hay siete personas en un ascensor. El ascensor se detiene en diez pisos. ¿Cuál es la probabilidad de que en ninguno de los pisos bajen dos personas?

34) Encontrar la probabilidad de que en k dígitos elegidos aleatoriamente:
a) no haya un 0;
b) no haya un 2;
c) no haya un 0 o no haya un 2.

35) Un grupo de n personas, entre las que se encuentran A y B están ubicadas en un orden arbitrario. ¿Cuál es la probabilidad de que haya exactamente r personas entre A y B?

36) Una urna tiene 20 bolas: 5 bolas blancas, 8 bolas verdes y 7 bolas rojas. Se realizan once extracciones, cada vez se saca una bola y cada vez se repone la bola en la urna.
Hallar la probabilidad de obtener 3 bolas blancas, 5 bolas verdes y 3 bolas rojas en las once extracciones.

37) Se tiran cuatro dados. Calcular la probabilidad de obtener por lo menos un trío (por lo menos tres números idénticos en los cuatro dados) y la probabilidad de obtener una doble pareja (dos pares de números diferentes).

38) En una máquina tragamonedas, con cinco rodillos, cada uno con nueve símbolos, calcular la probabilidad de obtener un trío (exactamente tres símbolos idénticos en los cinco rodillos).

39) En un juego de blackjack, calcular la probabilidad que tiene un jugador de obtener un total de 19 puntos en las dos primeras cartas (suponiendo que no se ha mostrado ninguna otra carta), en dos casos:
a) se usa una baraja de 52 cartas;
b) se usan dos barajas de 52 cartas.
Calcular la probabilidad de que un jugador obtenga un total de 20 puntos en las tres primeras cartas, en ambos casos, a) y b).

40) Un jugador participa en una partida de poker Texas Hold'em con nueve oponentes y recibe (*J*4).
Calcular la probabilidad de que ninguno de los oponentes tenga una *J* y la probabilidad de que ninguno de los oponentes tenga una *J* o un 4 (antes del flop).

41) Un jugador participa en una partida de poker Texas Hold'em y se sirven las cartas del flop.
Hallar la probabilidad de que el jugador consiga cinco cartas del mismo palo, con las cartas propias y las cartas del flop.

42) En un juego de poker Texas Hold'em, calcular la probabilidad de recibir dos cartas desparejas (dos cartas de diferente valor) que puedan armar un trío con las cartas del flop.

43) En un juego de poker Texas Hold'em, calcular la probabilidad de que el flop no tenga dos cartas con el mismo palo (que no haya dos cartas con el mismo símbolo en el flop).

44) Un jugador participa en una partida de poker Texas Hold'em con n oponentes, y recibe dos cartas del mismo palo (cartas de el mismo símbolo) y llega el flop con otras dos cartas del mismo palo que las suyas. Hallar la fórmula general de 'la probabilidad de que ninguno de los oponentes tenga dos cartas de ese palo (calculado en el momento antes del flop).

45) Aleatoriamente se archivan en un estante los doce números de una revista mensual. ¿Cuál es la probabilidad de que las revistas queden archivadas en el orden cronológico de publicación?

46) Los coeficientes de la ecuación $ax + b = 0$, $a \neq 0$ se obtienen tirando un dado y anotando el resultado, ordenadamente, comenzando por a. Hallar la probabilidad de que la ecuación obtenida tenga como solución un número entero.

47) En una competición hay tres participantes del pueblo A, cuatro participantes del pueblo B y cinco participantes del pueblo C.

¿Cuál es la probabilidad de que los tres primeros puestos sean ganados por participantes del mismo pueblo? ¿Cuál es la probabilidad de que todos los participantes de un mismo pueblo ocupen los primeros puestos (en un grupo compacto)?

48) Seis niños se sientan en un banco, en cualquier orden.

¿Cuál es la probabilidad de que dos niños específicos se sienten uno al lado del otro?

49) Se elige al azar un equipo de once estudiantes de una clase de veinte estudiantes. ¿Cuál es la probabilidad de que un estudiante específico salga elegido para el equipo?

50) En un examen, la probabilidad de un estudiante de aprobar matemática es 0,9, física 0,8 y ambas materias 0,7. Hallar la probabilidad de:
a) el estudiante apruebe matemática o física;
b) el estudiante apruebe matemática, si aprueba física;
c) el estudiante apruebe ambas materias.

51) La probabilidad de que una lámpara se queme una vez por mes es 0,3. ¿Cuál es la probabilidad de que ninguna de las quince lámparas de la casa se queme durante los tres meses siguientes?

52) Una secretaria escribe cuatro cartas y cuatro sobres con direcciones y aleatoriamente ensobra las cartas, cada una en uno de esos sobres. Hallar la probabilidad de lo siguiente: a) todas las cartas ensobradas correctamente; b) ninguna carta colocada en el sobre correcto; c) exactamente dos cartas ensobradas correctamente.

53) Cada una de tres personas toma una baraja de 52 cartas. Cada una saca aleatoriamente una carta de su baraja. Calcular la probabilidad de:
   a) las tres cartas tomadas sean picas (♠);
   b) las tres cartas sacadas sean de color negro (♠ o ♣);
   c) exactamente dos de las cartas sacadas sean de corazones (♥);
   d) por lo menos se saca un as;
   e) solamente se saquen cartas mayores que 10.

54) Una vara de longitud r se rompe aleatoriamente en dos partes. ¿Cuál es la probabilidad de que la longitud de la parte más larga no exceda $5r/6$?

55) Una persona A recibe una información y la trasmite a otra persona B. La persona B la trasmite a una tercera persona C, quien la trasmite a una cuarta persona D. Sabiendo que las personas dicen la verdad una de cada tres, hallar la probabilidad de que A diga la verdad, dado el hecho que D dijo la verdad.

56) En una ruleta americana (que usa 38 números), un jugador pone apuestas del mismo en varios números. ¿A cuántos números debe apostar el jugador para que la probabilidad de ganar (no interesa cuanto gana) sea mayor que 1/7?

57) En un juego de blackjack con una baraja de 52 cartas, encontrar la probabilidad de que un jugador: a) consiga por lo menos 15 puntos con un máximo de tres cartas; b) consiga un máximo de 20 puntos con un máximo de cinco cartas; c) exceda los 21 puntos con un máximo de cinco cartas.

58) Un jugador participa en un juego de blackjack con una baraja de 52 cartas. El jugador recibe 5, *J*, 2 y se planta con 17 puntos.

La banca está en juego, había recibido un 5 y da vuelta una *Q*.

Hallar la probabilidad (calculada en ese momento del juego) de que:

a) la banca gane con la carta siguiente;

b) la banca gane finalmente;

c) la banca se pase (exceda los 21 puntos).

59) Resolver los problemas 57) y 58) en un juego con dos barajas de 52 cartas.

60) Los caballos *A*, *B* y *C* participan en una carrera, montados por los jockeys *a*, *b* y *c*.

Los jockeys son los dueños de los caballos de la misma letra. Los jockeys se eligen al azar para montar los caballos.

¿Cuál es la probabilidad que un caballo sea montado por su dueño? Generalizar para *n* caballos y *n* jockeys.

61) Treinta libros fueron archivados aleatoriamente en tres estantes. ¿Cuál es la probabilidad que un estante cualquiera contenga diez libros?

Generalizar para números arbitrarios *a* – número de libros, *b* – número de estantes y *c* – número de libros en un estante ($c < a$).

62) En un segmento de longitud *r* se marcan dos puntos en forma aleatoria. ¿Cuál es la probabilidad de que la distancia entre esos puntos no exceda *kr*, donde $0 < k < 1$?

63) Un *n*–ágono regular está inscripto en un círculo de radio *R*.

Se marca un punto en el círculo. ¿Cuál es la probabilidad de que el punto esté dentro del *n*–ágono?

64) Dos navíos deben atracar en el mismo embarcadero. La llegada de los barcos son eventos aleatorios independientes, igualmente probables dentro de un período de 24 horas. Hallar la probabilidad de que uno de los barcos deba esperar hasta que el embarcadero quede libre, siendo el tiempo de maniobras del primer navío de una hora, y del segundo de dos horas.

65) En un juego de ruleta europea (que usa 37 números), un jugador pone una apuesta de S en el color rojo y una apuesta de $S/2$ en cada uno de los n números negros. ¿Qué valor tiene que tener n para que la probabilidad de ganar (no importa cuanto) sea mayor que 1/5?

Generalizar esto para los números arbitrarios: S – el monto apostado al rojo, S/m– el monto apostado a cada uno de los n colores negros, donde S es positivo, m y n son números naturales, $m > 1$, $1 < n < 38$.

66) Entre los $t = 50$ boletos de una lotería, $w = 17$ ganan premios. Compramos $b = 7$ boletos. ¿Cuál es la probabilidad de que ganen $g = 3$?

Generalizar esto para los números arbitrarios t, w, b, g.

67) Tres tiradores disparan a un blanco. La probabilidad de dar en el blanco es p, q, r, para cada tirador, respectivamente. Al terminar los disparos, los tiradores constatan que solamente una vez se dio en el blanco. ¿Cuál es la probabilidad de que el que dio en el blanco sea el primer tirador?

68) En la primera etapa de las Olimpíadas de matemática, se deben resolver veinte problemas de álgebra y quince de geometría.

De entre ellos, en un examen escrito se deben resolver dos problemas de álgebra y dos de geometría.

El alumno que resuelve tres de los cuatro problemas queda calificado para una etapa superior de la competición.

Un alumno resolvió diecisiete problemas de álgebra y once de geometría hasta la fecha del examen.

¿Cuál es la probabilidad de que ese alumno quede seleccionado (suponiendo que un problema no resuelto con anticipación no puede ser resuelto en el examen)?

69) Un estudiante debe presentarse al examen que consiste de cuatro preguntas, que se eligen aleatoriamente de una lista de 150.

Para aprobar, el estudiante debe responder las cuatro preguntas.

¿Cual es la probabilidad de que el estudiante apruebe el examen si solamente sabe las respuestas de 100 preguntas de la lista?

Generalizar esto.

70) n tiradores disparan simultáneamente sobre un blanco móvil. La probabilidad de dar en el blanco es la misma para todos e igual a $1/k$, donde k es un número natural no negativo.

Calcular la probabilidad de que por lo menos un tirador acierte al blanco.

71) De una urna que contiene n bolas blancas y m negras, se extraen aleatoriamente k bolas. ¿Cuál es la probabilidad de que salgan r ($r \leq n$) bolas blancas entre ellas?

72) Tenemos cuatro urnas, la primera contiene cinco bolas blancas y cuatro negras, la segunda contiene tres bolas blancas y seis negras, la tercera contiene dos bolas blancas y cinco negras y la cuarta contiene dos bolas blancas y tres negras.

Se extrae una bola de una urna seleccionada aleatoriamente. Hallar la probabilidad de que la bola extraída sea negra.

73) Tenemos cuatro urnas con el mismo contenido que las del problema 72). Se extraen dos bolas de dos urnas elegidas aleatoriamente (una bola de cada urna). Encontrar la probabilidad de:

a) extraer dos bolas blancas;
b) extraer dos bolas negras;
c) extraer dos bolas de diferente color.

74) Tenemos una urna con la composición siguiente: tres bolas blancas, cuatro verdes, cinco amarillas y dos rojas. Se realizan diez extracciones, reponiendo cada vez la bola extraída en la urna.

Calcular la probabilidad de obtener en las diez extracciones:

a) tres bolas blancas, tres verdes, dos amarillas y dos rojas;
c) bolas de exactamente dos colores;
d) bolas de los cuatro colores.

75) Tenemos $n - 1$ urnas. La primera contiene una bola blanca y $n - 1$ negras, la segunda contiene dos bolas blancas y $n - 2$ negras, ..., la urna $n - 1$ -esima contiene $n - 1$ bolas blancas y una bola negra. Se elige aleatoriamente una bola de cada urna. Calcular la probabilidad de que por lo menos una de las bolas extraídas sea blanca.

76) Hay siete bolas blancas y dos negras en una urna. Se extraen *n* bolas aleatoriamente. Determinar un *n* tal que la probabilidad de que se extraiga por lo menos una bola negra sea mayor que 1/2.

77) La mitad de los habitantes de un pueblo son del tipo *A* y la otra mitad del tipo *B*. Las personas del tipo *A* nunca dicen la verdad y las personas del tipo *B* dicen la verdad con una probabilidad de 2/5. ¿Cuál es la probabilidad de que un habitante elegido aleatoriamente conteste una pregunta diciendo la verdad?

78) En un examen, las probabilidades de que tres estudiantes resuelvan cierto problema son 4/5, 3/4, y 2/3, respectivamente.
Calcular la probabilidad de recibir de esos tres estudiantes:
a) exactamente una solución correcta;
b) cuando mucho una solucción correcta;
c) por lo menos una solución correcta.

79) Un grupo de quince palomas mensajeras son liberadas con un mensaje. La probabilidad de que esas palomas vuelvan a su origen es *p* = 0,4 (la misma para todas las palomas). Encontrar la probabilidad de que:
a) diez palomas regresen; generalizar para *n* palomas, de las cuales *m* regresan;
b) por lo menos siete palomas regresen; generalizar para *n* palomas, de las cuales por lo menos *m* regresen;
c) cuando mucho doce palomas regresen; generalizar para *n* palomas, de las cuales cuando mucho *m* regresan (*m* < *n*).

80) La probabilidad de un portero de fútbol de atajar un penal es *p* = 0,3. Encontrar:
a) la probabilidad de que el portero ataje cuatro penales;
b) la probabilidad de que el portero saque cuando mucho dos tiros penales de tres que se patean;
c) la más alta probabilidad de goles cuando se ejecutan cuatro penales.

81) Se tira un dado seis veces. Calcular la probabilidad que se muestren las seis caras. Generalizar para *n* veces.

82) Se tiran doce dados. ¿Cuál es la probabilidad de sacar dos veces cada uno de los números 1, 2, 3, 4, 5, 6?

83) Tres vértices distintos de un $2n + 1$ –gono regular se eligen aleatoriamente.

¿Cuál es la probabilidad de que el centro del $2n + 1$ –gono esté dentro del triángulo determinado por los tres puntos elegidos?

84) Se tiran cinco dados. Hallar la probabilidad de que:
a) la suma de los números que salen da 25;
b) la suma de los números que salen es mayor que 17;
c) los números que salen son todos diferentes;
d) sale un trío y una pareja;
e) sale una doble pareja.

85) Se tira un dado veinte veces. Hallar la probabilidad de que:
a) el número 5 sale exactamente cuatro veces;
b) el número 5 sale por lo menos cinco veces;
c) un número par sale exactamente diez veces;
d) un número sale dos veces consecutivas (por lo menos dos veces seguidas).

86) En una máquina tragamonedas con cinco rodillos y ocho símbolos, encontrar la probabilidad de obtener:
a) un símbolo específico en exactamente un rodillo (no importa en cual);
b) un símbolo específico en exactamente dos rodillos (no importa en cuales);
c) cinco símbolos diferentes.

87) En un grupo hay r personas. ¿Cuál es la probabilidad de que por lo menos dos de ellas hayan nacido en el mismo mes?

88) Calcular la probabilidad de que las fechas de nacimiento de doce personas sean en meses diferentes.

89) Dado un grupo de treinta personas, calcular la probabilidad de que dos cumpleaños caigan en cada uno de los primeros seis meses del año, y que tres cumpleaños caigan en cada uno de los seis meses restantes.

90) Se extraen aleatoriamente cinco cartas de una baraja de 52 cartas. Calcular la probabilidad de que:
   a) las cartas contengan por lo menos dos reinas;
   b) las cartas contengan por lo menos tres corazones;
   c) las cartas contengan por lo menos tres cartas del mismo palo;
   d) las cartas contengan cartas de los cuatro palos.

91) Se tiran cinco dados, uno después del otro. Hallar la posibilidad de que:
   a) la suma de los puntos de los dos primeros dados sea mayor que la de los otros tres;
   b) que haya dos dados en los que la suma de los puntos sea mayor que la suma de los puntos de los otros tres.

92) Sea p_x^t la probabilidad que una persona de x años viva todavía t años más. Demostrar que $p_x^t = p_x^1 \cdot p_{x+1}^1 \cdot \ldots \cdot p_{x+t-1}^1$.

93) Ocho personas, cuatro mujeres y cuatro hombres se separan aleatoriamente en dos grupos iguales. ¿Cuál es la probabilidad de que cada grupo tenga el mismo número de mujeres y hombres?
   Generalizar esto para un grupo de $2n$ personas, de las que n son mujeres y n hombres.

94) Una moneda de diámetro d se deja caer en un piso de parquet. El parquet tiene la forma de cuadrados con lados a, $a > d$.
   ¿Cuál es la probabilidad de que la moneda no intersecte ninguno de los lados de los cuadrados del parquet?

95) Una compañía de investigación de mercado publica una encuesta en tres periódicos A, B y C, que tienen lectores en la proporción 2, 3, 1. La probabilidad de que un lector conteste la encuesta es 0,002, 0,001 y 0,0005, respectivamente.
   a) Si la compañía recibe una respuesta; ¿cuál es la probabilidad de que el remitente sea un lector del periódico A? ¿Cuál del periódico B? ¿Cuál del C?
   b) Si la compañía recibe dos respuestas; ¿Cuál es la probabilidad de que ambos remitentes sean del periódico A?
   (Suponemos que cada lector lee solamente un periódico.)

96) Un empleado va al trabajo todos los días en su auto y puede demorarse en dos intersecciones, A y B.

La probabilidad de demora en la intersección A es 0,8; en la intersección B es 0,5 y estas demoras son independientes una de otra.

Llegará tarde al trabajo con solo quedar demorado en una intersección. Dado que llega tarde al trabajo; ¿Cuál es la probabilidad que haya sido demorado en la intersección A?

97) Una línea de ómnibus tiene tres paradas. La probabilidad de demorarse en esas paradas es de 0,3; 0,5; y 0,7.

a) Hallar la probabilidad de que no haya demora en las tres paradas.

b) Hallar la probabilidad de que haya exactamente una demora.

c) Dado que hay una sola demora, hallar la probabilidad de que la demora sea en la primera parada.

98) Un dispositivo que tiene N lámparas deja de funcionar si una lámpara entra en falla.

La posibilidad de falla de una lámpara es p (la misma para todas las lámparas) y las fallas en una lámpara ocurren de manera independiente de las otras.

Sabiendo que el dispositivo dejó de funcionar y que se ubica la lámpara fallada reemplazando sucesivamente todas las lámparas por una nueva, hallar la probabilidad de detectar la lámpara fallada haciendo n reemplazos.

99) La probabilidad de ocurrencia de un evento A en cada prueba es de 1/2.

Calcular la probabilidad de que en 150 pruebas el número de ocurrencias del evento A sea entre cuarenta y cinco y sesenta.

Generalizar esto para cantidades arbitrarias: p – probabilidad de la ocurrencia de A en cada prueba, n – número de pruebas independientes, a – número mínimo de ocurrencias, b – número máximo de ocurrencias.

100) Un jugador participa en una partida de poker Texas Hold'em con n oponentes y recibe (A♥ 5♥). Calcular (en el momento antes del flop) la probabilidad de que:

a) ninguno de los oponentes tiene un A;

b) ninguno de los oponentes tiene una K;

c) ninguno de los oponentes tiene un A o un 5;

d) por lo menos un oponente tiene dos picas;

e) por lo menos un oponente tiene dos picas o dos tréboles o dos diamantes;

f) ninguno de los oponentes tiene dos corazones;

g) las cartas del flop vienen por lo menos con dos corazones;

h) las cartas del flop vienen por lo menos con un A;

i) las cartas comunitarias vienen por lo menos con dos ases;

j) las cartas comunitarias vienen por lo menos con tres corazones.

101) Un jugador participa en una partida de poker Texas Hold'em con n oponentes, y recibe (4♣ 5♣), y llega el flop con (3♥ J♥ K♣). Calcular (para el momento justo antes del turn) la probabilidad de que:

a) el jugador obtiene una escalera, con las cartas comunitarias;

b) el jugador arma un juego de color con las cartas comunitarias;

c) por lo menos un oponente tiene una J o una K;

d) por lo menos un oponente tiene dos corazones.

102) (Paradoja de De Mere) Demostrar que si se tiran cuatro dados, sacar por lo menos un 1 es más probable que sacar por lo menos dos 1 si se tiran veinticuatro veces dos dados.

103) Con n puntos se divide una circunferencia en arcos iguales.
Aleatoriamente se eligen dos de los puntos marcados. ¿Cuál es la media de la distancia entre los puntos elegidos?

104) (Problema de Buffon) Se trazan líneas rectas paralelas en un plano, distanciadas entre si por $2a$.
Aleatoriamente se deja caer sobre el plano una aguja de longitud $2r$ ($r < a$).
¿Cuál es la probabilidad de que la aguja intersecte una de las rectas trazadas?

Referencias

Bărboianu, C., *Draw Poker Odds: The Mathematics of Classical Poker* (*Probabilidades en el Draw Poker: La Matemática del Poker Clásico*). Infarom, Craiova, 2006.

Bărboianu, C., *Probability Guide to Gambling* (*Guía de las Probabilidades para los Juegos de Azar*). Infarom, Craiova, 2006.

Bărboianu, C., *Roulette Odds and Profits: The Mathematics of Complex Bets* (*Probabilidades y Utilidades en la Ruleta: Las Matemáticas de las Apuestas Complejas*). Infarom, Craiova, 2008.

Bărboianu, C., *Texas Hold'em Odds* (*Probabilidades en el Texas Hold'em*). Infarom, Craiova, 2004.

Boll, M., *Certitudinile hazardului* (*Certezas del azar*). Editura ştiinţifică şi enciclopedică, Bucarest, 1978.

Borel, E., *Àpropos of a Treatise of Probabilities* (*Acerca de un Tratado de Probabilidades*), en el volumen *Studies in Subjective Probability* (*Estudios sobre Probabilidad Subjetiva*). Academic Press, New York, 1965.

Crăciun, C.V., *Analiză reală* (*Análisis Real*), curso de la Teoría de la Medida en la Universidad de Bucarest, 1988.

Cuculescu, I., *Teoria probabilităţilor* (*Teoría de la Probabilidad*). Bic All, Bucarest, 1998.

Kneale, W., *Probability and induction* (*Probabilidad e Inducción*). Cambridge, 1949.

Laplace, P., *Essai philosophique sur les probabilites* (*Ensayo Filosófico sobre las Probabilidades*). Paris, 1920.

Onicescu, O., *Principiile teoriei probabilităţilor* (*Principios de la Teoría de la Probabilidad*). Editura Academiei, Bucarest, 1969.

Onicescu, O., *Principii de cunoaştere ştiinţifică* (*Principios de la Investigación Científica*). Oficiul de Librarie, Bucarest.

Trandafir, R., *Introducere în teoria probabilităţilor* (*Introducción a la Teoría de la Probabilidad*). Albatros, Bucarest, 1979.

www.ingramcontent.com/pod-product-compliance
Lightning Source LLC
Chambersburg PA
CBHW061137220326
41599CB00025B/4268